钼基分子磁性材料的研究

卫晓琴◎著

电子科技大学出版社

University of Electronic Science and Technology of China Press

·成都·

图书在版编目（CIP）数据

钼基分子磁性材料的研究 / 卫晓琴著 . — 成都：
电子科技大学出版社，2023.12
ISBN 978-7-5770-0801-1

Ⅰ.①钼… Ⅱ.①卫… Ⅲ.①磁性材料—研究 Ⅳ.
① TM271

中国国家版本馆 CIP 数据核字（2023）第 248598 号

内容简介

分子磁性材料的研究对航天材料、高密度信息存储、分子开关、自旋电子学等领域的突破性发展具有重要的价值。本书的研究对磁性功能配合物领域的研究与发展有一定的指导意义。本书总结了分子磁性材料特别是氰基桥联分子磁性配合物的研究现状，重点介绍了基于过渡金属三价钼构筑的零维化合物、多核化合物、一维化合物、二状化合物、三维化合物，稀土元素与三价钼构筑的化合物，过渡金属和稀土元素与四价钼构筑的化合物的结构与磁学性质等内容。本书可作为氰基桥联分子磁性材料研究领域的参考用书，也可作为分子晶体合成操作的指导用书。

钼基分子磁性材料的研究
MUJI FENZI CIXING CAILIAO DE YANJIU
卫晓琴　著

策划编辑　刘　愚　杜　倩
责任编辑　刘　愚　李　倩
责任校对　熊晶晶
责任印制　梁　硕

出版发行　电子科技大学出版社
　　　　　成都市一环路东一段 159 号电子信息产业大厦九楼　邮编　610051
主　　页　www.uestcp.com.cn
服务电话　028-83203399
邮购电话　028-83201495

印　　刷　北京亚吉飞数码科技有限公司
成品尺寸　170 mm × 240 mm
印　　张　15
字　　数　238 千字
版　　次　2025 年 1 月第 1 版
印　　次　2025 年 1 月第 1 次印刷
书　　号　ISBN 978-7-5770-0801-1
定　　价　82.00 元

　　基于七氰基钼酸盐的分子磁体在分子磁性材料研究中受到广泛关注并取得了重要的研究进展,这是分子磁性材料应用中非常重要的研究前沿。然而,由于该系统的复杂性,合理地设计和合成七氰基钼酸盐分子磁体仍然是一个挑战。本书研究了基于 $[Mo^{III}(CN)_7]^{4-}$ 构筑块的磁性分子的设计、合成和表征,获得了包括低维和高维的 3d~4d 化合物、一系列 4f-4d 化合物以及其他被氧化成 Mo^{IV} 离子的磁性化合物。本书主要由以下内容组成。

　　第 1 章对氰根桥联的单分子磁体、单链磁体、自旋交叉化合物、长程磁有序化合物、多功能磁体等研究情况进行了综述,重点介绍了 $[Mo^{III}(CN)_7]^{4-}$ 作为前驱体组装分子磁性材料的研究现状,并提出了相关领域研究的不足以及本书的研究思路和研究内容。

　　第 2 章主要介绍 3d 金属和 $[Mo^{III}(CN)_7]^{4-}$ 构筑的低维化合物的合成和磁性表征。首先,采用六齿螯合配体 TPEN 获得了两个基于 $[Mo^{III}(CN)_7]^{4-}$ 构筑块的三核 Mn_2Mo(1)和五核 Mn_4Mo(2)化合物,其中 Mo^{III} 均处于较理想的五角双锥构型。化合物 1 利用 $[Mo^{III}(CN)_7]^{4-}$ 的两个轴向氰根分别和两个 Mn^{II} 离子发生配位,而化合物 2 利用两个轴向氰根和两个不相邻的赤道平面氰根分别和四个 Mn^{II} 离子发生配位。磁性研究表明,化合物 1 和化合物 2 中 Mo^{III} 和 Mn^{II} 离子间通过氰根传递反铁磁相互作用,化合物的自旋基态分别为 9/2 和 19/2。化合物 1 具有单分子磁体的行为,有效能垒为 56.5 K(39.2 cm^{-1},$\tau_0 = 3.8 \times 10^{-8}$),阻塞温度为 2.7 K;而非线性的 Mn—N≡C 键角和非单一易轴各向异性磁交换使得 2 只是一个简单的顺磁体。另外,采用五齿螯合配体 bztpen 构筑了一个六核化合物 Mn_4Mo_2(化合物 3);采用手性的二胺配体 RR/SS-Ph2en 和 3d 金属 Fe^{II}、Ni^{II} 构筑了四个基于 $[Mo^{III}(CN)_7]^{4-}$

的同构十核化合物 4RR/4SS 和 5RR/5SS。磁性研究表明,化合物 3 中金属离子之间具有反铁磁相互作用,但它只是一个简单的顺磁体;而化合物 4RR/4SS 和 5RR/5SS 由于其产率非常低且对空气敏感,我们没有成功表征它们的磁性。此外,采用多胺配体 tren,我们还获得了一例基于 $[Mo^{III}(CN)_7]^{4-}$ 的一维梯状链化合物(化合物 6),由于链间存在不可忽略的磁相互作用,该一维梯状链化合物表现出长程磁有序的行为,有序温度为 13 K。

第 3 章主要介绍 3d 金属和 $[Mo^{III}(CN)_7]^{4-}$ 构筑的高维化合物的合成和磁性表征,成功合成了三个基于 $[Mo^{III}(CN)_7]^{4-}$ 的二维化合物和两个三维化合物。二维化合物是采用四齿大环配体和手性的环己二胺合成的,而三维化合物是采用不同的酰胺配体合成的。尽管二维化合物对氧气敏感,但这些三维化合物在空气中能稳定存在。磁性研究表明,二维化合物、三维化合物均表现为长程亚铁磁有序,它们的有序温度分别为 23 K、40 K、80 K 和 80 K。此外,三维化合物还具有自旋重排和自旋阻挫现象。

第 4 章主要介绍 4f 金属和 $[Mo^{III}(CN)_7]^{4-}$ 构筑的系列化合物的合成和磁性表征。采用六齿螯合配体 TPEN,获得了一系列 4f-4d 化合物(化合物 11~13),4f 离子从轻稀土元素 La^{3+} 一直跨越到重稀土元素 Ho^{3+},这是首次将 4f 金属离子和 $[Mo^{III}(CN)_7]^{4-}$ 构筑块成功组装的例子。其中,化合物 11_{LaMo} 和 12_{PrMo} 具有一维结构,分别为 1D 带状和 1D 之字链结构,这两个化合物中的 4d 金属全部为 Mo^{III} 离子。13_{LnMo} 为一系列同构的 2D 网状结构,稀土离子从 Ce^{3+} 到 Ho^{3+} 离子,这些化合物不仅包含顺磁性的 $[Mo^{III}(CN)_7]^{4-}$ 组分,也包含抗磁性的 $[Mo^{IV}(CN)_8]^{4-}$ 组分。此外,这一系列 4f-4d 化合物的晶体结构中都含有大量的结晶水分子,对空气极其敏感。磁性研究表明,11_{LaMo} 表现为单离子顺磁性,其他化合物的 4f 和 Mo^{III} 离子间通过氰根可能传递弱的反铁磁相互作用,但仅仅表现为简单的顺磁性。

第 5 章列举了 $[Mo^{III}(CN)_7]^{4-}$ 构筑块在反应过程中被氧化或分解的三种情况。$[Mo^{III}(CN)_7]^{4-}$ 构筑块主要被氧化成三种类型:$[Mo^{IV}(L)O(CN)_n]^{n-4}$、$[Mo^{IV}O_2(CN)_4]^{2-}$ 和 $[Mo^{IV}(CN)_8]^{4-}$。首先,获得了一系列同构化合物 Ln_7Mo(14_{Ln},Ln = Tb^{3+}、Dy^{3+}、Ho^{3+}、Yb^{3+}),$[Mo^{IV}(tmphen)O(CN)_3]^+$ 作为抗衡阳离子游离在晶格中。该系列化合物的磁性主要是由 Ln_7 表现出来的,其中,14_{Dy} 具有单分子磁体的性质,有效

能垒为 51.6 K（35.8 cm^{-1}，$\tau_0 = 1.7 \times 10^{-5}$）。其次，获得了几例一维链状化合物，以 3d 金属离子 Ni^{II} 和 Mo^{IV} 构筑的一维链为例（15）说明。该化合物中 [Mo^{IV}O$_2$（CN）$_4$]$^{2-}$ 作为桥联配体将 Ni^{II} 离子连接形成一维结构。由于抗磁性的 Mo^{IV} 阻止了金属离子之间的磁耦合，15 只表现出 Ni^{II} 离子的顺磁性。此外，还获得了较多 [Mo^{III}（CN）$_7$]$^{4-}$ 基团被氧化成 [Mo^{IV}（CN）$_8$]$^{4-}$ 基团的化合物，通常这种氧化方式比较常见。我们以一例零维 Fe^{II}–Mo^{IV} 团簇（16）、一例一维 Mn^{II}–Mo^{IV} 链（17）以及一例 Ni^{II}–Mo^{IV} 三维磁体（18）为例，研究了它们的晶体学结构，没有研究其磁学性质。

第 6 章对本书的研究内容进行了总结，并对各个研究方向进行了展望，期望在后续工作中获得更好的研究成果。

在本书的撰写过程中，作者不仅参阅、引用了很多国内外相关文献资料，而且得到了同事亲朋的鼎力相助，在此一并表示衷心的感谢。由于作者水平有限，书中难免有疏漏，恳请同行专家以及广大读者批评指正。

注：前言中提及的化合物 1 到化合物 18 对应的化合名称及其结构见后列表。

作　者
2023 年 11 月

本书中的化合物名称及其结构列表

编号	化合物分子式	维度	配体结构及简称	化合物的结构
1	$[Mn^{II}(TPEN)]_2[Mo^{III}(CN)_7] \cdot 6H_2O$	0D	TPEN	
2	$[Mn^{II}(TPEN)]_4[Mo^{III}(CN)_7](ClO_4)_4$	0D	TPEN	
3	$[Mn^{II}(bztpen)]_4[Mo^{III}(CN)_7]_2 \cdot 20.5H_2O$	0D	bztpen	

编号	化合物分子式	维度	配体结构及简称	化合物的结构
4RR/4SS	$[Fe^{II}(RR/SS-Ph_2en)(H_2O)(OH)]_4[Mo^{III}(CN)_7]\cdot 2MeCN\cdot 10H_2O$	0D	RR/SS–Ph$_2$en	
5RR/5SS	$[Ni^{II}(RR/SS-Ph_2en)(H_2O)(OH)]_4[Mo^{III}(CN)_7]\cdot 2MeCN\cdot 10H_2O$	0D	RR/SS–Ph$_2$en	
6	$[Mn^{I}(tren)]_2[Mo^{III}(CN)_7]\cdot 5H_2O$	1D	tren	
7	$[Mn^{II}(L_{15-N-4})]_2[Mo^{III}(CN)_7]\cdot 11H_2O$	2D	L$_{15-N-4}$	

续表

编号	化合物分子式	维度	配体结构及简称	化合物的结构
8RR/ 8SS	$[Mn^{II}(RR-/SS-Chxn)]_2[Mo^{III}(CN)_7](H_2O)\cdot 7H_2O\cdot 2MeCN$	2D	RR/SS-Chxn	
9	$Mn^{II}_2(DMF)(H_2O)_2[Mo^{III}(CN)_7]\cdot H_2O\cdot CH_3OH$	3D	DMF	
10	$Mn^{II}_2(DEF)(H_2O)[Mo^{III}(CN)_7]$	3D	DEF	
11$_{LaMo}$	$[La^{III}(TPEN)(H_2O)]_2[Mo^{III}(CN)_7]_{1.5}\cdot 14.5H_2O$	1D	TPEN	

续表

编号	化合物分子式	维度	配体结构及简称	化合物的结构
12_{PrMo}	$[Pr^{III}(TPEN)(H_2O)(OH)]_2$ $[Mo^{III}(CN)_7]\cdot 30H_2O$	1D	TPEN	
13_{LnMo}	$[Ln^{III}(TPEN)(H_2O)]_2$ $[Mo^{III}(CN)_7][Mo^{IV}(CN)_8]_{0.5}\cdot nH_2O$ ($Ln = Ce^{3+}$、Nd^{3+}、Sm^{3+}、Eu^{3+}、Gd^{3+}、Tb^{3+}、Dy^{3+}、Ho^{3+})	2D	TPEN	
14_{Tb} 14_{Dy} 14_{Ho} 14_{Yb}	$[Ln^{III}_7(tmphen)_{12}(O)_{12}Cl_2]$ $[Mo^{IV}(tmphen)O(CN)_3]_6Cl\cdot nH_2O$ ($Ln = Tb^{3+}$、Dy^{3+}、Ho^{3+}、Yb^{3+})	0D	tmphen	
15	$[Ni^{II}(L_{N4})][Mo^{IV}O_2(CN)_4]\cdot 3H_2O$	1D	NiL_N4	

续表

编号	化合物分子式	维度	配体结构及简称	化合物的结构
16	$[Fe^{II}(bztpen)]_4[Mo^{IV}(CN)_8]$ $(ClO_4)_4 \cdot MeCN \cdot 3H_2O$	0D	bztpen	
17	$[Mn^{II}(Chxn)(H_2O)][Mn^{II}(Chxn)_2$ $(H_2O)][Mo^{IV}(CN)_8] \cdot 2H_2O$	1D	RR-Chxn	
18	$[Ni^{II}(dtb)]_2[Mo^{IV}(CN)_8] \cdot 2H_2O$	3D	Ni(dtb)	

本书所用的测试仪器与测量方法

1. 元素分析

C、H、N 元素含量分析使用 Vario MICRO 型元素分析仪测定。

2. 红外光谱

红外光谱使用德国 Bruker Tensor 27 FT-IR 傅里叶变换红外光谱仪，采用固体 KBr 压片法在 400~4000 cm^{-1} 波数范围测试。

3. 晶体结构收集，结构解析及精修

单晶衍射数据在带有石墨单色器的德国 Bruker APEX D8 CCD，APEX Ⅱ CCD 或 Bruker APEX Duo CCD 衍射仪上测定，CCD 衍射仪采用 Mo-K$_\alpha$ 射线（$\lambda = 0.71073$ Å）并采用 ω 扫描方式进行数据收集。

所有的晶体都用惰性油 Paratone 包裹，使用 APEX Ⅱ 程序来确定晶胞参数和数据收集策略。所得数据用 SAINT 和 SADABS 程序进行数据还原及吸收校正处理。所有数据使用 SHELXS 程序进行直接法解析，在基于 F^2 全矩阵最小二乘法的基础上，使用 SHELXL 程序进行精修。所有非氢原子都进行各向异性热参数精修。有机配体的氢原子是通过理论加氢，溶剂分子的氢原子是通过傅立叶峰或 HADD 命令加氢。部分溶剂由于会出现 Alert level A/Alert level B 错误而没有加氢，也有部分溶剂由于数量多且无序而使用 SQUEEZE 进行处理。

4. 磁性测量

磁性数据使用美国 Quantum Design 公司 MPMS-XL-7T SQUID 或 SQUID VSM 超导量子干涉磁性测量系统测定。所有磁性数据都经过 Pascal 常数和样品胶囊背景抗磁校正处理。

5. X- 射线粉末衍射分析

PXRD 数据使用德国 Bruker D8 Advance X-Ray 粉末衍射仪测定（Cu-K$_\alpha$ 射线，40 kV，40 mA）。

6. 热重分析

热重分析使用德国 Netzsch STA 449 C 热重 – 差热同步分析仪测定，升温速率为 10 K/min，温度范围在 40~800 ℃。

目录 **contents**

第1章 绪 论

1.1 分子磁性材料概述

磁学是现代物理学的一个重要分支,对磁现象的研究可追溯到古代。最早对磁体及其性质的描述可追溯到公元前 230 多年的中国、希腊和印度。磁铁的历史及丰富用途与人类知识和技术进步的演变密切相关。一般而言,在广阔的磁学研究领域,人们开始研究分子磁性可能只是缘于纯粹学术上的好奇,但近年来,分子磁性已经成为一个快速发展且有意义的研究领域。

分子磁性材料[1,2]与传统的磁性材料有很大不同:传统的磁性材料是一类原子间以共价键、离子键或金属键连接而成的离子型或合金型磁性材料;而分子磁性材料是一类自旋载体(包括自由基或顺磁离子)和抗磁桥联配体间以配位键连接而成的具有特定磁学行为的化合物。使用化学方法,人们可以选择不同的自旋载体和桥联配体进行自由组装,以控制合成期望的磁性材料。分子磁性材料具有体积小、不导电、可透光、可塑性强和易加工、易复合等特点,有望在航天材料、信息存储、分子开关、量子计算等领域得到广泛的应用。[2-5]

在过去的几十年间,形形色色的分子磁体的问世见证了该领域的蓬勃发展。H. H. Wickman 在 1976 年报道了第一例分子磁体 Fe(diEt-DTC)$_2$Cl[6],J. S. Miller 在 1986 年报道了第一例铁磁体 [Fe(Cp$_2$*)][TCNE]。[7] 随后,室温磁体 V(TCNE)$_2$ · xCH$_2$Cl$_2$($T_c > 300$ K)、V$_{0.4}^{II}$V$_{0.6}^{III}$[Cr(CN)$_6$]$_{0.86}$ · 3H$_2$O($T_c = 310$ K)、KV^{II}[Cr(CN)$_6$] · 2H$_2$O

（ T_c = 376 K）等相继问世。[8-10] 分子磁体以其独特的魅力登上历史的舞台,成为化学、物理学以及材料学等多个领域研究的热点之一。近年来,分子磁性领域的发展主要包括以下几个分支:①具有高有效能垒和阻塞温度的分子纳米磁体,包括单分子磁体、单离子磁体和单链磁体;②性能优异的自旋交叉化合物;③高有序温度的多维磁体;④高稳定性、良好导电性和低场大熵变的磁制冷材料;⑤多功能磁性材料。

1.2 氰根桥联的分子磁性材料

在分子磁性材料的合成上,化学家可以利用分子工程的原理,将顺磁自旋载体、桥联配体以及端基配体等组装起来,以获得分子磁性材料。从设计的理念出发,可以通过改变有机配体、桥联基团或组合不同的顺磁离子来设计分子,从而调控配合物的结构、磁学性质,还可以引入其他复合性质,如光、电、多孔等,进而研究配合物的多功能性。配合物的磁性不仅与顺磁离子密切相关,还取决于桥联配体的性质,它是传递顺磁离子间超交换作用的通道,对整个配合物的磁性起着至关重要的调控作用。作为桥联配体的基团不仅要有良好的配位能力,还要尽可能提供短的超交换通道,这样有利于缩短两端连接的顺磁离子中心的距离,从而使其磁轨道能够更好地重叠,获得较大的磁交换作用。常用的桥联配体有 CN^-、$HCOO^-$、$C_2O_4^{2-}$、N_3^-、SCN^- 等小分子,也有一些较大的有机化合物,如 TCNQ、TCNE 自由基等。

在众多桥联配体中,氰根因自身的特点脱颖而出,在设计和合成分子磁性材料领域发挥着重要的作用。[11] 氰根的特点包括以下几个方面:

（1）C≡N 三键的距离很短,只有 0.110 nm 左右,是目前最短的双原子桥;

（2）C≡N 三键是一个共轭体系,能够传递较强的磁相互作用;

（3）氰根的 C 端和 N 端都表现出良好的电子给予能力,倾向于线性连接两个金属中心形成扩展结构。

当然,一般 M—C≡N 和 M′—N≡C 键角会偏离线性180°,且在 N 端较为显著。这种键角的弯曲程度主要归因于强的 π—反馈键相互作用,它可以影响氰根的 sp 杂化特性。由于 CN^- 所带的负电荷,使得它不仅是一个强的 σ 给予体,也是一个弱的 π 接受体,即 π 酸配体。[12] 因此,氰根配体既可以稳定高价态的金属离子(σ 碱性质),又可以稳定低价态的金属离子(π 酸性质)。这为研究者提供了一种思路,即用氰根配体来固定特定价态的金属离子,以形成金属氰基前驱体,设计合成分子磁性材料。这种研究方法称为构筑块策略,在分子磁性材料中被广泛采用。

鉴于对普鲁士蓝类化合物[13]的广泛研究,具有八面体构型的 $[M(CN)_6]^{x-}$ 化合物毋庸置疑地成为氰基金属构筑块中最普遍的研究对象。当然,氰基金属构筑块也具有多种不同的构型。表 1.1 列出了一些顺磁性单核氰基金属构筑块的例子。可以看出这类化合物的种类是非常丰富的,涉及的过渡金属元素较多,具有多种自旋基态值,而氰根数量的不同使得它们具有多种配位构型。此外,某些金属离子的构筑块具有强的各向异性,如含较重 4d/5d 金属中心的 $[Mo(CN)_7]^{4-}$ 和 $[Re(CN)_7]^{3-}$,具有未完全猝灭的轨道角动量的 $[Mn(CN)_6]^{3-}$ 等。除此之外,研究者还可以对这些单核构筑块进行化学修饰,通过引入不同的有机配体来阻塞一个或多个特定的配位位点,形成混合配体的金属氰基化合物 $[LM(CN)_n]^{x-}$。这种方法可以在一定程度上调控和预测所得化合物的结构,更能实现实验过程中的设计理念。表 1.2 列举了一些混合配体的顺磁单核氰基金属构筑块,它们具有范围更广的金属离子中心,自旋基态跨度也更大。

表 1.1 一些顺磁性单核氰基金属构筑块

氰基构筑块	几何构型	自旋基态(S)	氰基构筑块	几何构型	自旋基态(S)
$[Ti(CN)_6]^{3-}$	八面体	1/2	$[Co(CN)_4]^{2-}$	平面正方形	1/2
$[V(CN)_6]^{4-}$	八面体	3/2	$[Co(CN)_5]^{3-}$	四方锥	1/2
$[V(CN)_7]^{4-}$	五角双锥	1	$[Mo(CN)_6]^{3-}$	八面体	3/2
$[Cr(CN)_5]^{3-}$	四方锥	2	$[Mo(CN)_7]^{4-}$	五角双锥	1/2
$[Cr(CN)_6]^{4-}$	八面体	1	$[Mo(CN)_8]^{3-}$	十二面体	1/2
$[Cr(CN)_6]^{3-}$	八面体	3/2	$[Ru(CN)_6]^{3-}$	八面体	1/2
$[Mn(CN)_4]^{2-}$	四面体	5/2	$[Nb(CN)_8]^{4-}$	十二面体	1/2
$[Mn(CN)_6]^{4-}$	八面体	5/2	$[W(CN)_8]^{3-}$	四方反棱柱	1/2

续表

氰基构筑块	几何构型	自旋基态(S)	氰基构筑块	几何构型	自旋基态(S)
$[Mn(CN)_6]^{3-}$	八面体	1	$[Re(CN)_7]^{3-}$	五角双锥	1/2
$[Mn(CN)_6]^{2-}$	八面体	3/2	$[Os(CN)_6]^{3-}$	八面体	1/2
$[Fe(CN)_6]^{3-}$	八面体	1/2			

表 1.2　一些混合配体的顺磁单核氰基金属构筑块

氰基类型	构筑块	几何构型	自旋基态(S)	氰基类型	构筑块	几何构型	自旋基态(S)
单氰根	$(dmpe)_2Cr(CN)Cl^+$	八面体	3/2	三氰根	$fac-[TpFe(CN)_3]^-$	八面体	1/2
	$[(Me_6tren)Cu(CN)]^-$	三角双锥	1/2		$ac-[Tp*Fe(CN)_3]^-$	八面体	1/2
双氰根	$[Tp*Cr(CN)_2]^-$	平行四边形	2		$[(pzTp)Fe(CN)_3]^-$	八面体	1/2
	$trans-[(cyclam)Cr(CN)_2]^+$	八面体	3/2		$[(pzcq)Fe(CN)_3]^-$	八面体	1/2
	$trans-[PcMn(CN)_2]^-$	八面体	1		$(Me_3tacn)Mo(CN)_3$	八面体	3/2
	$trans-[FeMn(CN)_2]^-$	八面体	1/2	四氰根	$[(phen)Cr(CN)_4]^-$	八面体	3/2
	$rans-[(acac)_2Ru(CN)_2]^-$	八面体	1/2		$[(2,2-bpy)Cr(CN)_4]^-$	八面体	3/2
	$trans-[ReCl_4(CN)_2]^-$	八面体	3/2		$[(phen)Fe(CN)_4]^-$	八面体	1/2
	$trans-[(salen)_2Os(CN)_2]^-$	八面体	1/2		$[(2,2-bpy)Fe(CN)_4]^-$	八面体	1/2
三氰根	$[Cp*V(CN)_3]^-$	八面体	3/2	五氰根	$[Fe(CN)_5(py)]^{2-}$	八面体	1/2
	$fac-(Me_3tacn)Cr(CN)_3$	八面体	3/2		$[W(CN)_5(CO)_2]^{2-}$	五角双锥	1/2
					$[Cp*_2U(CN)_5]^{3-}$	五角双锥	$J=6$
				六氰根	$[(2,2-bpy)W(CN)_6]^-$	四方反棱柱	1/2

随着分子磁性材料的蓬勃发展,构筑块策略被证明是合成氰根桥联化合物的最有效的方法,并且使得氰根桥联化合物在分子磁性领域取得了令人瞩目的成就。由于相邻的 3d 金属离子具有相似的化学性质,通常 $[Fe(CN)_6]^{3-}$、$[Co(CN)_6]^{3-}$、$[Cr(CN)_6]^{3-}$ 等容易形成同构的化合物。类似地,含 4d/5d 金属的 $[Mo(CN)_8]^{3-}$ 和 $[W(CN)_8]^{3-}$ 通常也会形成同构化合物。下面我们主要根据氰根桥联化合物的不同性质,对该类化合物的研究现状进行介绍,包括单分子磁体、单链磁体、高有序温度磁体、自旋交叉化合物以及多功能磁体。

1.2.1 氰根桥联的单分子磁体

1993 年, D. Gatteschi 等人报道了一例具有超顺磁性质的团簇化合物 $[Mn_{12}O_{12}(AcO)_{16}(H_2O)_4] \cdot 2AcOH$,简称 $[Mn_{12}]$[14,15],该化合物具有缓慢的磁弛豫现象以及宏观的量子隧穿效应。由于 $[Mn_{12}]$ 是单个分子表现出的类似磁体的磁行为,研究者称之为单分子磁体(SMMs)。在忽略分子间磁作用的情况下,我们认为单分子磁体和"单畴磁体"是一样的。从此,单分子磁体登上了磁性研究的历史舞台,引起了化学、物理乃至材料领域研究者的极大关注。

单分子磁体是一类在低温下具有超顺磁行为的化合物,是一种真正意义上具有纳米尺寸效应的分子磁体,其磁性来源于分子本身。[16] 由于大的自旋基态(S)和零场分裂(zero fied splitting, ZFC)参数(D)的共同作用,单分子磁体呈现出缓慢的磁弛豫现象。这两个参数影响其弛豫的能垒 ΔE 的大小,当 S 为整数时, $\Delta E = |D|S^2$;当 S 为半整数时, $\Delta E = |D|(S^2-1/4)$。单分子磁体的弛豫机理可以用双势阱表示。[17] 如图 1.1 所示,当外加场为零时,所有不为零的能级形成离散的能级对,磁化强度的矢量和为 0,即 $M_S = 0$,成为双稳态 [图 1.1(a)]。当外磁场不为零时,磁场能够使能级对的能量不平衡,自旋电子分布在能量较低的能级上,因而总的磁化强度的矢量和不为零 [图 1.1(b)]。当撤销外加磁场后,磁矩需要重新取向回到最初的双稳态,通常会有两种路径:①克服最低能量基态和最高激发态之间的能垒 ΔE [图 1.1(c)];②量子隧穿 [图 1.1(d)]。当分子磁体所在环境的温度低于翻转能级差时,自旋翻转的速度会变慢,因而出现缓慢的磁弛豫现象。SMMs 的弛豫过程是一个热致激发过程,与温度 T 有关,遵循 Arrhenius 定律。弛豫时间(τ)和温度(T)

的关系可以用方程式 $\tau = \tau_0 \exp(\Delta E / k_B T)$ 表示。通常,我们将阻塞温度 (T_B) 定义为能够观察到磁滞回现象的温度, T_B 的高低与 ΔE 的大小有关: ΔE 越大, T_B 越高。

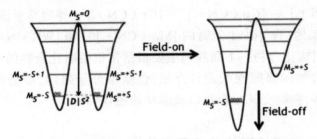

（a）零场分裂导致的能级分裂　　（b）外加磁场时能级的磁化现象

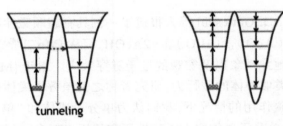

（c）去除磁场后,磁矩重排越过能垒的弛豫过程　（d）量子隧穿主导的磁弛豫过程

图 1.1　单分子磁体的双势阱弛豫机理[17]

　　要想得到性能优异的 SMMs,即高的能垒和阻塞温度,从理论角度设计,主要有两种方法:①增大化合物的自旋基态(S);②增大化合物的单轴各向异性,使其具有较大的零场分裂参数(D)。早期研究者主要采用前一种方法,设计合成了很多团簇化合物。[18-20] 随着研究的进行,研究者发现当 S 增大时,D 通常会减小,达不到预期设计的目标。因此,从提高化合物的单离子磁各向异性着手,设计合成了一些具有单个自旋中心的化合物(即单离子磁体),并且得到了突破性的成果。目前,SMMs 的最大有效能垒已经由 1815 K[21] 提高至 2219 K[22],最高的阻塞温度为 80 K。[22]

　　氰根构筑块作为分子磁体领域的重要研究内容,在构筑氰根桥联的单分子磁体中也具有出色的表现。首例氰根桥联的单分子磁体是 J. R. Long 课题组于 2002 年报道的 K[(Me$_3$tacn)$_6$Mn^{II}Mo^{III}(CN)$_{18}$](ClO$_4$)$_3$ (MnMo$_6$)[23],该化合物中金属离子 Mn^{II} 和 Mo^{III} 之间为反铁磁耦合,在零场下表现出缓慢磁弛豫的行为,有效能垒为 10 cm^{-1}。由于 Mo^{III} 离子更为弥散的 d 轨道的贡献,它具有较大的耦合常数。随着首例氰根桥联单分子磁体的问世,越来越多的化合物相继被报道。在合成上,最常用的方法是使用氰根构筑块进行分子自组装。

含 3d 金属的氰根构筑块有 $[Cr^{III}(CN)_6]^{3-}$、$[Mn^{III}(CN)_6]^{3-}$、$[Fe^{III}(CN)_6]^{3-}$、$[Co^{III}(CN)_6]^{3-}$ 以及有配体修饰的 $[TpFe^{III}(CN)_3]^-$ (或者为 Tp*、pzTp)等。其中,基于 $[Cr^{III}(CN)_6]^{3-}$ 和 $[Mn^{III}(CN)_6]^{3-}$ 的化合物研究比较少,首例基于这两个构筑块的单分子磁体分别是 2006 年 T. Glaser 课题组报道的 $[\{(talen^{tBu2})Mn_3\}_2\{Cr(CN)_6\}(MeOH)_3(CH_3CN)_2](BPh_4)_3 \cdot S(Mn_6^{III}Cr^{III})$[24] 和 2003 年 K.R. Dunbar 课题组报道的 $\{[Mn^{II}(tmphen)_2]_3[Mn^{III}(CN)_6]_2\}(Mn_2^{II}Mn_3^{III}$, tmphen= 3,4,7,8-四甲基 −1,10− 菲啰啉)。[25] 这两个化合物的自旋基态值分别为 21/2 和 11/2。磁性研究表明金属离子间具有反铁磁相互作用,$Mn_6^{III}Cr^{III}$ 团簇在 1.5 K 以下可以观察到磁滞回线,其有效能垒为 25.4 K;而 $Mn_2^{II}Mn_3^{III}$ 的有效能垒则比较低,在 1.8 K 时都没有观察到磁滞回线。后续工作对 $Mn_2^{II}Mn_3^{III}$ 团簇进行了理论研究,发现该类化合物的各向异性主要来源于 Mn^{III} 离子的未淬灭的轨道角动量。[26] T. Glaser 课题组还报道了基于中性共配体构筑块 $[(Me_3tacn)Cr^{III}(CN)_3]$ 的单分子磁体[29];他们将 2006 年报道的 $Mn_6^{III}Cr^{III}$ 团簇中的 Cr^{III} 离子替换成 Mn^{III} 离子,得到了类似结构的基于 $[Mn^{III}(CN)_6]^{3-}$ 的单分子磁体[30];此外,不同的抗衡阴离子和溶剂分子也被引入 $\{Mn_6^{III}[Mn^{III}(CN)_6]\}^{3+}$ 体系[31],得到了一系列单分子磁体。

$[Fe^{III}(CN)_6]^{3-}$ 及其衍生构筑块 $[TpFe^{III}(CN)_3]^-$ 等的研究相对较多,通常都是和 Mn^{III} 的席夫碱类前驱体自组装合成得到的单分子磁体。H. Miyasaka 课题组在基于 $[Fe^{III}(CN)_6]^{3-}$ 的单分子磁体方面获得了部分研究成果[32-34];左景林、S. M. Holmes 等课题组在基于 $[TpFe^{III}(CN)_3]^-$ 类单分子磁体方面也获得了突出的研究成果,先后报道了具有正方体、面心立方体、三角双锥等晶体形状的多核团簇化合物。[35-37] 虽然这些化合物均表现出缓慢的磁弛豫现象,但是其有效能垒并不是很高。

具有 4d/5d 金属离子的构筑块引起了研究者的兴趣。由于 4d/5d 金属离子具有更弥散的 d 轨道,所以它们能够通过氰根和配位自旋中心发生更强的磁耦合。并且,部分构筑块本身还具有强的各向异性,能够提高整个分子磁体的各向异性,从而提高磁弛豫的有效能垒。[38] 这类构筑块有 $[Os^{III}(CN)_6]^{3-}$、$[Mo^V/W^V(CN)_8]^{3-}$、具有五角双锥构型

的 $[Mo^{III}(CN)_7]^{4-}$ 和 $[Re^{IV}(CN)_7]^{3-}$ 以及含共配体的衍生构筑块等。J. F. Long 课题组于 2008 年报道了首例基于 $[Re^{IV}(CN)_7]^{3-}$ 的单分子磁体 $[(PY_5Me_2)_4Mn^{II}_4Re^{IV}(CN)_7](PF_6)_5 \cdot 6H_2O$[39]，如图 1.2 所示。该化合物具有较大的自旋基态值和较强的零场分裂，Re^{IV} 与 Mn^{II} 之间具有铁磁相互作用，并且表现出缓慢的磁弛豫现象，有效能垒值为 33 cm^{-1}（47.5 K）。将 Mn^{II} 离子换成 Co^{II}、Ni^{II}、Cu^{II} 离子，也可以得到一系列类似的具有缓慢磁弛豫的化合物。[40]

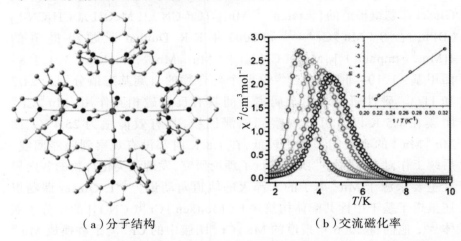

（a）分子结构　　　　　（b）交流磁化率

图 1.2　单分子磁体 $[(PY_5Me_2)_4Mn^{II}_4Re^{IV}(CN)_7](PF_6)_5 \cdot 6H_2O$[39]

2015 年，D. Pinkowicz 课题组报道了基于 $[Os^{III}(CN)_6]^{3-}$ 的三核化合物（PPN）$\{[Mn^{III}(salphen)(MeOH)]_2[Os^{III}(CN)_6]\} \cdot 7MeOH$（$Mn_2Os \cdot 7MeOH$）[41]，如图 1.3 所示。研究发现，该化合物表现出溶剂依赖的可调控的单分子磁体行为，其性质主要取决于结构间隙中甲醇的含量多少。$Mn_2Os \cdot 7MeOH$ 的有效能垒为 17.1 K。当失去甲醇分子以后，Mn_2Os 的能垒提高至 42 K，且在 1.8 K 时可以观察到明显的磁滞回线。此外，它还具有交换偏置行为，磁滞回线的量子隧穿场发生了 0.25 T 的位移。

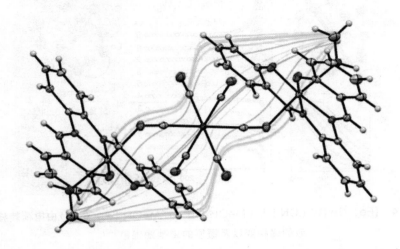

图 1.3 （PPN）{[Mn^{III}（salphen）（MeOH）]$_2$[Os^{III}（CN）$_6$]}·7MeOH 的结构示意图

2016 年，R. Podgajny 课题组报道了一系列基于 [W^{V}（CN）$_8$]$^{3-}$ 的十五核团簇化合物 {Fe$_{9-x}$Co$_x$[W（CN）$_8$]$_6$（MeOH）$_{24}$}·12MeOH（x = 0~9）[42]，如图 1.4 所示。该系列化合物能够在保持配位骨架和整体分子结构的同时，引入不同的 Co/Fe 金属比例，被认为是一种独特的团簇分子固溶体。根据 Co/Fe 金属比例的不同，它们表现出前所未有的磁功能的调控，包含电荷转移导致的磁相变和缓慢的磁弛豫现象。Fe 含量丰富的化合物（x = 0~5）在 180~220 K 范围内表现出热致的可逆结构相变，其临界温度线性依赖于 x。Co 含量丰富的化合物（x = 6~9）相变消失成为高自旋态，在低温下表现出缓慢的磁弛豫，有效能垒的大小随着 x 的增大线性增大，当 x = 9 时具有最大的能垒，为 22.3 K。

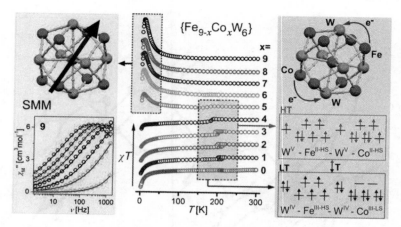

图 1.4　{Fe$_{9-x}$Co$_x$[W（CN）$_8$]$_6$（MeOH）$_{24}$}·12MeOH（x = 0~9）由电荷转移导致的磁相变以及缓慢的磁弛豫现象[42]

　　此外，还有一类氰根桥联的单分子磁体，是使用 4f 金属或 3d~4f 前驱体和氰基金属构筑块自组装得到的异金属化合物，此处不再介绍此类化合物。

1.2.2　氰根桥联的单链磁体

　　单链磁体是指在一维磁链方向上表现出缓慢磁弛豫行为的一类化合物。早在 1963 年，R. J. Glauber 等人就用统计学的方法经过理论分析，预测具有 Ising 各向异性的一维体系在低温下很可能会出现缓慢磁弛豫的现象。[43] 然而，直到 2001 年，D. Gatteschi 课题组才报道了第一个具有缓慢磁弛豫的一维化合物 [Co^{II}（hfac）$_2$（NITPhOMe）][44]，其自旋翻转能垒为 10^7 cm^{-1}。从此，单链磁体引起了人们的研究兴趣。

　　单链磁体的磁弛豫机理如图 1.5 所示，可以用 Glauber 模型来解释。[45] 对理想的 Ising 一维链体系首先施加一个磁场，在该磁场去除后，体系的弛豫开始从任一个自旋翻转开始。一方面，该自旋翻转需要克服相邻自旋之间的能量差，即 $\Delta E = 4JS^2$（无限链）或者 $\Delta E = 2JS^2$（有限链）。另一方面，单链磁体的弛豫过程除了需要克服两个磁畴壁之间的能量 ΔGlauber 外，还需要克服自身的磁各向异性能垒 δ。δ 与自旋的自旋基态 S 和各向异性参数 D 有关，即 $\delta = |D|S^2$ 或 $|D|$（S^2–1/4）。因此，单链磁体总的弛豫能垒可以表示为 $\Delta E = 4JS^2 + \delta$（无限链）或 $\Delta E = 2JS^2 + \delta$（有限链）。根据单链磁体的能垒来源，人们提出了构筑单链

磁体的策略。首先,在合成过程中选择具有较大各向异性的金属离子(Mn[III]、Co[II]、Ni[II]、Dy[III]等)[46,47],得到一维 Ising 链;其次,链内金属离子之间通过桥联配体传递强的磁相互作用;最后,还要保证链与链之间具有很弱的磁作用,以避免磁有序的产生。

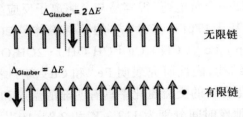

图 1.5 无限和有限链中单个自旋的翻转示意图[45]

基于氰基金属构筑块的单链磁体研究较多。例如,我们课题组和宋友课题组合作,通过引入大的抗衡阳离子作为间隔,合成报道了两例基于 $[W^{V}(CN)_8]^{3-}$ 的一维化合物:$(Ph_4P)[Co^{II}(3\text{-Mepy})_{2.7}(H_2O)_{0.3}W^{V}(CN)_8]\cdot 0.6H_2O$(图 1.6)和 $(Ph_4As)[Co^{II}(3\text{-Mepy})_3W^{V}(CN)_8]$(2,3-Mepy = 3-甲基吡啶)[48]。这两个化合物为 3,3-梯状链结构,具有较大的长方形片状单晶。磁性研究表明,这两个化合物都表现出单链磁体的行为,有效能垒分别为 252(9)K 和 224(7)K,是氰根桥联单链磁体中最大的。除了几例 Co[II] 的自由基化合物之外,它们也是所有单链磁体中最大的。此外,它们在 1.8 K 时具有较大的磁滞回线,矫顽场分别为 26.2 kOe 和 22.6 kOe,并且在平行和垂直一维链方向具有不同的磁滞回线。

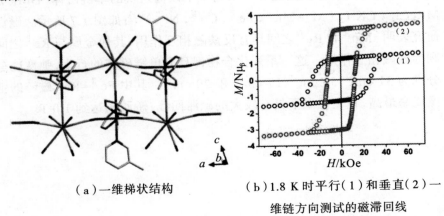

（a）一维梯状结构　　（b）1.8 K 时平行（1）和垂直（2）一维链方向测试的磁滞回线

图 1.6 基于 $[W^{V}(CN)_8]^{3-}$ 的一维化合物(Ph_4P)[Co^{II}(3-Mepy)$_{2.7}$ (H_2O)$_{0.3}W^{V}(CN)_8$]·0.6H_2O[48]

对于混合配体的金属氰基构筑块,具有较好性能且研究较多的是 [TpFe(CN)$_3$]$^-$ 类构筑块,包括其衍生物 [Tp*Fe(CN)$_3$]$^-$、[(pzTp) Fe(CN)$_3$]$^-$、[(pzcq)Fe(CN)$_3$]$^-$ 等。其中,Tp 类配体是经典的三爪型配体,三个 N 原子发生配位以后的金属离子具有 C$_3$ 对称性的立体结构。由于这类配体带一个负电荷,很容易与金属离子反应生成孤立的链状化合物。第一个基于 [TpFe(CN)$_3$]$^-$ 的单链磁体是 2004 年左景林课题组报道的 [(Tp)$_2$Fe$_2^{III}$(CN)$_6$Cu(CH$_3$OH)·2CH$_3$OH]$_n$。[49]该化合物具有双之字链结构,磁性研究表明 Fe^{III} 和 Cu^{II} 离子之间通过氰根传递铁磁耦合。该化合物的交流磁化率具有明显的温度和频率依赖,拟合得到弛豫能垒和弛豫时间分别为 112.3 K 和 2.8×10^{-11} s。刘涛课题组在 [TpFe(CN)$_3$]$^-$ 类一维磁体方面具有突出的研究贡献。如在 2012 年使用大体积的 [(pzTp)Fe(CN)$_3$]$^-$ 前驱体来减小链间的磁相互作用,他们报道了首例光调控的一维单链磁体 {[Fe(pzTp)(CN)$_3$]$_2$Co (4-styrylpyridine)$_2$}·2H$_2$O·2CH$_3$OH。[50]在光照的作用下,该体系中金属离子之间发生电荷转移。金属离子的自旋态以及链内磁耦合路径的变化,使该化合物成为光致电荷转移的单链磁体,有效能垒和弛豫时间分别为 27 K 和 1.5×10^{-10} s。

在合成单链磁体过程中,使用具有强各向异性的金属氰基构筑块,有利于提高所得链状化合物的各向异性,从而有利于提高单链磁体的有效能垒。2010 年,J. R. Long 课题组使用氰根和卤素配体合成了一个基于 5d 金属 Re^{IV} 的构筑块 trans-[Re^{IV}Cl$_4$(CN)$_2$]$^{2-}$,它具有较强的磁各向异性。并且,他们报道了一系列基于该构筑块的单链磁体 (DMF)$_4$ MReCl$_4$(CN)$_2$(M = Mn^{II},Fe^{II},Co^{II},Ni^{II})[51],如图 1.7 所示。磁性研究表明,Mn^{II} 和 Re^{IV} 之间具有反铁磁相互作用,其他金属与 Re^{IV} 之间则为铁磁相互作用。这一系列化合物都具有单链磁体的行为,弛豫能垒分别为 31 cm^{-1}、56 cm^{-1}、17 cm^{-1} 和 20 cm^{-1}。其中 Fe^{II}–Re^{IV} 磁链的弛豫能垒最高,且在低温下具有较大的磁滞回线,矫顽场达到 1.0 T。

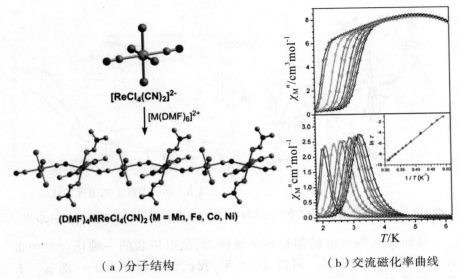

(a)分子结构 (b)交流磁化率曲线

图 1.7 单链磁体(DMF)$_4$MReCl$_4$(CN)$_2$(M = Mn^{II}, Fe^{II}, Co^{II}, Ni^{II})[51]

随后,J. R. Long 课题组对该体系进行了深入的研究。通过引入不同大小的酰胺配体,他们合成了一系列单链磁体 L$_4$FeReCl$_4$(CN)$_2$。[52] 当 L 依次为 DEF、DBF、DMF、DMB、DMP、DEA 时,该系列化合物中 Fe—N—C 键角逐渐趋向线性 [154.703(7)°~180°]。直流磁化率测试也显示化合物的铁磁耦合作用依次增强(J 从 4.2~7.2 cm^{-1}),对交流磁化率数据的拟合分析得到该系列一维链的弛豫能垒也依次增大(45~93 cm^{-1})。值得一提的是,含 DEA 的化合物在当时具有单链磁体中最大的能垒和矫顽场。这一系列化合物说明通过改变配体的空间位阻效应,可以有效地调节顺磁离子之间磁轨道的重叠程度,从而增加顺磁离子之间的磁交换作用,进而提高单链磁体的有效能垒。

除了经典的多氰基金属构筑块和混配体金属氰基构筑块,研究者还探索合成了一系列新的氰根前驱体,以便更好地实现分子磁体的设计理念。J. P. Sutter 课题组报道了一例基于五角双锥构型的 Fe^{II}–Cr^{III} 单链磁体 {[Cr(L^{N3O2Ph})(CN)$_2$]Fe(H$_2$L^{N3O2NH2})}·PF$_6$·1.25H$_2$O[53],如图 1.8 所示。该化合物中,[Cr(L^{N3O2Ph})(CN)$_2$]$^-$ 前驱体利用轴向的两个氰根配体将 [Fe(H$_2$L^{N3O2NH2})]$^{2+}$ 前驱体桥联形成一维链结构,其中两种金属中心均处于七配位的五角双锥构型。该化合物的有效能垒为 113 K。理论研究表明,该化合物的良好性能主要归因于局部各向异性轴的平行排列。

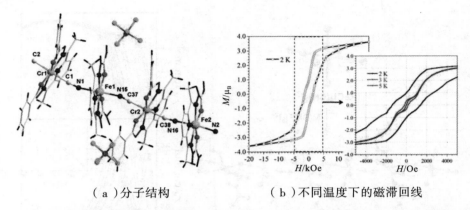

（a）分子结构　　　　　　　（b）不同温度下的磁滞回线

图 1.8 单链磁体 [{Cr（L^{N3O2Ph}）（CN）$_2$）Fe（H$_2$L^{N3O2NH2}）]·PF$_6$·1.25H$_2$O[53]

前面提到的一维链都是异金属链,而氰根桥联的一维化合物中也有一些同自旋的情况。例如,2015 年,我们课题组报道了一例基于五角双锥构型的同自旋一维链状化合物 [Fe（L$_{N5}$）（CN）][BF$_4$][54],如图 1.9 所示。该化合物中,具有 D$_{5h}$ 构型的 [Fe（L$_{N5}$）（CN）$_2$] 前驱体利用两个轴向氰根配体彼此桥联形成同自旋的一维链结构。磁性研究表明,该化合物同时具有自旋倾斜、反铁磁有序、变磁以及单链磁体的性质。随后,他们还对该体系进行了拓展研究,通过引入三个不同尺寸的阳离子调控链与链之间的距离,研究链间相互作用对单链磁体性质的影响。[55]

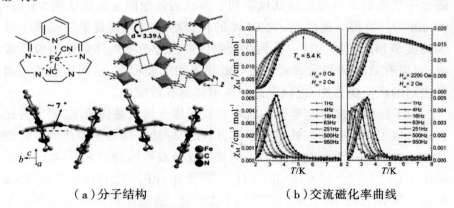

（a）分子结构　　　　　　　（b）交流磁化率曲线

图 1.9 基于五角双锥构型的同自旋一维链状化合物 [Fe（L$_{N5}$）（CN）][BF$_4$][55]

1.2.3 氰根桥联的自旋交叉化合物

自旋交叉化合物是双稳态分子磁性材料中研究最广泛的磁双稳态材料。它还可以实现对压力、光照、磁场等外界因素的响应,能够发生金属离子在高自旋态和低自旋态之间的相互转变,因此在信息存储、分子开关等器件领域中具有潜在的应用价值。目前,研究者已经得到许多在室温附近发生自旋转变的材料,使得该类化合物最有希望接近于实际应用。[56-60]

根据直流磁化率曲线的形状,自旋交叉化合物主要有以下几种类型:渐变型、突变型、滞回型、阶梯型和不完全型(图 1.10)。通常人们希望得到滞回型自旋交叉化合物,其升温曲线和降温曲线不重合,表现出热致的磁滞回现象,升温测试得到的自旋转换温度($T_{1/2}\uparrow$)和降温测试得到的转换温度($T_{1/2}\downarrow$)之差为磁滞回宽度。磁滞回宽度越大,说明其自旋交叉的性能越优异。

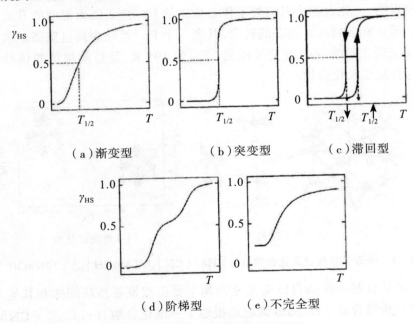

（a）渐变型　　　（b）突变型　　　（c）滞回型

（d）阶梯型　　　（e）不完全型

图 1.10　自旋交叉的主要类型

关于氰根桥联的自旋交叉化合物（包括零维团簇、一维磁链状化合物、二维三维化合物等），人们取得了一些重要的研究成果。例如，早期报道的零维单核化合物 [FeL（CN）$_2$][61-64]，可以实现光致激发态捕获（LIESST）现象，且该激发态在 105 K 以下均较为稳定；此外，还有少数双核、三核化合物相继被报道。[65,66] 另外，人们通过使用多齿螯合配体有效占据金属离子的配位位点，使其采用特定的连接方式与其他金属离子配位，来合成具有四核结构的化合物。[67-69] 如陶军课题组于 2011 年报道了 [N（CN）$_2$]$^-$ 桥联的四核化合物 [Fe$_4^{II}$（tpa）$_4$（μ-（CN）$_2$N）$_4$]（BF$_4$）$_4$·2H$_2$O[68]，它是首例能够发生完全自旋转变的 Fe$_4^{II}$化合物，并且能够实现单晶到单晶的转变。含结晶水的化合物具有两步自旋转变（$T_{1/2}^1$ = 302 K，$T_{1/2}^2$ = 194 K），失去结晶水的化合物也具有两步自旋转变（$T_{1/2}^1$ = 294 K，$T_{1/2}^2$ = 211 K），且在高温区有一个 6 K 的磁滞回线。此外，该化合物还具有 LIESST 效应。S. Ohkoshi 等人于 2015 年报道了另外一例十五核的自旋交叉化合物，分子式为 {Fe$_9^{II}$[Re^V（CN）$_8$（MeOH）$_{24}$}·10MeOH[70]，如图 1.11 所示。该化合物具有六帽体心立方构型。磁性研究表明，该化合物中只有处于体心位置的 Fe^{II}离子随着温度的升高发生了低自旋态到高自旋态的转变，其余八个 Fe^{II}始终为高自旋态。该化合物呈现出渐变式自旋交叉性质，$T_{1/2}$ 为 195 K，是目前报道的核数最多的自旋交叉化合物。

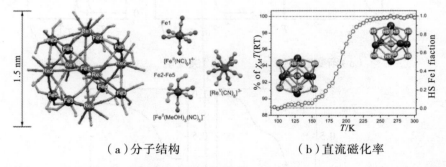

（a）分子结构　　　　　　　（b）直流磁化率

图 1.11　十五核自旋交叉化合物 {Fe$_9^{II}$[Re^V（CN）$_8$]$_6$（MeOH）$_{24}$}·10MeOH[70]

氰基桥联一维的自旋交叉化合物主要由双氰基桥联配体和其他金属中心构筑合成。O. Sato 课题组报道了一维化合物 [Fe（L$_{N3O2}$）（CN）$_2$][Mn（hfac）$_2$][71]，该化合物具有两步渐变型自旋转变，且在光照后具有 LIESST 效应。童明良课题组使用 [M（CN）$_2$]$^-$（M = Ag, Au）构筑了一系列一维磁性材料[72,73]，通过对配体供电子基团的改变以及所含溶剂分子的控制来调控化合物的自旋交叉性质,实现了转变温度从 235 K 到 315 K 的转变。此外,还有一些基于 $[M(CN)_4]^{2-}$ ($M = Ni, Pt$)的一维自旋交叉化合物,如 S. Triki 课题组报道的 $\{Fe(aqin)_2[M(CN)_4]\}$ ($M = Ni, Pt$)[74],在 140 K 左右表现出完全的自旋转变。

在氰根桥联自旋交叉化合物中,研究较多的一类化合物为具有 Hofmann 格子的二维或三维结构。该类化合物主要包含 $[Fe(L)M(CN)_4]$ ($L = N$ 杂环配体,$M^{II} = Ni, Pd, Pt$)构筑块。其研究思路是在主体框架中引入不同的客体分子,改变和调控化合物自旋交叉的性质。例如,S. Kitagawa 课题组报道的 $[Fe(pz)Pt(CN)_4]$ ($pz = $ 吡嗪)[75],如图 1.12 所示,当分子框架中不含任何客体分子时,其升温和降温过程的自旋转换温度分别为 $T_{1/2}\uparrow = 309$ K 和 $T_{1/2}\downarrow = 285$ K,磁滞回宽度为 25 K。当在分子框架中分别引入 CS_2 分子和苯分子后,化合物的自旋转变性质发生了显著的变化。CS_2 分子使三维框架收缩,Fe^{II} 周围的配体场强度增强,因而可以稳定低自旋,使化合物的转变温度升高。而苯分子则使化合物变成了稳定的高自旋态。后续的研究工作对该体系进行了其他调控。例如在体系中引入不同的卤素分子,随着从 I^- 到 Cl^- 电负性的增强,Fe^{II} 离子周围的电子云密度依次减小,其配体场强度随之降低,化合物的自旋转变温度也依次降低。[76]此外,人们还对该体系中 I^- 的含量进行了精细调控。由于 I^- 具有强的提供 π 电子的能力,能使 Fe^{II} 周围的配体场强度增强。因此随着体系中 I^- 含量的升高,其自旋转变温度逐渐向高温区移动。

基于多氰根构筑块的自旋交叉化合物的研究相对较少。例如,S. Ohkoshi 于 2008 年和 2011 年分别报道了基于八氰基金属构筑块的化合物 $\{Fe_2[M(CN)_8](L)_8 \cdot nH_2O\}$ ($M = Nb, Mo$)。[77,78]当 L 为 3-甲醇吡啶时,化合物的自旋转变温度为 250 K;当 L 为 4-吡啶甲醛肟时[78],化合物的结构如图 1.13 所示。该化合物中 Fe^{II} 离子处于六配位的八面体构型,赤道平面为四个配体 N 原子,轴向位置为两个氰根 N 原子。磁性研究表明,Fe^{II}–Nb^{IV} 化合物具有自旋交叉的行为,自旋转变温度为 120 K,并且可以观察到 LIESST 效应。

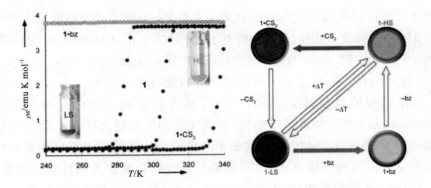

图 1.12　苯分子和二硫化碳分子的吸附对 {Fe（pz）[Pt（CN）$_4$]} 性质的影响[75]

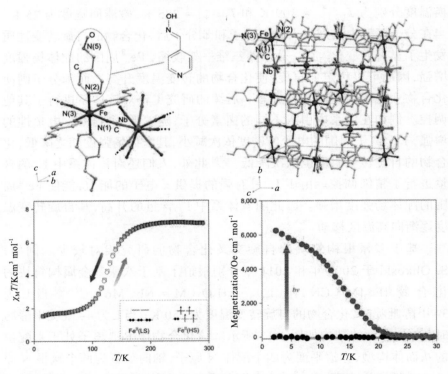

图 1.13　Fe$_2$[Nb（CN）$_8$]（4-pyridinealdoxime）$_8$ 的结构直流磁化率和 LIESST 效应[78]

1.2.4　氰根桥联的高有序温度磁体

分子磁体具有与传统金属磁体相似的磁性现象,即自旋中心之间的磁性耦合能够导致临界温度(T_c)以下的自发磁化与具有剩磁和矫顽力的磁滞回线,这个临界温度称为分子材料的磁有序温度。要想使分子磁体成为金属或金属氧化物等传统磁体的真正替代品,必须确保其具有适当的磁性能,为实际的技术应用提供可能的机会。因此,研究分子磁体在临界温度以下、接近或超过室温的自发磁化现象具有重要的意义。通常,高 T_c 是指磁性相变的临界温度超过液氮的沸点,即 $T_c > 77$ K。实际上在这个温度发生自发磁化仍然限制了分子磁体的实际应用。本小节概述了氰根桥联的高 T_c 化合物,同时也提到了一些低 T_c 的首创性化合物,因为它们为高 T_c 分子磁体的深入研究奠定了非常重要的基础。

磁耦合能够使一些分子磁体在 T_c 以下表现出长程磁有序。在这些分子磁体中,自发磁化主要有两种:铁磁体和亚铁磁体。在铁磁体中,铁磁耦合导致相邻自旋的平行排列,这些自旋可以延伸到三维结构中,所有自旋朝着同一方向排列,表现出铁磁性。自发性磁化也可以发生在亚铁磁体中,具有不同自旋值的两个自旋中心之间的反铁磁耦合导致相邻自旋的反平行排列。图 1.14 列出了几种常见的磁有序状态的自旋排布情况。

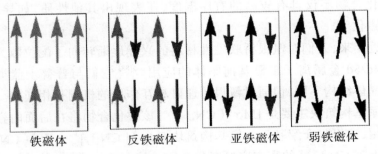

铁磁体　　　　反铁磁体　　　　亚铁磁体　　　　弱铁磁体

图 1.14　几种常见的磁有序状态的自旋排布

高 T_c 的分子磁性材料主要有两大类:一类是顺磁离子和有机自由基 TCNE 构筑的磁性化合物;另一类是以氰根作为桥联配体传递金属离子之间磁耦合的磁性化合物。对于氰根桥联的高 T_c 分子磁性材料,非常值得一提的要数普鲁士蓝类化合物。[79,80] 普鲁士蓝是众所周知的一种蓝色染料,已经有 300 年的历史了,其分子式为 $Fe^{II}_4[Fe^{III}(CN)_6]_3 \cdot 14H_2O$,其单晶结构直到 1972 年才被确定。[81] 而首例具有铁磁相变的普鲁士蓝化合物是在 1986 年报道的,T_c 为 5.6 K。根据普鲁士蓝化合物的铁磁性,研究者陆续报道了一些基于不同 3d 金属离子的同系物,如 $Cs^I Mn^{II}[Cr^{III}(CN)_6]$、$Cs^I_2 Mn^{II}[V^{II}(CN)_6]$、$(NEt_4)_{0.5}Mn^{II}_{1.25}[V^{II}(CN)_6] \cdot 2H_2O$ 等,它们的 T_c 明显提高,从 90 K 到 230 K。[82–84] 研究者将这一系列同系物统称为普鲁士蓝衍生物。首例普鲁士蓝类室温磁体是 1995 年 M. Verdaguer 课题组报道的 $V_{0.42}^{II} V_{0.58}^{III}[Cr^{III}(CN)_6]_{0.86} \cdot 2.8H_2O^{[85]}$,有序温度达到 315 K。研究表明,该化合物表现出如此高的磁有序温度的主要原因有两点:① V^{II} 的 3d 轨道相比于其他高原子数金属离子的轨道更为弥散,提高了 V^{II}–Cr^{III} 之间的超交换作用;② 由于 V^{II} 和 Cr^{III} 都为 d^3 电子组态,具有半填充的 t_{2g} 轨道,它们之间为很强的反铁磁耦合。因此从这个角度出发,研究者认为化合物中 V^{III} 的存在不利于得到高 T_c 的化合物,这为后续的研究提供了方向。另一例化合物是 J. S. Miller 课题组报道的 $K_{0.058}V_{0.57}^{II}V_{0.43}^{III}[Cr^{III}(CN)_6]_{0.79} \cdot (SO_4)_{0.058} \cdot 0.93H_2O^{[86]}$,其有序温度提高至 372 K。值得注意的是,该化合物暴露在空气中 106 小时后,其 T_c 值保持不变,若在纯氧气环境中,能够保持 20 小时。G. S. Girolami 等人通过引入大的有机抗衡离子得到了一例 V^{II}–Cr^{III} 化合物 $KV^{II}[Cr^{III}(CN)_6] \cdot 2H_2O \cdot 0.1OTf^{[87]}$,该化合物具有非常高的有序温度,$T_c$ 为 376 K,是氰根桥联化合物中最大的。此外,一些化合物不仅具有较高的有序温度,还表现出其他性质,如导电性、光致磁化等。

近年来,人们对氰根桥联磁性材料的兴趣逐渐转向了配位数为 7 或 8 的 4d/5d 金属离子多氰基前驱体的应用。[88] 它们与普鲁士蓝类化合物的晶体结构不同,但通过氰根传递磁相互作用的机制是相同的。相关的七氰基构筑块主要是 $[Mo^{III}(CN)_7]^{4-}$,该类化合物将在后面内容中详细介绍,这里只介绍基于八氰基构筑块 $[Mo^V(CN)_8]^{3-}$、$[W^V(CN)_8]^{3-}$ 和 $[Nb^{IV}(CN)_8]^{3-}$ 的高有序温度化合物。其中,$[Mo^V(CN)_8]^{3-}$ 和 $[W^V(CN)_8]^{3-}$ 一般得到具有相似的结构和性质的材料。相比于 4d 的 Mo^V 中心,W^V 的 5d 轨道更为弥散,具有更强的磁耦合,因此获得了研究者更多的关注。从磁有序分子体系的角度考虑,八氰基金属酸盐具有八个配位位点、几何构型灵活以及在实验室条件下相对稳定,引起了人们极大的兴趣。大量的研究工作主要集中在含高自旋 Mn^{II} 中心的双金属体系

（S =5/2），它提供了相对较强的反铁磁耦合，有利于在高维配位网格中形成长程亚铁磁有序。[89]2000 年，K. Hashimoto，S. Ohkoshi 等人报道了三维 $\{Mn_6^{II}(H_2O)_9[W^V(CN)_8]_4\}\cdot 13H_2O$ 网格[90]，该网格具有复杂的氰基桥接拓扑结构，铁磁有序温度为 54 K。由 Mn^{II} 和 $[Nb^{IV}(CN)_8]^{4-}$ 构筑的同系物，由于 3d 和 4d 金属离子比例不同，因而具有不同的拓扑结构。它具有亚铁磁有序的性质，T_c 为 47 K。[91,92]

　　研究过程中，人们尝试引入第二桥联共配体（甲酸、乙酸、草酸等），以提高体系的 T_c。第二桥联共配体的引入虽然可以增强金属离子之间的磁耦合，但由于限制了氰根桥联网格的形成，并没有达到预期的结果。相应的研究结果表明，化合物的 T_c 仅在 40 K 到 53 K 范围内。[93,94]另一种提高 Mn^{II}–$[Nb^{IV}(CN)_8]^{4-}$ 体系 T_c 的有效方法是对化合物的氰根桥联网格进行脱水处理。例如，化合物 $\{[Mn^{II}(pydz)(H_2O)_2][Mn^{II}(H_2O)_2][Nb^{IV}(CN)_8]\}\cdot 2H_2O(pydz = $ 吡嗪$)$[95]的 T_c 为 43 K，脱水后成为 $\{[Mn_2^{II}(pydz)][Nb^{IV}(CN)_8]\}$，其有序温度显著提高，达到 100 K。脱水后的化合物具有如此高的 T_c 值，是因为分子骨架的重排导致所有 Mn^{II} 离子成为四面体构型，与六配位和五配位相比，其键长减小，能够产生更强的磁耦合。在磁学领域，这种通过脱溶剂和吸溶剂来调控磁性的现象被称为磁海绵效应。

　　其他 3d 金属离子如 Fe^{II}、Ni^{II}、Co^{II}、Cu^{II} 在八氰基磁性材料中也得到了深入研究，但由于它们通过氰根传递弱的磁相互作用，T_c 值没有超过 50 K。Fe^{II}–$[M(CN)_8]^{4-}$ 体系中最高的 T_c 为 43 K[96]，是在 $\{[Fe^{II}(H_2O)_2]_2[Nb^{IV}(CN)_8]\}\cdot 4H_2O$ 铁磁体中观察到的。Cu^{II}–$[W^V(CN)_8]^{3-}$ 体系中最高的 T_c 也为 43 K[97-99]，还有一些 Ni^{II}、Co^{II} 的铁磁化合物同样具有较低的 T_c 值。[100-102]一例 Co^{II}–W^V 的顺磁体 $\{[Co^{II}(4Me-py)(pym)]_2[Co^{II}(H_2O)_2][W^V(CN)_8]_2\}\cdot 4H_2O$[102]，在光照以后 T_c 能够达到 48 K。该化合物的矫顽场在 2.0 K 时达到 27 kOe，说明高自旋 Co^{II} 的各向异性，使其有望构筑 Co^I–$[M(CN)_8]^{4-}$ 硬磁体。

　　对于合成高 T_c 磁体，V^{II} 中心与八氰基酸盐的磁耦合最强，被认为是最有前途的金属中心。[89]这一假设在 2009 年被 S. Ohkoshi 等人证实，他们合成了首例 V^{II}–$[Nb^{IV}(CN)_8]^{4-}$ 磁体，分子式为 $K_{0.10}V_{0.54}^{II}V_{1.24}^{III}[Nb^{IV}(CN)_8](SO_4)_{0.45}\cdot 6.8H_2O$，其亚铁磁有序温度为 138 K[图 1.15（a）]。[103]尽管该材料的结晶度较差，但通过 Mn^{II}–Nb^{IV} 同系物的确定，表明该化合物具有正方体结构 [图 1.15(c)]。随后，

该课题组又报道了一例具有正方体结构的化合物 $K_{0.59}V^{II}_{1.59}V^{III}_{0.41}[Nb^{IV}(CN)_8](SO_4)_{0.50} \cdot 6.9H_2O^{[104]}$，由于体系中 V^{II} 含量的增加，该化合物的 T_c 值提高至 210 K[图 1.15（b）]，这在八氰基分子磁体中是最高的，可与普鲁士蓝类化合物相媲美。

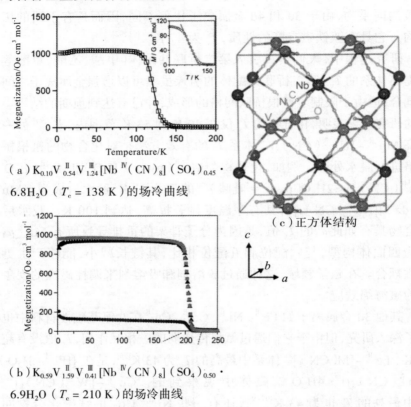

（a）$K_{0.10}V^{II}_{0.54}V^{III}_{1.24}[Nb^{IV}(CN)_8](SO_4)_{0.45} \cdot 6.8H_2O$（$T_c = 138$ K）的场冷曲线

（c）正方体结构

（b）$K_{0.59}V^{II}_{1.59}V^{III}_{0.41}[Nb^{IV}(CN)_8](SO_4)_{0.50} \cdot 6.9H_2O$（$T_c = 210$ K）的场冷曲线

图 1.15　两种化合物的场冷曲线及结构示意图 [103,104]

1.2.5　氰根桥联的多功能化合物

人们通过调节外部因素，能够刺激固体材料的磁、电和光学等性质的响应，并通过运用这些性质来开发新材料，使其在传感器、分子开关等领域具有很大的应用潜力。[105] 一些科研工作者在大量的理论和实验研究基础上，着手研究氰根桥联的金属化合物对外部因素的刺激响应。人们将顺磁性的氰基金属构筑块与其他功能性的分子单元（手性、氧化还原活性、光致变色、导电性等）结合可以形成多功能的配合物。这种配合物不仅表现出有趣的磁学性质,还可以对光、压力、电场以及客体分子/溶剂蒸气等外部因素表现出独特的刺激响应。将化学、物理和材料科学的基本概念结合在一起的多功能磁性化合物的研究,对科学技术的未来发展和纳米尺寸新型器件的精化有很大的帮助。

在氰根桥联的化合物中,一些 $[TpFe(CN)_3]^-$ 类化合物通常会表现出对光和热的响应,产生光致和热致的自旋交叉以及 LIESST 效应。例如,刘涛课题组于 2013 年报道的 $\{[Fe^{III}(Tp^*)(CN)_3]_2Fe^{II}(bpmh)\} \cdot 2H_2O^{[108]}$,如图 1.16 所示。该一维链具有双之字链结构,其中 Fe^{II} 离子具有六配位的八面体构型。磁性研究表明,该一维链表现出热致的可逆自旋交叉行为和 LIESST 效应。在光和热的作用下,化合物中 Fe^{II} 离子在顺磁性高自旋态和抗磁性低自旋态之间可逆地转变,可以有效地打开和关闭一维链的磁性通道。此外,单链磁体行为也被观察到。这种用光和热调控自旋转变的行为,为发展多功能磁性材料提供了研究思路。

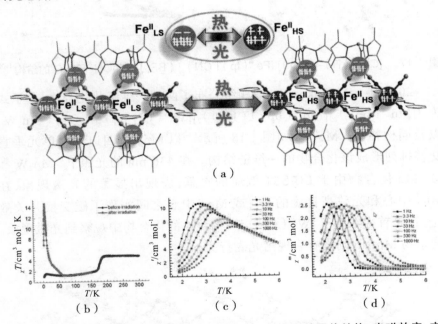

图 1.16 $\{[Fe^{III}(Tp^*)(CN)_3]_2Fe^{II}(bpmh)\} \cdot 2H_2O$ 的晶体结构、光磁效应、交流磁化率实部和虚部的频率依赖[108]

化合物的磁性和电性也能很好地结合起来。2012 年,H. Oshio 课题组使用手性的前驱体 $[Co^{II}((R)\text{-}pabn)]^{2+}$ 和 $[TpFe(CN)_3]^-$ 合成

了一例正方波浪形 Co^{II}–Fe^{III} 一维链: $[Co^{II}((R)$–$pabn)][Fe^{III}(tp)(CN)_3]$ $(BF_4) \cdot MeOH \cdot 2H_2O^{[109]}$, 如图 1.17 所示。有意思的是,该化合物在相同的温度范围内同时表现出磁性和电性的双稳态。在 240~320 K 温度范围内,该化合物经历了一个自旋转变,即在高温相(HT)Co^{II}(HS, S =3/2)–Fe^{II}(LS, S =1/2)和低温相(LT)Co^{III}(LS, S =0)–Fe^{II}(LS, S =0)之间的转变。另外,伴随着局部的电子转移和自旋跃迁,在部分失水化合物中,电子的导电性随着跃迁温度的变化而变化,表现出与磁矩类似的滞回现象。

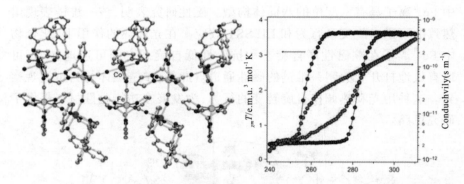

图 1.17　$[Co^{II}((R)$–$pabn)][Fe^{III}(tp)(CN)_3](BF_4) \cdot MeOH \cdot 2H_2O$ 的结构 [109]

2017 年, D. Pinkowicz 课题组公布了两例一维链状化合物,分子式为 $\{[Mn^{II}(bpy)_2][Mn^{II}(bpy)(H_2O)_2][W^{IV}(CN)_8] \cdot 5H_2O\}_n$($Mn_2W$)以及同构物 $Mn_2Mo^{[110]}$, 如图 1.18 所示。以 Mn_2W_2 四边形为单元垂直交替排列形成该化合物的一维链结构。在 436 nm 的光照下, Mn_2W 和 Mn_2Mo 化合物由于 LIESST 效应的贡献,表现出显著的光磁现象,在 Mn^{II} 中心和光致高自旋的 W^{IV} 或 Mo^{IV} 中心之间实现了磁交换开关效应。这是首次在基于 $[W^{IV}(CN)_8]^{4-}$ 构筑块的化合物中观察到光磁现象。同系物 Mn_2Nb 则没有表现出光磁行为。

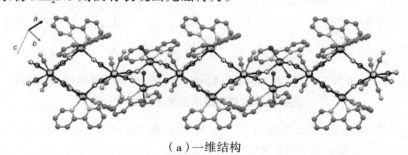

（a）一维结构

图 1.18　$\{[Mn^{II}(bpy)_2][Mn^{II}(bpy)(H_2O)_2][W^{IV}(CN)_8] \cdot 5H_2O\}_n$ 化合物

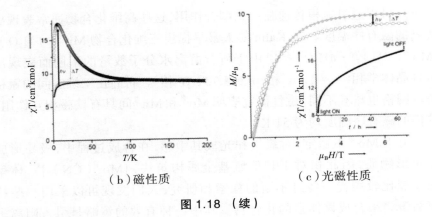

（b）磁性质　　　　　　　（c）光磁性质

图 1.18　（续）

1.3　基于 [Mo^{III}(CN)$_7$]$^{4-}$ 构筑块的分子磁性材料

　　1932 年，R. C. Young 研究了一个低价态 4d 金属 Mo^{III} 的化合物 K$_4$[Mo^{III}(CN)$_7$]·2H$_2$O[111]。然而由于空气敏感、实验操作困难，很长一段时间内，基于该构筑块的研究工作一直没有展开，直到 1998 年，O. Kahn 等人首次公开了基于 [Mo^{III}(CN)$_7$]$^{4-}$ 构筑块的开创性工作。[112,113] 随后，一系列二维、三维磁体被相继公布，它们具有突出的磁学性质。从此，基于 [Mo^{III}(CN)$_7$]$^{4-}$ 的化合物的研究在磁学领域拉开了帷幕。在 [Mo^{III}(CN)$_7$]$^{4-}$ 构筑块中，Mo^{III} 中心具有低自旋的 d^3 电子组态，自旋基态 S 为 1/2。[114] 由于存在七个氰根配体，该构筑块易形成五角双锥构型，不仅可以导致具有较大 g 因子（$g_{//}$ = 3.89，$g_{\perp}$ = 1.77）的单离子各向异性，还能与其他金属离子发生显著的各向异性磁交换。因此，该构筑块在磁学领域具有独特的研究意义。

1.3.1　基于 [Mo^{III}(CN)$_7$]$^{4-}$ 构筑块的高有序温度磁体

　　在所有七氰基顺磁性化合物中，只有 [Mo^{III}(CN)$_7$]$^{4-}$ 能够有效构筑高于液氮温度以上的高有序温度磁体。七个氰根配体和四个负电荷，使其容易和其他金属离子形成高配位节点，因而形成高维结构。由于金属离子间可以通过氰根传递强的磁耦合作用,这些高维化合物通常表现出较高的磁有序温度。O. Kahn 等人最早提出三维化合物 $Mn^{II}_2(H_2O)_5[Mo^{III}(CN)_7]\cdot nH_2O^{[112,113]}$ 由于所含游离水分子数量的不同而表现出两种晶体学相($n=4$,α相;$n=4.75$,β相)。它们在三维空间的氰根桥联网格也略有不同。磁性研究表明 Mo^{III} 和 Mn^{II} 间具有铁磁相互作用,它们的磁有序温度均为 51 K。

由于 Mo^{III} 不稳定,对氧气和光极其敏感,在合成过程中,极易形成无定形物质,因此相对于其他氰基金属构筑块,$[Mo^{III}(CN)_7]^{4-}$ 体系的发展比较缓慢。经过不断的探索和研究,人们发现可以采用一些特定的策略来合成该体系的化合物。其中一种有效的策略是引入阳离子来平衡 $[Mo^{III}(CN)_7]^{4-}$ 较大的负电荷,从而避免沉淀的形成。最早,O. Kahn 等人引入简单的 K^+ 离子,成功得到了一例二维的亚铁磁体 $K_2[Mn^{II}(H_2O)_2]_3[Mo^{III}(CN)_7]_2\cdot 6H_2O^{[115]}$,尽管该化合物的有序温度没有明显提高,但是失水以后其有序温度从 39 K 提高至 72 K。有趣的是,R. Clérac 等人用 NH_4^+ 离子替代 K^+ 离子,不仅调控了化合物的维度,得到了一例三维的磁体 $(NH_4)_2Mn^{II}_3(H_2O)_4[Mo^{III}(CN)_7]_2\cdot 4H_2O^{[116]}$,还将其有序温度提高至 53 K。随后,J. Larionova 课题组通过引入更大的阳离子 $[N(CH_3)_4]^+$,得到一例氰根桥联的具有交叉波纹网状板层的三维化合物 $[(CH_3)_4N]_2[Mn^{II}(H_2O)]_3[Mo^{III}(CN)_7]_2\cdot 2H_2O^{[117]}$。该化合物板层间的有机抗衡阳离子使其三维骨架结构发生畸变,包括 $[Mo^{III}(CN)_7]^{4-}$ 构型的改变以及形成了五配位的 $[Mn^{II}(NC)_4(H_2O)]^{2-}$ 基团,其有序温度提高至 86 K。这是在七氰根分子磁体中首次将磁有序温度提高至液氮温度以上的化合物。该化合物表现出亚铁磁有序的性质,Mo^{III} 和 Mn^{II} 的磁矩反平行排列,且在 1.8 K 具有一个 200 Oe 的磁滞回线。我们课题组通过引入 $[NH_2(CH_3)_2]^+$ 阳离子,研究了一例 Fe^{II}–$[Mo^{III}(CN)_7]^{4-}$ 三维化合物 $\{[NH_2(CH_3)_2]_2Fe_5(H_2O)_{10}[Mo^{III}(CN)_7]_3\cdot 8H_2O\}_n^{[118]}$,如图 1.19 所示。该化合物也表现出亚铁磁有序的性质,有序温度为 65 K,其三维拓扑结构和不包含阳离子的 Fe^{II}–Mo^{III} 化合物相比明显不同。

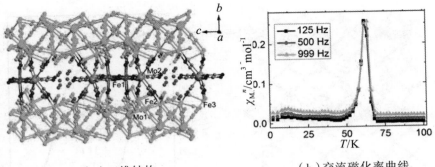

（a）三维结构　　　　　　　　（b）交流磁化率曲线

图 1.19　$[NH_2(CH_3)_2]_2Fe_5(H_2O)_{10}[Mo^{III}(CN)_7]_3 \cdot 8H_2O$ 化合物[118]

　　另一种有效的策略是使用第二共配体来阻塞其他金属中心的有效配位点,从而阻止体系的快速沉淀。在使用该策略进一步提高化合物磁有序温度的过程中,研究者发现磁海绵效应[119]具有显著的贡献。J. P. Sutter 等人报道的三维化合物 $Mn_2^{II}(tea)[Mo^{III}(CN)_7] \cdot H_2O$（tea = 三乙醇胺）在 75 K 以下发生亚铁磁有序,经过缓慢加热至无结晶水的状态 $Mn_2^{II}(tea)[Mo^{III}(CN)_7]$[120],其有序温度提高至 106 K。该化合物磁有序温度的转变可能是由于 Mn^{II} 的配位构型由四方锥到四面体的变化造成的。采用同样的方法,他们又报道了手性和消旋的三维多孔纳米框架化合物 $Mn^{II}[Mn^{II}(HL)]_2[Mo^{III}(CN)_7]_2 \cdot 2H_2O$（$HL$ = R/S/rac-N, N- 二甲基丙胺醇）[121],如图 1.20 所示。该化合物使用的第二共配体为手性或消旋的 R/S/rac-N, N- 二甲基丙胺醇。同样,热致失水过程可以使其亚铁磁有序温度从 86 K 提高至 106 K。

　　另一例具有磁海绵效应的化合物是 2012 年 K. R. Dunbar 课题组研究的三维磁体 $\{[Mn^{II}(dpop)]_3[Mn^{II}(dpop)(H_2O)][Mo^{III}(CN)_7]_2 \cdot 13.5H_2O\}_n$[122],如图 1.21 所示。该化合物通过失去部分溶剂分子,可以实现单晶到单晶的转变,得到化合物 $\{[Mn^{II}(dpop)]_2[Mo^{III}(CN)_7] \cdot 2H_2O\}_n$。由于结构的改变,化合物的磁有序温度和矫顽场都发生了明显的变化。

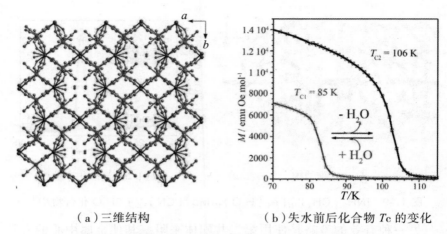

（a）三维结构　　　　　　　　（b）失水前后化合物 T_c 的变化

图 1.20　$Mn^{II}[Mn^{II}(HL)]_2[Mo^{III}(CN)_7]_2 \cdot 2H_2O$ 化合物[121]

　　此外，也有一些其他化合物是使用第二共配体得到的。例如，O. Kahn 课题组利用五齿大环配体 dpop 合成了三维化合物 $[Mn^{II}(dpop)]_6$–$[Mo^{III}(CN)_7][Mo^{IV}(CN)_8]_2 \cdot 19.5H_2O$[123]（$T_c$ = 3 K），如图 1.21 所示；J.V. Yakhmi 课题组利用三氮杂环壬烷 tacn 合成了另一例三维化合物 $[Mn^{II}(tacn)]_2[Mo^{III}(CN)_7] \cdot 5H_2O$[124]（$T_c$ = 90 K）。我们课题组使用三个类似的双齿共配体 3–pypz、1–pypz 和 pyim 来占据 Mn^{II} 离子的配位点，得到了三个同构的三维化合物 $Mn^{II}_2(L)(H_2O)(CH_3CN)[Mo^{III}(CN)_7]$（L=3–pypz，1–pypz，pyim）[125]，有序温度在 60 K 以上。

　　根据以上研究结果我们可以看出，基于 $[Mo^{III}(CN)_7]^{4-}$ 构筑块的高有序温度磁体主要集中在 Mn^{II}–$[Mo^{III}(CN)_7]^{4-}$ 体系，高自旋的 Mn^{II} 离子（S = 5/2）和低自旋的 Mo^{III} 离子（S = 1/2）之间通过氰根配体传递强的磁耦合。然而对于其他的 3d 金属离子，报道的磁有序化合物相对较少。到目前为止，仅有三例 Fe^{II} 的三维化合物，磁有序温度为 65 K 以下[126]；一例 Ni^{II} 的化合物 $K_{0.6}Ni_{1.7}[Mo^{III}(CN)_7] \cdot 5.5H_2O$[127]，磁有序温度为 28 K。此外，S. Ohkoshi 等人研究了一例 V^{II} 的化合物 $V^{II}_2[Mo^{III}(CN)_7](pyrimidine)_2 \cdot 4.5H_2O$[128]，如图 1.22 所示。其有序温度高达 110 K，是目前 $[Mo(CN)_7]^{4-}$ 体系中最高的。然而，遗憾的是，他们并没有得到该化合物的单晶样品，其晶体结构是根据同系物 $Mn^{II}Mo^{III}$ 化合物确定的。$V^{II}Mo^{III}$ 化合物的磁滞回线明显比 $Mn^{II}Mo^{III}$ 的大。

（a）单晶到单晶的转变

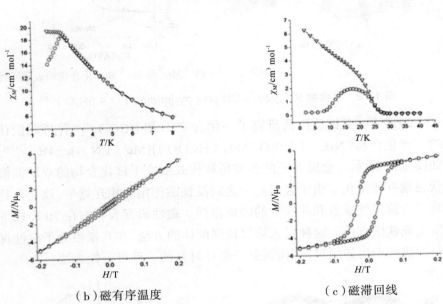

（b）磁有序温度　　　　　　　　　　　（c）磁滞回线

图 1.21　三维化合物 {[Mn^{II}(dpop)]$_3$[Mn^{II}(dpop)(H$_2$O)][Mo^{III}(CN)$_7$]$_2$·13.5H$_2$O}$_n$[122]

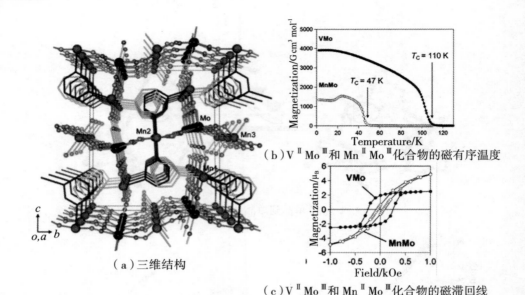

（a）三维结构

（b）$V^{II}Mo^{III}$和$Mn^{II}Mo^{III}$化合物的磁有序温度

（c）$V^{II}Mo^{III}$和$Mn^{II}Mo^{III}$化合物的磁滞回线

图 1.22　化合物 $V^{II}_2[Mo^{III}(CN)_7](pyrimidine)_2 \cdot 4.5H_2O$[128]

2019 年，王新益课题研究了一例含 CN^- 和 $HCOO^-$ 两种桥联配体的三维化合物（NH_4）$_3$[（H_2O）Mn_3（$HCOO$）][Mo（CN）$_7$]$_2 \cdot 4H_2O$[129]，如图 1.23 所示。金属离子的多种桥联模式形成了该化合物的双层波浪状三维框架结构。由于金属离子之间反铁磁作用的相互竞争，该化合物具有自旋阻挫现象和非线性的磁矩排列。磁性研究表明它在 70 K 以下发生亚铁磁有序。这种引入第二桥联配体的方法，在八氰根分子磁性材料的研究中也使用过，是构筑分子磁性材料的一种可行性方法。

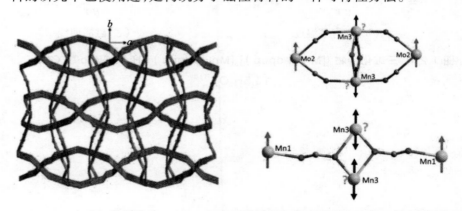

（a）三维结构　　　　（b）两种桥联配体连接的自旋中心的阻挫现象

图 1.23　化合物（NH_4）$_3$[（H_2O）Mn_3（$HCOO$）][Mo（CN）$_7$]$_2 \cdot 4H_2O$[129]

1.3.2　基于 $[Mo^{III}(CN)_7]^{4-}$ 构筑块的分子纳米磁体

2003 年 V. S. Mironov 等人通过理论研究[130]预测具有 D_{5h} 构型的 $[Mo(CN)_7]^{4-}$ 构筑块具有强的单离子各向异性和各向异性磁交换,可以用来构筑高性能的分子纳米磁体。由于该体系的研究具有较大的困难,直到 2010 年, K. R. Dunbar 课题组才公布了首例基于 $[Mo^{III}(CN)_7]^{4-}$ 的零维二十二核团簇 $Mn^{II}_{14}Mo_8^{III}$,其分子式为 $[Mn^{II}(dpop)(H_2O)_2]_2$ $\{[Mn^{II}(dpop)]_{10}[Mn^{II}(dpop)H_2O]\}_4[Mo^{III}(CN)_7]_8\}\cdot xH_2O$,[131,132] 结构如图 1.24 所示,$Mn_6Mo_6$ 通过氰根连接形成环状,中间通过两个 Mn_2Mo 基团连结,四个终端 $[Mn^{II}(dpop)H_2O)]^{2+}$ 基团通过氰根桥联悬挂在大环的外围。该化合物的自旋基态值为 31,突破了当时氰根桥联化合物的记录。Mn^{II} 和 Mo^{III} 离子之间具有反铁磁耦合。遗憾的是,该化合物的对称性比较高,顺磁离子的各向异性互相抵消,因此并没有表现出单分子磁体的行为。这个开创性的成果为构筑基于 $[Mo(CN)_7]^{4-}$ 的分子纳米磁体奠定了基础。

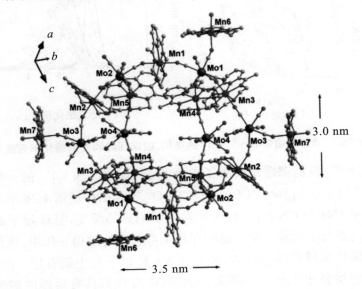

图 1.24　零维团簇化合物 $Mn^{II}_{14}Mo^{III}_8$ 的结构[131,132]

采用构筑块策略,我们课题组于 2013 年公布了首例基于 $[Mo^{III}(CN)_7]^{4-}$ 的单分子磁体 $[Mn(L_{N5Me})(H_2O)]_2[Mo^{III}(CN)_7]\cdot 6H_2O$

（$Mn_2^{II}Mo^{III}$）。[133] 如图 1.25（a）所示，$[Mo^{III}(CN)_7]^{4-}$ 使用两个轴向氰根和两个 $[Mn^{II}(L_{N5Me})]^{2+}$ 前驱体连接形成三核结构，Mo^{III}离子处于较理想的五角双锥构型。磁性研究表明该化合物具有氰根桥联单分子磁体中最大的能垒（U_{eff} = 40.5 cm^{-1}），其阻塞温度为 3.2 K。此外，该化合物具有明显的台阶状磁滞回线，可与首例单分子磁体 Mn_{12} 相媲美。同时报道的另外两例三核化合物，由于 $[Mo^{III}(CN)_7]^{4-}$ 基团没有采用轴向氰根和 Mn^{II}离子发生配位，化合物不具备易轴磁各向异性，因此为简单的顺磁体。

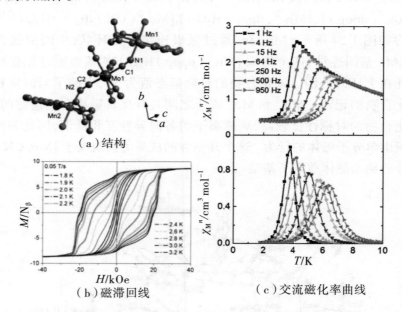

（a）结构　　（b）磁滞回线　　（c）交流磁化率曲线

图 1.25　单分子磁体 $Mn^{II}_2Mo^{III}$ 的结构、磁滞回线和交流磁化率曲线[133]

2016 年，我们课题组公布了首例基于 $[Mo^{III}(CN)_7]^{4-}$ 的一维化合物 $[Mn^{II}(L_{N5C10})]_2[Mo^{III}(CN)_7]\cdot2H_2O$[134]，其结构如图 1.26 所示。该化合物中 $[Mo^{III}(CN)_7]^{4-}$ 构筑块发生了明显的畸变，且赤道平面的氰根配体也参与了配位。由于链间存在不可忽略的磁相互作用，该化合物没有表现出单链磁体的性质，而是在 5.6 K 以下发生磁有序。随后，王庆伦课题组公布了三个一维化合物，其中有两例具有缓慢的磁弛豫行为，为单链磁体。[135]

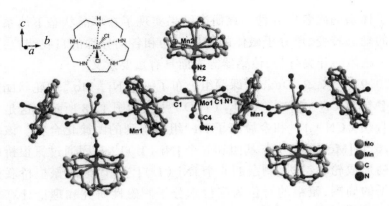

图 1.26 化合物 Mn（L$_{N5C10}$）]$_2$[Mo（CN）$_7$]·2H$_2$O 的一维结构[134]

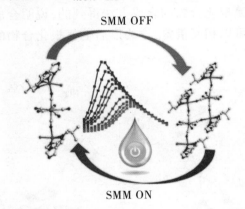

SMM OFF

SMM ON

图 1.27 通过单晶到单晶失水调控的单分子磁体 [Mn^{II}（L）（H$_2$O）]$_2$[Mo^{III}（CN）$_7$]·2H$_2$O[136]

2017 年, 王新益课题组又公布了另一例基于 [Mo^{III}（CN）$_7$]$^{4-}$ 的三核化合物 [Mn^{II}（L）（H$_2$O）]$_2$[Mo^{III}（CN）$_7$]·2H$_2$O[136], 其结构和首例单分子磁体的结构类似, 如图 1.27 所示。该化合物中 Mo^{III} 离子也处于较理想的五角双锥构型, [Mo（CN）$_7$]$^{4-}$ 使用轴向的两个氰根和两个Mn^{2+} 离子连接形成了 Mn$_2$Mo 三核结构。磁性研究表明, 该化合物也具有单分子磁体的性质, 其能垒（U_{eff} = 44.9 cm^{-1}）稍高于首例单分子磁体。更有意思的是, 该化合物通过失水与再吸水, 能够实现可逆的单晶到单晶转变。失去结晶水分子后, 三核结构动态地转变成六核结构, 其自旋基态也发生了动态的转变, 由原来的 9/2 增加为 9。然而, 伴随着这样的自旋转变, 化合物的单分子磁体行为消失, 表现为普通的顺磁性行为, 主要原因是动态的结构改变调控了体系中各向异性磁交换, 进而改变了体系的磁各向异性。该研究结果实现了在单晶状态下体系自旋基态的动态转变、单分子磁体的开关行为和各向异性的自我调控,对研究分子磁体的开关行为、传感器等方面具有重要意义。

2019 年, K. R. Dunbar 课题组公布了一例 $Ni^{II}_{12}Mo^{III}_{6}$ 的轮状团簇化合物 $[Mo^{III}(CN)_7]_6[Ni(L)]_{12}(H_2O)_6$[137],如图 1.28 所示。这是首例使用 $[Mo(CN)_7]^{4-}$ 和金属离子 Ni^{II} 组装得到的团簇化合物。该化合物中,6 个 $[Mo(CN)_7]^{4-}$ 基团和 6 个 $[Ni(L)]^{2+}$ 基团通过氰根桥联交替排列形成轮状结构,剩余的 6 个 $[Ni(L)]^{2+}$ 基团通过氰根桥联分布在轮子的周围,氰根的对位为配位水分子。磁性研究和理论计算表明 Ni^{II} 和 Mo^{III} 离子之间具有强的铁磁相互作用。该化合物是参照与之具有相似结构的八氰根化合物的合成方法得到的,说明合成基于此类氰基构筑块的化合物可以相互借鉴,这为以后七氰根化合物的继续研究提供了一种思路。

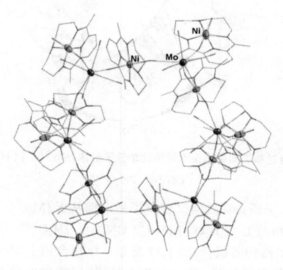

图 1.28 零维团簇化合物 $Ni^{II}_{12}Mo^{III}_{6}$ 的结构[137]

1.4 研究思路和研究内容

根据以上氰根桥联分子磁性材料的研究背景,基于低价态 4d 金属 Mo 的氰基前驱体 $[Mo^{III}(CN)_7]^{4-}$ 相对于同族的 3d 金属具有极强的各向异性磁交换,且通过氰根能传递更强的磁耦合,在分子磁性领域中具有独特的研究意义。然而由于其空气敏感,实验操作困难,基于 $[Mo^{III}(CN)_7]^{4-}$ 构筑块的磁性化合物相对研究较少。本书主要以 $[Mo^{III}(CN)_7]^{4-}$ 构筑块为前驱体,采用构筑块策略,选择不同的螯合配体和金属自旋中心,设计和合成基于 4d 金属 Mo 的分子磁性材料,并研究它们的晶体结构和磁学性质。主要包括以下研究内容。

(1)合成和研究基于 $[Mo^{III}(CN)_7]^{4-}$ 构筑块的低维化合物,期望得到更多性能优异的分子纳米磁体。首先,采用具有较大空间位阻的六齿螯合配体 TPEN 和 Mn^{II} 离子、$[Mo^{III}(CN)_7]^{4-}$ 通过一锅法合成了两个基于 D_{5h} 构型 $[Mo^{III}(CN)_7]^{4-}$ 的三核 Mn_2Mo(化合物 1)和五核 Mn_4Mo(化合物 2)化合物,其中 Mo^{III} 离子均处于较理想的五角双锥构型。化合物 1 利用 $[Mo^{III}(CN)_7]^{4-}$ 的两个轴向氰根分别和两个 Mn^{II} 离子发生配位,而化合物 2 分别利用两个轴向氰根和两个不相邻的赤道平面氰根和四个 Mn^{II} 离子发生配位。磁性研究表明,化合物 1 和化合物 2 中 Mo^{III} 和 Mn^{II} 离子之间通过氰根传递反铁磁相互作用,化合物的自旋基态分别为 9/2 和 19/2。化合物 1 具有单分子磁体的行为,有效能垒为 56.5 K($39.2\ \mathrm{cm}^{-1}$, $\tau_0 = 3.8 \times 10^{-8}$),阻塞温度为 2.7 K;而非线性的 Mn—N≡C 键角和非单一易轴各向异性磁交换使得 2 只是一个简单的顺磁体。另外,我们采用五齿螯合配体 bztpen 构筑了一个六核化合物 Mn_4Mo_2(化合物 3);采用手性的二胺配体 RR/SS-Ph_2en 和 3d 金属 Fe^{II}、Ni^{II} 构筑了四个基于 $[Mo^{III}(CN)_7]^{4-}$ 的同构十核化合物 4RR/4SS 和 5RR/5SS。磁性研究表明化合物 3 中金属离子之间具有反铁磁相互作用,但它只有一个简单的顺磁体;而化合物 4RR/4SS 和 5RR/5SS 由于其产率非常低且对空气敏感,我们没有成功表征它们的磁性。此外,采用多胺配体 tren,我们还获得了一例基于 $[Mo^{III}(CN)_7]^{4-}$ 的一维梯状链化合物 6,由于链间存在不可忽略的磁相互作用,该化合物表现出长程磁有序的行为,有序温度为 13 K。

（2）合成和研究基于 $[Mo^{III}(CN)_7]^{4-}$ 构筑块的高维化合物,期望进一步提化合物的磁有序温度。我们成功合成了三个基于 $[Mo^{III}(CN)_7]^{4-}$ 的二维化合物（7、8RR 和 8SS）和两个三维化合物（9 和 10）。二维化合物是采用四齿大环配体和手性的环己二胺合成的,它们均为深绿色片状晶体,且对空气敏感；三维化合物是采用不同的酰胺配体合成的,它们为深褐色叶片状及块状晶体,在空气中能稳定存在。磁性研究表明,二维化合物和三维化合物均表现为长程亚铁磁有序,它们的有序温度分别为 23 K、40 K、80 K 和 80 K。这两个三维化合物的磁有序温度在 Mn^{II}–Mo^{III} 体系中相对较高。此外,三维化合物还具有自旋重排和自旋阻挫现象。

（3）合成和研究其他金属中心（如 V^{II}、Cr^{II}、4f 金属等）和 $[Mo^{III}(CN)_7]^{4-}$ 构筑的化合物。使用螯合配体 TPEN,我们成功将 4f 金属和 $[Mo^{III}(CN)_7]^{4-}$ 构筑块组装得到十个 4f-4d 化合物（化合物 11~13）,4f 金属离子从轻稀土元素 La^{3+} 一直到重稀土元素 Ho^{3+}。其中,化合物 11_{LaMo} 和 12_{PrMo} 具有一维结构,分别为 1D 带状和 1D 之字链结构,这两个化合物中的 4d 金属全部为 Mo^{III} 离子。13_{LnMo} 为一系列同构的 2D 网状结构,稀土离子从 Ce^{3+} 到 Ho^{3+} 离子,这些化合物不仅包含顺磁性的 $[Mo^{III}(CN)_7]^{4-}$ 组分,也包含抗磁性的 $[Mo^{IV}(CN)_8]^{4-}$ 组分。此外,这一系列 4f-4d 化合物的晶体结构中都含有大量的结晶水分子,对空气极其敏感。磁性研究表明,11_{LaMo} 表现为单离子顺磁性,其他化合物的 4f 和 Mo^{III} 离子间通过氰根可能传递弱的反铁磁相互作用,但都只是简单的顺磁体。该系列化合物首次将基于 $[Mo^{III}(CN)_7]^{4-}$ 构筑块磁性化合物的研究范围扩展到 4f-4d 体系。

（4）3d/4f 金属和 Mo^{IV} 离子构筑的化合物。由于 $[Mo^{III}(CN)_7]^{4-}$ 稳定性差,对空气和光照非常敏感,并且只易溶于水溶液,因此基于 $[Mo^{III}(CN)_7]^{4-}$ 构筑块的化合物的研究具有一定的困难性。尽管我们在合成中严格控制环境的氧含量以及光照强度,仍然避免不了部分化合物中 Mo^{III} 被氧化成 Mo^{IV}。研究发现,Mo^{III} 被氧化后主要具有三种类型：$[Mo^{IV}(L)O(CN)_n]^{n-4}$、$[Mo^{IV}O_2(CN)_4]^{2-}$ 和 $[Mo^{IV}(CN)_8]^{4-}$。这部分内容分三小节列举了 Mo^{III} 被氧化成这三种类型的研究结果。第 5.1

节介绍了一系列同晶多核化合物 Ln_7Mo（14_{Ln}, Ln = Tb^{3+}, Dy^{3+}, Ho^{3+}, Yb^{3+}），该系列化合物中 $[Mo^{IV}(tmphen)O(CN)_3]^+$ 作为抗衡阳离子游离在晶格中，它们的晶体样品在空气中可以稳定存在。该系列化合物的磁性主要是由 Ln_7 表现出来的，其中 14_{Dy} 具有单分子磁体的性质，有效能垒为 51.6 K（35.8 cm^{-1}）τ_0 为 1.7×10^{-5}。第 5.2 节介绍了一例 Ni^{II} 和 Mo^{IV} 的化合物，被氧化后的 $[Mo^{IV}O_2(CN)_4]^{2-}$ 基团作为桥联配体与 Ni^{II} 离子连接形成一条一维链（15），但是由于 Mo^{IV} 的抗磁性，该化合物只能表现出 Ni^{II} 离子的顺磁性。第 5.3 节简单介绍了三个 $[Mo^{III}(CN)_7]^{4-}$ 被氧化成 $[Mo^{IV}(CN)_8]^{4-}$ 的化合物，包括一例零维团簇（16）、一例一维链（17）以及一例三维磁体（18）。通常这种氧化方式比较常见。我们只研究了这三个化合物的晶体学结构，没有研究它们的磁学性质。

参考文献

[1] CARLIN R L, VAN DUYNEVELDT A J. Magnetic properties of transition metal compounds[M]. New York: Springer-Verlag, 1977.

[2] CARLIN R L. Magnetochemistry[M]. Berlin: Springer-Verlag, 1986.

[3] KAHN O. Molecular Magnetism[M]. New York: VCH, 1993.

[4] MILLER J S, DRILLON M. Magnetism: Molecules IV[M]. Weinheim: Wiley-VCH, 2002.

[5] BENELLI C, GATTESCHI D. Introduction to molecular magnetism: from transition metals to lanthanides[M]. Weinheim: Wiley-VCH, 2015.

[6] WICKMAN H H, TROZZOLO A M, WILLIAMS H J, et al. Spin-3/2 iron ferromagnet: Its Mössbauer and magnetic properties[J]. Physical Review, 1967, 155(2): 563.

[7] MILLER J S, CALABRESE J C, EPSTEIN A J, et al. Ferromagnetic properties of one-dimensional decamethylferrocenium tetracyanoethylenide (1:1): [Fe(η^5-$C_5Me_5)_2$]$^{\cdot+}$[TCNE]$^{\cdot-}$[J]. Journal

of the Chemical Society, Chemical Communications, 1986 (13): 1026-1028.

[8] MANRIQUEZ J M, YEE G T, MCLEAN R S, et al. A room-temperature molecular/organic-based magnet[J]. Science, 1991, 252(5011): 1415-1417.

[9] FERLAY S, MALLAH T, OUAHES R, et al. A room-temperature organometallic magnet based on Prussian blue[J]. Nature, 1995, 378(6558): 701-703.

[10] HATLEVIK Ø, BUSCHMANN W E, ZHANG J, et al. Enhancement of the magnetic ordering temperature and air stability of a mixed valent vanadium hexacyanochromate (III) magnet to 99 C (372 K)[J]. Advanced Materials, 1999, 11(11): 914-918.

[11] HARRIS T. Directed Assembly of Single-Molecule and Single-Chain Magnets: From Mononuclear High-Spin Iron (II) Complexes to Cyano-Bridged Chain Compounds[D].Berkeley: UC Berkeley, 2010.

[12] YEUNG W F, MAN W L, WONG W T, et al. Ferromagnetic Ordering in a Diamond-Like Cyano-Bridged Mn (II) Ru (III) Bimeta-llic Coordination Polymer[J]. Angewandte Chemie (International ed. in English), 2001, 40(16): 3031-3033.

[13] AGUILÀ D, PRADO Y, KOUMOUSI E S, et al. Switchable Fe/Co Prussian blue networks and molecular analogues[J]. Chemical Society Reviews, 2016, 45(1): 203-224.

[14] SESSOLI R, TSAI H L, SCHAKE A R, et al. High-spin mole cules: $[Mn_{12}O_{12}(O_2CR)_{16}(H_2O)_4]$[J]. Journal of the American Chemical Society, 1993, 115(5): 1804-1816.

[15] SESSOLI R, GATTESCHI D, CANESCHI A, et al. Magnetic bistability in a metal-ion cluster[J]. Nature, 1993, 365(6442): 141-143.

[16] GATTESCHI D, SESSOLI R, VILLAIN J. Molecular nanomagnets[M]. Oxford University Press, USA, 2006.

[17] RINEHART J D, LONG J R. Exploiting single-ion anisotropy in the design of f-element single-molecule magnets[J]. Chemical

Science, 2011, 2(11): 2078-2085.

[18] BARRA A L, CANESCHI A, CORNIA A, et al. Single-molecule magnet behavior of a tetranuclear iron (III) complex. The origin of slow magnetic relaxation in iron (III) clusters[J]. Journal of the American Chemical Society, 1999, 121(22): 5302-5310.

[19] MURRIE M. Cobalt (II) single-molecule magnets[J]. Chemical Society Reviews, 2010, 39(6): 1986-1995.

[20] AKO A M, HEWITT I J, MEREACRE V, et al. A ferromagnetically coupled Mn_{19} aggregate with a record $S= 83/2$ ground spin state[J]. Angewandte Chemie, 2006, 118(30): 5048-5051.

[21] DING Y S. Chilton NF Winpenny REP Zheng Y[J]. Z. Angew. Chem., Int. Ed, 2016, 55: 16071-16074.

[22] GUO F S, DAY B M, CHEN Y C, et al. Magnetic hysteresis up to 80 kelvin in a dysprosium metallocene single-molecule magnet[J]. Science, 2018, 362(6421): 1400-1403.

[23] SOKOL J J, HEE A G, LONG J R. A cyano-bridged single-molecule magnet: slow magnetic relaxation in a trigonal prismatic $MnMo_6(CN)_{18}$ cluster[J]. Journal of the American Chemical Society, 2002, 124(26): 7656-7657.

[24] GLASER T, HEIDEMEIER M, WEYHERMÜLLER T, et al. Property - Oriented Rational Design of Single - Molecule Magnets: A C_3 - Symmetric Mn_6Cr Complex based on Three Molecular Building Blocks with a Spin Ground State of $S_t= 21/2$[J]. Angewandte Chemie International Edition, 2006, 45(36): 6033-6037.

[25] BERLINGUETTE C P, VAUGHN D, CAÑADA-VILALTA C, et al. A Trigonal-Bipyramidal Cyanide Cluster with Single - Molecule-Magnet Behavior: Synthesis, Structure, and Magnetic Properties of $\{[Mn^{II}(tmphen)_2]_3[Mn^{III}(CN)_6]_2\}$[J]. Angewandte Chemie, 2003, 115(13): 1561-1564.

[26] SCHELTER E J, PROSVIRIN A V, DUNBAR K R. Molecular cube of Re (II) and Mn (II) that exhibits single-molecule magnetism[J]. Journal of the American Chemical Society, 2004,

126(46): 15004-15005.

[27] TSUKERBLAT B S, PALII A V, OSTROVSKY S M, et al. Control of the Barrier in Cyanide Based Single Molecule Magnets Mn (III)$_2$Mn(II)$_3$: Theoretical Analysis[J]. Journal of Chemical Theory and Computation, 2005, 1(4): 668-673.

[28] KLOKISHNER S I, OSTROVSKY S M, PALII A V, et al. Magnetic relaxation in cyanide based single molecule magnets[J]. Journal of molecular structure, 2007, 838(1-3): 144-150.

[29] FREIHERR VON RICHTHOFEN C G, STAMMLER A, BÖGGE H, et al. Synthesis, Structure, and Magnetic Characterization of a C$_3$-Symmetric Mn$^{III}_3$Cr^{III} Assembly: Molecular Recognition Between a Trinuclear Mn^{III} Triplesalen Complex and a fac-Triscyano Cr^{III} Complex[J]. Inorganic chemistry, 2009, 48(21): 10165-10176.

[30] HOEKE V, GIEB K, MÜLLER P, et al. Hysteresis in the ground and excited spin state up to 10 T of a [Mn$^{III}_6$Mn^{III}]$^{3+}$ triplesalen single-molecule magnet[J]. Chemical Science, 2012, 3(9): 2868-2882.

[31] HOEKE V, HEIDEMEIER M, KRICKEMEYER E, et al. Structural influences on the exchange coupling and zero-field splitting in the single-molecule magnet [Mn$^{III}_6$Mn^{III}]$^{3+}$[J]. Dalton Transactions, 2012, 41(41): 12942-12959.

[32] MIYASAKA H, TAKAHASHI H, MADANBASHI T, et al. Cyano-bridged Mn$^{III}_3$M^{III} (M^{III}=Fe,Cr) complexes: Synthesis, structure, and magnetic properties[J]. Inorganic chemistry, 2005, 44(17): 5969-5971.

[33] FERBINTEANU M, MIYASAKA H, WERNSDORFER W, et al. Single-chain magnet (NEt$_4$)[Mn$_2$(5-MeOsalen)$_2$Fe(CN)$_6$] made of Mn^{III}−Fe^{III}−Mn^{III} trinuclear single-molecule magnet with an S= 9/2 spin ground state[J]. Journal of the American Chemical Society, 2005, 127(9): 3090-3099.

[34] TREGENNA-PIGGOTT P L W, SHEPTYAKOV D, KELLER L, et al. Single-ion anisotropy and exchange interactions in the cyano-bridged trimers Mn$^{III}_2$M^{III}(CN)$_6$(M^{III} = Co, Cr, Fe) species incorporating

[Mn (5-Brsalen)]$^+$ units: an inelastic neutron scattering and magnetic susceptibility study[J]. Inorganic chemistry, 2009, 48(1): 128-137.

[35] WANG C F, ZUO J L, BARTLETT B M, et al. Symmetry-based magnetic anisotropy in the trigonal bipyramidal cluster [Tp$_2$(Me$_3$tacn)$_3$ Cu$_3$Fe$_2$(CN)$_6$]$^{4+}$[J]. Journal of the American Chemical Society, 2006, 128(22): 7162-7163.

[36] LI D, PARKIN S, WANG G, et al. An $S=6$ cyanide-bridged octanuclear Fe$_4^{III}$Ni$_4^{II}$ complex that exhibits slow relaxation of the magnetization[J]. Journal of the American Chemical Society, 2006, 128(13): 4214-4215.

[37] NIHEI M, OKAMOTO Y, SEKINE Y, et al. A light-induced phase exhibiting slow magnetic relaxation in a cyanide-bridged [Fe$_4$Co$_2$] complex[J]. Angewandte Chemie (International ed. in English), 2012, 51(26): 6361-6364.

[38] WANG X Y, AVENDAÑO C, DUNBAR K R. Molecular magnetic materials based on 4d and 5d transition metals[J]. Chemical Society Reviews, 2011, 40(6): 3213-3238.

[39] FREEDMAN D E, JENKINS D M, IAVARONE A T, et al. A redox-switchable single-molecule magnet incorporating [Re (CN)$_7$]$^{3-}$[J]. Journal of the American Chemical Society, 2008, 130(10): 2884-2885.

[40] ZADROZNY J M, FREEDMAN D E, JENKINS D M, et al. Slow Magnetic relaxation and charge-transfer in cyano-bridged coordination clusters incorporating [Re(CN)$_7$]$^{3-/4-}$[J]. Inorganic chemistry, 2010, 49(19): 8886-8896.

[41] PINKOWICZ D, SOUTHERLAND H I, AVENDAÑO C, et al. Cyanide single-molecule magnets exhibiting solvent dependent reversible "on" and "off" exchange bias behavior[J]. Journal of the American Chemical Society, 2015, 137(45): 14406-14422.

[42] CHORAZY S, STANEK J J, NOGAS W, et al. Tuning of Charge Transfer Assisted Phase Transition and Slow Magnetic Relaxation Functionalities in {Fe$_{9-x}$Co$_x$[W(CN)$_8$]$_6$}($x=0\sim9$) Molecular Solid Solution[J]. Journal of the American Chemical Society, 2016,

138(5): 1635-1646.

[43] GLAUBER R J. Time - dependent statistics of the Ising model[J]. Journal of mathematical physics, 1963, 4(2): 294-307.

[44] CANESCHI A, GATTESCHI D, LALIOTI N, et al. Cobalt (II) - nitronyl nitroxide chains as molecular magnetic nanowires[J]. Angewandte Chemie International Edition, 2001, 40(9): 1760-1763.

[45] BOGANI L, VINDIGNI A, SESSOLI R, et al. Single chain magnets: where to from here?[J]. Journal of Materials Chemistry, 2008, 18(40): 4750-4758.

[46] MIYASAKA H, SAITOH A, ABE S. Magnetic assemblies based on Mn(III) salen analogues[J]. Coordination Chemistry Reviews, 2007, 251(21-24): 2622-2664.

[47] SUN H L, WANG Z M, GAO S. Strategies towards single-chain magnets[J]. Coordination Chemistry Reviews, 2010, 254(9-10): 1081-1100.

[48] WEI R M, CAO F, LI J, et al. Single-chain magnets based on octacyanotungstate with the highest energy barriers for cyanide compounds[J]. Scientific Reports, 2016, 6(1): 24372.

[49] WANG S, ZUO J L, GAO S, et al. The observation of superparamagnetic behavior in molecular nanowires[J]. Journal of the American Chemical Society, 2004, 126(29): 8900-8901.

[50] LIU T, ZHENG H, KANG S, et al. A light-induced spin crossover actuated single-chain magnet[J]. Nature communications, 2013, 4(1): 2826.

[51] HARRIS T D, BENNETT M V, CLERAC R, et al. $[ReCl_4(CN)_2]^{2-}$: A high magnetic anisotropy building unit giving rise to the single-chain magnets $(DMF)_4MReCl_4(CN)_2$(M= Mn, Fe, Co, Ni)[J]. Journal of the American Chemical Society, 2010, 132(11): 3980-3988.

[52] FENG X, HARRIS T D, LONG J R. Influence of structure on exchange strength and relaxation barrier in a series of $Fe^{II}Re^{IV}(CN)_2$ single-chain magnets[J]. Chemical Science, 2011, 2(9): 1688-1694.

[53] PICHON C, SUAUD N, DUHAYON C, et al. Cyano-bridged

Fe(II)–Cr(III) single-chain magnet based on pentagonal bipyramid units: On the added value of aligned axial anisotropy[J]. Journal of the American Chemical Society, 2018, 140(24): 7698-7704.

[54] SHAO D, ZHANG S L, ZHAO X H, et al. Spin canting, metamagnetism, and single-chain magnetic behaviour in a cyano-bridged homospin iron (II) compound[J]. Chemical communications, 2015, 51(21): 4360-4363.

[55] SHAO D, ZHAO X H, ZHANG S L, et al. Structural and magnetic tuning from a field-induced single-ion magnet to a single-chain magnet by anions[J]. Inorganic Chemistry Frontiers, 2015, 2(9): 846-853.

[56] KAHN O, MARTINEZ C J. Spin-transition polymers: from molecular materials toward memory devices[J]. Science, 1998, 279(5347): 44-48.

[57] LIU T, ZHENG H, KANG S, et al. A light-induced spin crossover actuated single-chain magnet[J]. Nature communications, 2013, 4(1): 2826.

[58] MATSUMOTO T, NEWTON G N, SHIGA T, et al. Programmable spin-state switching in a mixed-valence spin-crossover iron grid[J]. Nature Communications, 2014, 5(1): 3865.

[59] PHAN H, BENJAMIN S M, STEVEN E, et al. Photomagnetic Response in Highly Conductive Iron (II) Spin - Crossover Complexes with TCNQ Radicals[J]. Angewandte Chemie, 2015, 127(3): 837-841.

[60] WANG C F, LI R F, CHEN X Y, et al. Synergetic Spin Crossover and Fluorescence in One - Dimensional Hybrid Complexes[J]. Angewandte Chemie, 2015, 127(5): 1594-1597.

[61] NELSON S M, MCILROY P D A, STEVENSON C S, et al. Quadridentate versus quinquedentate co-ordination of some N_5 and N_3O_2 macrocyclic ligands and an unusual thermally controlled quintet $\rightleftharpoons$ singlet spin transition in an iron (II) complex[J]. Journal of the Chemical Society, Dalton Transactions, 1986 (5): 991-995.

[62] HAYAMI S, GU Z, EINAGA Y, et al. A novel LIESST iron

(II) complex exhibiting a high relaxation temperature[J]. Inorganic chemistry, 2001, 40(13): 3240-3242.

[63] GUIONNEAU P, LE GAC F, KAIBA A, et al. A reversible metal–ligand bond break associated to a spin-crossover[J]. Chemical communications, 2007 (36): 3723-3725.

[64] COSTA J S, BALDE C, CARBONERA C, et al. Photomagnetic properties of an iron (II) low-spin complex with an unusually long-lived metastable LIESST state[J]. Inorganic chemistry, 2007, 46(10): 4114-4119.

[65] BATTEN S R, BJERNEMOSE J, JENSEN P, et al. Designing dinuclear iron (II) spin crossover complexes. Structure and magnetism of dinitrile-, dicyanamido-, tricyanomethanide-, bipyrimidine-and tetrazine-bridged compounds[J]. Dalton Transactions, 2004 (20): 3370-3375.

[66] NIHEI M, UI M, OSHIO H. Cyanide-bridged tri-and tetra-nuclear spin crossover complexes[J]. Polyhedron, 2009, 28(9-10): 1718-1721.

[67] NIHEI M, UI M, YOKOTA M, et al. Two-step spin conversion in a cyanide-bridged ferrous square[J]. Angewandte Chemie, 2005, 117(40): 6642-6645.

[68] WEI R J, HUO Q, TAO J, et al. Spin - Crossover Fe_4^{II} Squares: Two - Step Complete Spin Transition and Reversible Single - Crystal - to - Single - Crystal Transformation[J]. Angewandte Chemie, 2011, 38(123): 9102-9105.

[69] MONDAL A, LI Y, HERSON P, et al. Photomagnetic effect in a cyanide-bridged mixed-valence $\{Fe_2^{II}Fe_2^{III}\}$ molecular square[J]. Chemical Communications, 2012, 48(45): 5653-5655.

[70] CHORAZY S, PODGAJNY R, NAKABAYASHI K, et al. Fe^{II} Spin - Crossover Phenomenon in the Pentadecanuclear $\{Fe_9[Re(CN)_8]_6\}$ Spherical Cluster[J]. Angewandte Chemie International Edition, 2015, 54(17): 5093-5097.

[71] HAYAMI S, JUHÁSZ G, MAEDA Y, et al. Novel structural

and magnetic properties of a 1-D Iron（Ⅱ）- Manganese（Ⅱ）LIESST compound bridged by cyanide[J]. Inorganic chemistry, 2005, 44(21): 7289-7291.

[72] YAN Z, LI J Y, LIU T, et al. Enhanced spin-crossover behavior mediated by supramolecular cooperative interactions[J]. Inorganic Chemistry, 2014, 53(15): 8129-8135.

[73] YAN Z, NI Z P, Guo F S, et al. Spin-crossover behavior in two new supramolecular isomers[J]. Inorganic Chemistry, 2014, 53(1): 201-208.

[74] SETIFI F, MILIN E, CHARLES C, et al. Spin crossover iron（Ⅱ）coordination polymer chains: Syntheses, structures, and magnetic characterizations of [Fe(aqin)$_2$(μ_2-M (CN)$_4$)](M= Ni（Ⅱ）, Pt（Ⅱ）, aqin= quinolin-8-amine)[J]. Inorganic chemistry, 2014, 53(1): 97-104.

[75] OHBA M, YONEDA K, AGUSTÍ G, et al. Bidirectional chemo - switching of spin state in a microporous framework[J]. Angewandte Chemie International Edition, 2009, 48(26): 4767-4771.

[76] AGUSTI G, OHTANI R, YONEDA K, et al. Oxidative addition of halogens on open metal sites in a microporous spin - crossover coordination polymer[J]. Angewandte Chemie, 2009, 121(47): 9106-9109.

[77] ARAI M, KOSAKA W, MATSUDA T, et al. Observation of an iron (II) spin - crossover in an iron octacyanoniobate - based magnet[J]. Angewandte Chemie, 2008, 120(36): 6991-6993.

[78] OHKOSHI S, IMOTO K, TSUNOBUCHI Y, et al. Light-induced spin-crossover magnet[J]. Nature chemistry, 2011, 3(7): 564-569.

[79] TOKORO H, OHKOSHI S. Novel magnetic functionalities of Prussian blue analogs[J]. Dalton Transactions, 2011, 40(26): 6825-6833.

[80] VERDAGUER M, GIROLAMI G S. Magnetic Prussian blue analogs[J]. Magnetism: molecules to materials V, 2004: 283-346.

[81] ITO A, SUENAGA M, ONO K. Mössbauer study of soluble

Prussian blue, insoluble Prussian blue, and Turnbull's blue[J]. The Journal of Chemical Physics, 1968, 48(8): 3597-3599.

[82] BABEL D. Magnetism and structure: model studies on transition metal fluorides and cyanides[J]. Comments on Inorganic Chemistry, 1986, 5(6): 285-320.

[83] GADET V, MALLAH T, CASTRO I, et al. High-TC molecular-based magnets: a ferromagnetic bimetallic chromium (III)-nickel (II) cyanide with T_c= 90 K[J]. Journal of the American Chemical Society, 1992, 114(23): 9213-9214.

[84] ENTLEY W R, GIROLAMI G S. High-temperature molecular magnets based on cyanovanadate building blocks: spontaneous magnetization at 230 K[J]. Science, 1995, 268(5209): 397-400.

[85] FERLAY S, MALLAH T, OUAHES R, et al. A room-temperature organometallic magnet based on Prussian blue[J]. Nature, 1995, 378(6558): 701-703.

[86] HATLEVIK Ø, BUSCHMANN W E, ZHANG J, et al. Enhancement of the magnetic ordering temperature and air stability of a mixed valent vanadium hexacyanochromate (III) magnet to 99 C (372 K)[J]. Advanced Materials, 1999, 11(11): 914-918.

[87] HOLMES S M, GIROLAMI G S. Sol− Gel Synthesis of KV ^{II} [Cr ^{III} (CN)$_6$] · 2H$_2$O: A Crystalline Molecule-Based Magnet with a Magnetic Ordering Temperature above 100 C[J]. J V ournal of the American Chemical Society, 1999, 121(23): 5593-5594.

[88] NOWICKA B, KORZENIAK T, STEFAŃCZYK O, et al. The impact of ligands upon topology and functionality of octacyanidometallate-based assemblies[J]. Coordination Chemistry Reviews, 2012, 256(17-18): 1946-1971.

[89] PINKOWICZ D, PEŁKA R, DRATH O, et al. Nature of magnetic interactions in 3D {[M ^{II} (pyrazole)$_4$]$_2$[Nb ^{IV} (CN)$_8$] · 4H$_2$O}$_n$ (M= Mn, Fe, Co, Ni) molecular magnets[J]. Inorganic chemistry, 2010, 49(16): 7565-7576.

[90] ZHONG Z J, SEINO H, MIZOBE Y, et al. Crystal Structure

and Magnetic Properties of an Octacyanometalate-Based Three-Dimensional Tungstate（Ⅴ）- Manganese（Ⅱ）Bimetallic Assembly[J]. Inorganic Chemistry, 2000, 39(22): 5095-5101.

[91] PILKINGTON M, DECURTINS S. Molecular-Based Magnetism in High-Spin Molecular Clusters and Three-Dimensional Networks Based on Cyanometalate Building Blocks[J]. Chimia, 2000, 54(10): 593-593.

[92] HERRERA J M, FRANZ P, PODGAJNY R, et al. Three-dimensional bimetallic octacyanidometalates $\{M^{IV}[(\mu-CN)_4Mn^{II}(H_2O)_2]_24H_2O\}_n$(M= Nb, Mo, W): Synthesis, single-crystal X-ray diffraction and magnetism[J]. Comptes Rendus. Chimie, 2008, 11(10): 1192-1199.

[93] WANG T W, WANG J, OHKOSHI S, et al. Manganese（Ⅱ）-octacyanometallate（Ⅴ）bimetallic ferrimagnets with T_c from 41 K to 53 K obtained in acidic media[J]. Inorganic chemistry, 2010, 49(17): 7756-7763.

[94] SONG Y, OHKOSHI S, ARIMOTO Y, et al. Synthesis, crystal structures, and magnetic properties of two cyano-bridged tungstate（Ⅴ）-manganese（Ⅱ）bimetallic magnets[J]. Inorganic chemistry, 2003, 42(6): 1848-1856.

[95] PINKOWICZ D, PODGAJNY R, GAWEŁ B, et al. Double switching of a magnetic coordination framework through intraskeletal molecular rearrangement[J]. Angewandte Chemie, 2011, 17(123): 4059-4063.

[96] PINKOWICZ D, PODGAJNY R, PEŁKA R, et al. Iron（Ⅱ）-octacyanoniobate (IV) ferromagnet with T_c 43 K[J]. Dalton transactions, 2009 (37): 7771-7777.

[97] KANEKO S, TSUNOBUCHI Y, SAKURAI S, et al. Two-dimensional metamagnet composed of a cesium copper octacyanotungstate[J]. Chemical Physics Letters, 2007, 446(4-6): 292-296.

[98] PODGAJNY R, CHMEL N P, BAŁANDA M, et al.

Exploring the formation of 3D ferromagnetic cyano-bridged $Cu^{II}_{2+x}\{Cu^{II}_4[W^V(CN)_8]_{4-2x}[W^{IV}(CN)_8]_{2x}\} \cdot yH_2O$ networks[J]. Journal of Materials Chemistry, 2007, 17(31): 3308-3314.

[99] STEFANCZYK O, PODGAJNY R, KORZENIAK T, et al. X-ray Absorption Spectroscopy Study of Novel Inorganic–organic Hybrid Ferromagnetic Cu–pyz–$[M(CN)_8]^{3-}$ Assemblies[J]. Inorganic chemistry, 2012, 51(21): 11722-11729.

[100] NOWICKA B, BAŁANDA M, RECZYŃSKI M, et al. A water sensitive ferromagnetic [Ni (cyclam)]$_2$[Nb(CN)$_8$] network[J]. Dalton Transactions, 2013, 42(7): 2616-2621.

[101] HERRERA J M, BLEUZEN A, DROMZÉE Y, et al. Crystal structures and magnetic properties of two octacyanotungstate (Ⅳ) and (Ⅴ)-cobalt (Ⅱ) three-dimensional bimetallic frameworks[J]. Inorganic chemistry, 2003, 42(22): 7052-7059.

[102] OZAKI N, TOKORO H, HAMADA Y, et al. Photoinduced Magnetization with a High Curie Temperature and a Large Coercive Field in a Co - W Bimetallic Assembly[J]. Advanced Functional Materials, 2012, 22(10): 2089-2093.

[103] KOSAKA W, IMOTO K, TSUNOBUCHI Y, et al. Vanadium octacyanoniobate-based magnet with a Curie temperature of 138 K[J]. Inorganic chemistry, 2009, 48(11): 4604-4606.

[104] IMOTO K, TAKEMURA M, TOKORO H, et al. A Cyano - Bridged Vanadium–Niobium Bimetal Assembly Exhibiting a High Curie Temperature of 210 K[J]. European Journal of Inorganic Chemistry, 2012, 2012(16): 2649-2652.

[105] NAN C W, BICHURIN M I, DONG S, et al. Multiferroic magnetoelectric composites: Historical perspective, status, and future directions[J]. Journal of applied physics, 2008, 103(3).

[106] FITTA M, PEŁKA R, KONIECZNY P, et al. Multifunctional molecular magnets: Magnetocaloric effect in octacyanometallates[J]. Crystals, 2018, 9(1): 9.

[107] ESPALLARGAS G M, CORONADO E. Magnetic

functionalities in MOFs: from the framework to the pore[J]. Chemical Society Reviews, 2018, 47(2): 533-557.

[108] LIU T, ZHENG H, KANG S, et al. A light-induced spin crossover actuated single-chain magnet[J]. Nature communications, 2013, 4(1): 2826.

[109] HOSHINO N, IIJIMA F, NEWTON G N, et al. Three-way switching in a cyanide-bridged [CoFe] chain[J]. Nature Chemistry, 2012, 4(11): 921-926.

[110] MAGOTT M, STEFAŃCZYK O, SIEKLUCKA B, et al. Octacyanidotungstate (IV) Coordination Chains Demonstrate a Light - Induced Excited Spin State Trapping Behavior and Magnetic Exchange Photoswitching[J]. Angewandte Chemie, 2017, 129(43): 13468-13472.

[111] YOUNG R C. A Complex Cyanide of Trivalent Molybdenum[J]. Journal of the American Chemical Society, 1932, 54(4): 1402-1405.

[112] LARIONOVA J, SANCHIZ J, KAHN O, et al. Crystal structure, ferromagnetic ordering and magnetic anisotropy for two cyano-bridged bimetallic compounds of formula $Mn_2(H_2O)_5Mo(CN)_7 \cdot nH_2O$[J]. Chemical Communications, 1998 (9): 953-954.

[113] LARIONOVA J, CLERAC R, SANCHIZ J, et al. Ferromagnetic Ordering, Anisotropy, and Spin Reorientation for the Cyano-Bridged Bimetallic Compound $Mn_2(H_2O)_5Mo(CN)_7 \cdot 4H_2O(\alpha$ Phase)[J]. Journal of the American Chemical Society, 1998, 120(50): 13088-13095.

[114] MIRONOV V S. Origin of Dissimilar Single-Molecule Magnet Behavior of Three $Mn_2^{II}Mo^{III}$ Complexes Based on $[Mo^{III}(CN)_7]^{4-}$ Heptacyanomolybdate: Interplay of Mo^{III}–CN–Mn^{II} Anisotropic Exchange Interactions[J]. Inorganic Chemistry, 2015, 54(23): 11339-11355.

[115] LARIONOVA J, KAHN O, GOHLEN S, et al. Structure, Ferromagnetic Ordering, Anisotropy, and Spin Reorientation for the Two-Dimensional Cyano-Bridged Bimetallic Compound $K_2Mn_3(H_2O)_6$ $[Mo(CN)_7]_2 \cdot 6H_2O$[J]. Journal of the American Chemical Society,

1999, 121(14): 3349-3356.

[116] LE GOFF X F, WILLEMIN S, COULON C, et al. [NH$_4$]$_2$ Mn$_3$(H$_2$O)$_4$[Mo(CN)$_7$]$_2$ · 4H$_2$O: Tuning Dimensionality and Ferrimagnetic Ordering Temperature by Cation Substitution[J]. Inorganic chemistry, 2004, 43(16): 4784-4786.

[117] LARIONOVA J, CLÉRAC R, DONNADIEU B, et al. [N (CH$_3$)$_4$]$_2$ [Mn(H$_2$O)]$_3$[Mo(CN)$_7$]$_2$ · 2H$_2$O: A New High T_c Cyano - Bridged Ferrimagnet Based on the [Mo^{III} (CN)$_7$]$^{4-}$ Building Block and Induced by Counterion Exchange[J]. Chemistry–A European Journal, 2002, 8(12): 2712-2716.

[118] WU D Q, KEMPE D, ZHOU Y, et al. Three-Dimensional Fe^{II} –[Mo^{III} (CN)$_7$]$^{4-}$ Magnets with Ordering below 65 K and Distinct Topologies Induced by Cation Identity[J]. Inorganic Chemistry, 2017, 56(12): 7182-7189.

[119] ZHANG J, KOSAKA W, SUGIMOTO K, et al. Magnetic sponge behavior via electronic state modulations[J]. Journal of the American Chemical Society, 2018, 140(16): 5644-5652.

[120] TANASE S, TUNA F, GUIONNEAU P, et al. Substantial Increase of the Ordering Temperature for {Mn^{II}/Mo^{III} (CN)$_7$}-Based Magnets as a Function of the 3d Ion Site Geometry: Example of Two Supramolecular Materials with T_c = 75 K and 106 K[J]. Inorganic chemistry, 2003, 42(5): 1625-1631.

[121] MILON J, DANIEL M C, KAIBA A, et al. Nanoporous magnets of chiral and racemic {[Mn(HL)]$_2$Mn[Mo(CN)$_7$]$_2$} with switchable ordering temperatures (T_c = 85 K ↔ 106 K) driven by H$_2$O sorption (L= N, N-dimethylalaninol)[J]. Journal of the American Chemical Society, 2007, 129(45): 13872-13878.

[122] WANG Q L, SOUTHERLAND H, LI J R, et al. Crystal - to - Crystal Transformation of Magnets Based on Heptacyanomolybdate (III) Involving Dramatic Changes in Coordination Mode and Ordering Temperature[J]. Angewandte Chemie-International Edition, 2012, 51(37): 9321.

[123] SRA A K, ANDRUH M, KAHN O, et al. A Mixed-Valence and Mixed-Spin Molecular Magnetic Material: [Mn^{II} L]$_6$[Mo^{III} (CN)$_7$] [Mo^{IV} (CN)$_8$]$_2$ · 19.5H$_2$O[J]. Angewandte Chemie International Edition, 1999, 38(17): 2606-2609.

[124] SRA A K, LAHITITE F, YAKHMI J V, et al. [Mn(tacn)]$_2$Mo(CN)$_7$ · 5H$_2$O: a 90 K ferromagnet[J]. Physica B: Condensed Matter, 2002, 321(1-4): 87-90.

[125] WEI X Q, PI Q, SHEN F X, et al. Syntheses, structures, and magnetic properties of three new Mn^{II} –[Mo^{III} (CN)$_7$]$^{4-}$ molecular magnets[J]. Dalton Transactions, 2018, 47(34): 11873-11881.

[126] SRA A K, ROMBAUT G, LAHITÊTE F, et al. Hepta/octa cyanomolybdates with Fe^{2+}: influence of the valence state of Mo on the magnetic behavior[J]. New Journal of Chemistry, 2000, 24(11): 871-876.

[127] TOMONO K, TSUNOBUCHI Y, NAKABAYASHI K, et al. Three-dimensional Nickel (II) Heptacyanomolybdate (III)-based Magnet[J]. Chemistry letters, 2009, 38(8): 810-811.

[128] TOMONO K, TSUNOBUCHI Y, NAKABAYASHI K, et al. Vanadium (II) heptacyanomolybdate (III)-based magnet exhibiting a high curie temperature of 110 K[J]. Inorganic chemistry, 2010, 49(4): 1298-1300.

[129] SHI L, SHAO D, SHEN F Y, et al. A Three - Dimensional Mn^{II} –[Mo^{III} (CN)$_7$]$^{4-}$ Ferrimagnet Containing Formate as a Second Bridging Ligand[J]. Chinese Journal of Chemistry, 2019, 37(1): 19-24.

[130] MIRONOV V S, CHIBOTARU L F, CEULEMANS A. Mechanism of a Strongly Anisotropic Mo^{III} –CN–Mn^{II} Spin– Spin Coupling in Molecular Magnets Based on the [Mo(CN)$_7$]$^{4-}$ Heptacyanometalate: A New Strategy for Single-Molecule Magnets with High Blocking Temperatures[J]. Journal of the American Chemical Society, 2003, 125(32): 9750-9760.

[131] WANG X Y, PROSVIRIN A V, DUNBAR K R. A docosanuclear {Mo$_8$Mn$_{14}$} cluster based on [Mo(CN)$_7$]$^{4-}$[J]. Angewandte

Chemie International Edition, 2010, 49(30): 5081-5084.

[132] KEMPE D K, DOLINAR B S, VIGNESH K R, et al. A cyanide-bridged wheel featuring a seven-coordinate Mo（Ⅲ）center[J]. Chemical communications, 2019, 55(14): 2098-2101.

[133] QIAN K, HUANG X C, Zhou C, et al. A single-molecule magnet based on heptacyanomolybdate with the highest energy barrier for a cyanide compound[J]. Journal of the American Chemical Society, 2013, 135(36): 13302-13305.

[134] WEI X Q, QIAN K, WEI H Y, et al. A One-Dimensional Magnet Based on $[Mo^{Ⅲ}(CN)_7]^{4-}$[J]. Inorganic Chemistry, 2016, 55(11): 5107-5109.

[135] WANG K, XIA B, WANG Q L, et al. Slow magnetic relaxation based on the anisotropic Ising-type magnetic coupling between the $Mo^{Ⅲ}$ and $Mn^{Ⅱ}$ centers[J]. Dalton Transactions, 2017, 46(4): 1042-1046.

[136] WU D Q, SHAO D, WEI X Q, et al. Reversible On–Off Switching of a Single-Molecule Magnet via a Crystal-to-Crystal Chemical Transformation[J]. Journal of the American Chemical Society, 2017, 139(34): 11714-11717.

[137] KEMPE D K, DOLINAR B S, VIGNESH K R, et al. A cyanide-bridged wheel featuring a seven-coordinate Mo (iii) center[J]. Chemical communications, 2019, 55(14): 2098-2101.

第 2 章 3d 金属和 $[Mo^{III}(CN)_7]^{4-}$ 构筑的低维化合物

2.1 引言

在分子基磁体的发展中,七氰根钼酸盐 $[Mo^{III}(CN)_7]^{4-}$ 单元由于其巨大的潜力而吸引了很多研究者的关注。[1,2] 正如实验结果和理论研究证实的那样 [3,4],$[Mo^{III}(CN)_7]^{4-}$ 单元中的 Mo^{III} 中心可以通过多个氰根基团和其他金属中心发生强的磁耦合。一方面,$[Mo^{III}(CN)_7]^{4-}$ 单元的多个氰根以及较大的负电荷,使其有望构筑高有序温度的高维分子磁体。[5] 另一方面,来源于 Mo^{III} 的单离子各向异性或各向异性磁耦合使得 $[Mo^{III}(CN)_7]^{4-}$ 单元具有很强的各向异性,使其在构筑高阻塞温度的分子纳米磁体(如单分子磁体、单链磁体等)方面非常有前途。[6-8]

尽管 $[Mo^{III}(CN)_7]^{4-}$ 单元对于构筑高性能的分子磁体有如此显著的优势,但是它对空气非常敏感,并且相应的原料 $K_4[Mo^{III}(CN)_7] \cdot H_2O$ 只溶于水,这就从一定程度上阻碍了该体系的充分研究,因而相对于其他氰根构筑块 [9-11] 发展缓慢。截至 2018 年,文献中能查阅到的基于 $[Mo^{III}(CN)_7]^{4-}$ 的分子磁体的研究非常有限,并且大多都是高维化合物 [12-14],表现为长程磁有序的性质。基于 $[Mo^{III}(CN)_7]^{4-}$ 单元的低维磁性材料非常稀少,主要包括七例零维化合物和五例一维化合物。对于零维化合物,2010 年,Dunbar 课题组公布了第一个二十二核 Mo_8Mn_{14} 团簇 [16],其自旋基态 $S = 31$,但由于分子内偶极 – 偶极作用,该化合物没有表现出单分子磁体的性质。2013 年,我们课题组研究了 3 例三核化合物 [17],其中一例 Mn_2Mo 化合物是首例单分子磁体,有效能垒为 40.5 cm^{-1}。最近,我们课题组又研究了一个有趣的可逆单分子磁体开关行为,这一行为是通过三核化合物 Mn_2Mo 和六核化合物 Mn_4Mo_2 之间的单晶到单晶转变实现的 [18]。对于一维化合物,2016 年,我们课题组研究了首例基于 $[Mo^{III}(CN)_7]^{4-}$ 的一维链 [19],但由于链间不可忽略的作用,该化合物没有表现出单链磁体的行为。在 2017 年,王庆伦课题组公布了三例一维链 [20],其中两条链是单链磁体。以上这些结果都是采用构筑块策略,使用五齿或四齿大环配体和 $[Mo^{III}(CN)_7]^{4-}$ 基团自组装得到的,说明大的螯合配体对于构筑基于 $[Mo^{III}(CN)_7]^{4-}$ 的低维化合物比较有效。因此,我们继续尝试大环配体和多齿螯合配体,通过这些配体来阻断 3d 金属和 $[Mo^{III}(CN)_7]^{4-}$ 的多个配位点,期望得到更多的具有高阻塞温度的分子纳米磁体。

本章所用的有机配体如图 2.1 所示。

首先,我们采用六齿非平面配体 TPEN 和 3d 金属 Mn^{II}、$[Mo^{III}(CN)_7]^{4-}$ 单元成功组装得到化合物 $[Mn^{II}(TPEN)]_2[Mo^{III}(CN)_7] \cdot 6H_2O$(以下称为化合物 1)和 $[Mn^{II}(TPEN)]_4[Mo^{III}(CN)_7](ClO_4)_4$(以下称为化合物 2)(TPEN=$N, N, N', N'$–四(2–吡啶甲基)–1,2–乙二胺),其中化合物 1 是三核结构,化合物 2 是五核结构。这两个化合物中 $[Mo^{III}(CN)_7]^{4-}$ 构筑块均处于畸变的五角双锥构型,但是只有化合物 1 具有单分子磁体的行为,有效能垒为 56.5 K(39.2 cm^{-1}),阻塞温度为 2.7 K。化合物 2 只是一个简单的顺磁体,磁构关系分析表明,该化合物不是单分子磁体的主要原因是偏离线性的 Mn—N≡C 键角和非单一的易轴各向异性。

其次,我们采用类似的五齿非平面配体 bztpen 和金属 Mn^{II}、$[Mo^{III}(CN)_7]^{4-}$ 单元组装得到了六核化合物 $[Mn^{II}(bztpen)]_4[Mo^{III}(CN)_7]_2 \cdot 20.5H_2O$(以下称为化合物 3);用手性的二胺配体 RR/SS–Ph_2en 和 3d 金属 Fe^{II}、Ni^{II} 以及 $[Mo^{III}(CN)_7]^{4-}$ 组装得到了 4 个同晶的十核化合物:$[Fe^{II}(RR/SS–Ph_2en)(H_2O)(OH)]_4[Mo^{III}(CN)_7] \cdot 2MeCN \cdot 10H_2O$(以下称为化合物 4RR/4SS),$[Ni^{II}(RR/SS–Ph_2en)(H_2O)(OH)]_4[Mo^{III}(CN)_7] \cdot 2MeCN \cdot 10H_2O$(以下称为化合物 5RR/5SS)。磁性测量表明化合物 3 是一个简单的顺磁体,而 4RR/4SS 和 5RR/5SS 由于其产率非常低且对空气敏感,我们没有成功地表征它们的磁性。

最后，我们采用多胺配体 tren 和金属 Mn^Ⅱ、[Mo^Ⅲ(CN)₇]⁴⁻ 单元合成了一个一维梯状链：[Mn^Ⅱ(tren)]₂[Mo^Ⅲ(CN)₇]·5H₂O（以下称为化合物 6）。由于链间存在不可忽略的磁相互作用，该一维化合物表现出长程磁有序的性质，有序温度为 13 K。

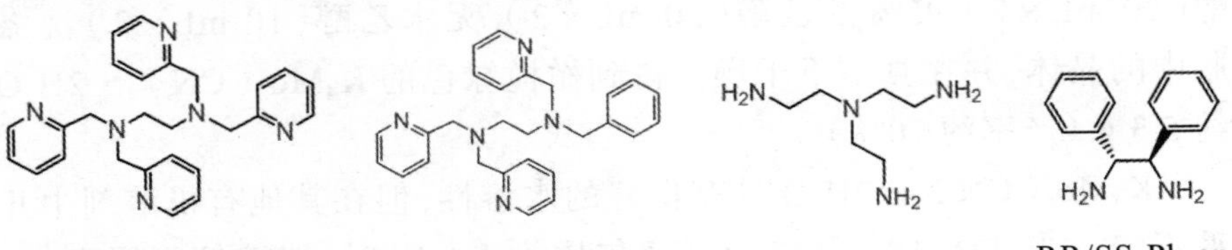

TPEN　　　　　　　　bztpten　　　　　　　tren　　　　RR/SS-Ph₂en

图 2.1　本章中所用配体的结构图

2.2　基于 D$_{5h}$ 构型 [Mo^Ⅲ(CN)₇]⁴⁻ 的零维化合物

由于 Mo^Ⅲ对空气很敏感，易氧化成 Mo^Ⅳ，因此需要在惰性气氛下进行合成和表征。本节中所有的操作和反应均使用严格的 Schlenk 技术或在充满高纯氮气的手套箱中完成。

K₄Mo(CN)₇·2H₂O 的合成参考了文献的方法 [21-23] 并做了一些改进。实验中用到的其他试剂如金属盐、配体 TPEN 直接来源于商业渠道，未经进一步纯化。所有溶剂均采用无氧溶剂（无水无氧溶剂处理系统或通过氮气鼓泡半小时除氧）。

2.2.1　化合物 1 和 2 的合成

2.2.1.1　K₄Mo(CN)₇·2H₂O 的合成

称取 7 g 氰化钾加入 250 mL Schlenk 瓶中，转移到手套箱中。再称取 7 g K₃MoCl₆ 加入该反应瓶中，从手套箱中取出后，连接在 Schlenk 双排管上。在搅拌状态下，用注射器向瓶中加入 70 mL 除氧的蒸馏水，砖红色 K₃MoCl₆ 逐渐溶解，溶液颜色变成红棕色。室温搅拌 18 小时后，溶液变成墨绿色。将反应液用 Shelenk 过滤漏斗过滤,除去少量不溶固体。向滤液中加入 30 mL 的除氧乙醇,稍微晃动反应瓶使溶剂混合均匀。将反应瓶置于 –20 ℃ 低温冰箱中,1 小时后取出,析出大量橄榄绿色晶体。使用双头针将反应瓶中上层的液体转移出去。依次使用 80% 的乙醇(20 mL × 2),95% 的乙醇(20 mL × 2),无水乙醇(10 mL × 2)洗涤瓶中的晶体,并在真空下干燥。得到橄榄绿色的 $K_4Mo(CN)_7 \cdot 2H_2O$ 约 5.3 g (产率约 70%)。

$K_4Mo(CN)_7 \cdot 2H_2O$ 具有良好的水溶性,但在其他有机溶剂中几乎不溶。当加入 18- 冠醚 -6 (摩尔比为 1∶4)时,能溶解于甲醇中。$K_4Mo(CN)_7 \cdot 2H_2O$ 水溶液的颜色为黄绿色,在溶液中对氧气非常敏感,三价态钼极易被氧化成四价态,颜色由深到浅。

2.2.1.2 $[Mn^{II}(TPEN)]_2[Mo^{III}(CN)_7] \cdot 6H_2O$ (化合物 1)的合成

将 $K_4Mo(CN)_7 \cdot 2H_2O$ (0.05 mmol, 23.5 mg)溶解于 3 mL 无氧水中,$MnCl_2 \cdot 4H_2O$ (0.05 mmol, 11.7 mg)将 TPEN(0.6 mmol, 25.5 mg)溶解于 4 mL 乙腈和水的混合溶剂($V_{(MeCN)} : V_{(H_2O)} = 1 : 3$)中,两者混合得到黄色溶液,过滤掉不溶物,滤液置于玻璃瓶中,密封静置。一周后,有橙色棒状晶体生成,过滤并用母液清洗,干燥得 24 mg,产率 73% (根据 Mn^{2+} 计算)。元素分析 $Mn_2MoC_{59}H_{68}N_{19}O_6$ (%):实验值(理论值)C, 52.68 (52.68); N, 20.22 (19.78); H, 4.93 (5.09)。红外特征光谱峰(KBr, cm^{-1}): 2107.7 (s, $v_{C \equiv N}$), 2080 (s, $v_{C \equiv N}$), 2048 (s, $v_{C \equiv N}$)。

2.2.1.3 $[Mn^{II}(TPEN)]_4[Mo^{III}(CN)_7](ClO_4)_4$ (化合物 2)的合成

化合物 2 的合成方法和合成化合物 1 类似,只是将金属盐替换成 $Mn(ClO_4)_2 \cdot 6H_2O$ (0.05 mmol, 23.5 mg)。一周后,有很多大的黄色方块状晶体生成,过滤、洗涤、室温干燥得 10.8 mg,产率为 51% (根据 Mn^{2+} 计算)。元素分析 $Mn_4MoCl_4C_{111}H_{112}N_{31}O_{16}$ (%):实验值(理论值)C, 51.39 (51.40); N, 16.93 (16.74); H, 4.38 (4.35)。红外特征光谱峰(KBr, cm^{-1}): 2195 (s, $v_{C \equiv N}$), 2096 (s, $v_{C \equiv N}$), 2049 (s, $v_{C \equiv N}$)。

2.2.2　化合物 1 和化合物 2 的晶体结构

　　化合物 1 的三核结构如图 2.2 所示，化合物 1 和化合物 2 的晶体结构收集和精修参数见表 2.1 所列，部分键长键角见附表 2.1~ 附表 2.4。

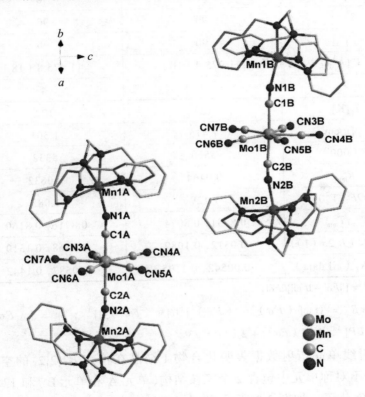

图 2.2　化合物 1 的三核结构(为清晰起见，略去了氢原子和溶剂分子)

表 2.1　化合物 1 和化合物 2 的晶体结构数据和精修参数

结构数据和参数	化合物 1	化合物 2
Formula	$Mn_2MoC_{59}H_{68}N_{19}O_6$	$Mn_4MoCl_4C_{111}H_{112}N_{31}O_{16}$
M [g mol^{-1}]	1345.11	2593.82
Crystal system	Orthorhombic	Orthorhombic
Space group	$P2_12_12_1$	$Pbcn$
a [Å]	12.6707（6）	20.5094（19）

续表

结构数据和参数	化合物 1	化合物 2
b [Å]	22.9692（12）	17.7938（16）
c [Å]	41.146（2）	31.446（3）
α [°]	90	90
β [°]	90	90
γ [°]	90	90
V [Å³]	11 975.0（10）	11 475.8（18）
Z	4	4
T [K]	123	123
ρ_{calcd} [g cm⁻³]	1.415	1.501
F（000）	5560	5332
R_{int}	0.0464	0.0632
GOF（F²）	1.129	1.085
T_{max}/T_{min}	0.8831，0.8074	0.8716，0.8160
$R_1{}^a$，$wR_2{}^b$（$I>2\sigma$（I））	0.0512，0.1089	0.0468，0.1310
$R_1{}^a$，$wR_2{}^b$（all data）	0.00542，0.1105	0.0587，0.1442

a：$R_1 = [\||Fo| - |Fc|\|]/|Fo|$；

b：$wR_2 = \{[w[(Fo)^2 - (Fc)^2]^2]/[w(Fo^2)^2]\}^{1/2}$；$w = [(Fo)^2 + (AP)^2 + BP]^{-1}$，$P = [(Fo)^2 + 2(Fc)^2]/3$。

X 射线单晶衍射数据表明化合物 1 结晶在正交 $P2_12_12_1$ 的空间群中，每个不对称单元中包含 2 个三核结构（单元 A 和单元 B）和 12 个游离的 H_2O 分子。如图 2.2 所示，两个 $[Mo^{III}(CN)_7]^{4-}$ 阴离子都处于轻微扭曲的五角双锥构型。用 SHAPE 2.1 程序[24] 计算了它们相对于理想的 D_{5h} 对称性的 Continuous Shape Measure（CShMs）偏离值分别为 0.234 和 0.183。它的 7 个氰根可以看成 5 个赤道平面（eq）和 2 个轴向（ax）氰根，2 个 $[Mn(TPEN)]^{2+}$ 端基基团分别和 $[Mo^{III}(CN)_7]^{4-}$ 轴向的 2 个氰根配位形成三核 Mn_2Mo 结构。C_{eq}—Mo—C_{eq} 配位键角的范围在 71.4（4）°～73.3（2）°，C_{ax}—Mo—C_{ax} 键角为 179.8（5）°。尽管 Mo—C≡N 键角接近 180°（173.8（2）°～179.0（2）°）；Mn—N≡C 键角却明显扭曲，为 160.1（15）°～163.4（16）°，这可能是由

于配体 TPEN 的空间位阻效应导致的。Mn^{II}离子处于七配位的扭曲的单帽三棱柱构型，Mn1A、Mn2A、Mn1B 和 Mn2B 的 CShMs 偏离值分别为 2.347、2.817、2.544 和 2.723。配位键长 Mn—N$_{\text{lig}}$为 2.112（2）~ 2.147（2）Å，Mn—N$_{\text{ax}}$为 2.274（2）~2.518（2）Å。通过氰根桥联，Mo^{III}和 Mn^{II}离子之间的距离为 5.273（8）~5.407（1）Å。该化合物的结构和我们课题组之前报道的三核单分子磁体相似。

　　由于化合物 1 中有 12 个结晶水分子，因此在水分子和终端氰根之间形成了大量的氢键。如图 2.3 所示，化合物中有 2 种氢键类型，一种是 O—H⋯O 氢键：连接 O3 和 O4、O5 到 O12；另一种是 O—H⋯N 氢键：连接 O1—N6B、O3—N3B、O11—N5B、O12—N4B 以及 O2—N3A、O5—N7A、O6—N6A。有趣的是，2 个三核单元通过氢键在 a 轴方向连接成了一个双螺旋链状结构。

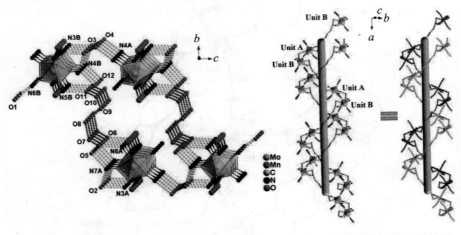

（a）bc 平面的氢键网　　　　　（b）沿着 a 轴方向的一维双螺旋链

图 2.3　化合物 1 中氢键（省略了配体、氢原子和溶剂分子）

　　化合物 2 结晶在正交 Pbcn 空间群中，每个不对称单元中包含半个 [Mo^{III}（CN）$_7$]$^{4-}$单元、两个 [Mn（TPEN）]$^{2+}$和两个 ClO$_4^-$抗衡阴离子。其结构如图 2.4 所示，是一个五核的团簇（Mn$_4$Mo），中心的 [Mo^{III}（CN）$_7$]$^{4-}$阴离子分别通过 2 个轴向氰根（C1N1）和 2 个不相邻的赤道平面氰根（C2N2）与四个 [Mn（TPEN）]$^{2+}$端基基团配位。其中，[Mo^{III}（CN）$_7$]$^{4-}$单元处于轻微扭曲的五角双锥构型，其 CShMs 偏离值为 0.283。C$_{\text{eq}}$—Mo—C$_{\text{eq}}$配位键角为 69.03（7）°~74.97（5）°，接近于理想的 72°；

C_{ax}—Mo—C_{ax} 的键角为 179.63（17）°，非常接近线性；C_{ax}—Mo—C_{eq} 的键角为 85.29（5）~94.32（7）°，在理想的 90°附近。此外，所有的 Mo—C≡N 键角为 174.68（16）°~ 180.00（1）°。该结构中的两种 Mn^{II}离子，即 Mn1 和 Mn2 都处于七配位扭曲的单帽三棱柱构型，CShMs 偏离值分别是 2.129 和 1.800。配位键长 Mn—N_{lig} 为 2.265（2）~ 2.521（2）Å，Mn—N_{ax} 为 2.142（2）~2.145（2）Å。与化合物 1 类似，Mn—N≡C 键角也明显发生弯曲，为 154.12（2）~165.35（2）°。通过氰根桥联，Mo1 和 Mn1、Mn2 离子之间的距离分别为 5.3085（5）Å 和 5.3637（4）Å。该化合物的结构和 J. R. Long 课题组报道的 [$Re^{IV/III}$（CN）$_7$]$^{3-/4-}$ 构筑块和 [（PY5Me$_2$）M]$^{2+}$（M = Co^{II}, Ni^{II}, Cu^{II}）构筑的五核单分子磁体相似。[27]

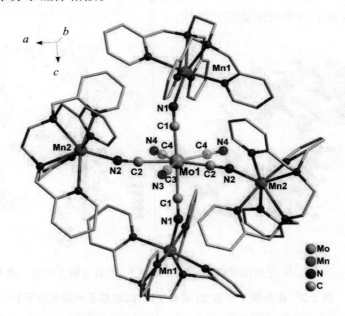

图 2.4　化合物 2 的五核结构（省略了氢原子和高氯酸跟阴离子）

　　为了验证化合物的纯度，我们在室温下对化合物 1 和化合物 2 进行了 X- 射线粉末衍射表征，如图 2.5 所示，实验测试结果与单晶模拟结果相吻合，说明这两个化合物是纯相。

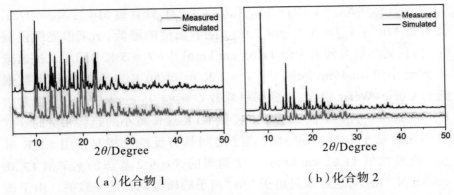

（a）化合物 1　　　　　　　　（b）化合物 2

图 2.5　化合物 1 和化合物 2 的 X– 射线粉末衍射数据图

　　此外,我们对化合物 1 进行了热重分析。如图 2.6 所示,200℃之前化合物的重量损失 7.76%,正好对应分子式中 6 个水分子所占的比重（8.0%）,这进一步验证了结构中游离水分子的数量,证明单晶结构中水分子的确定是正确的。

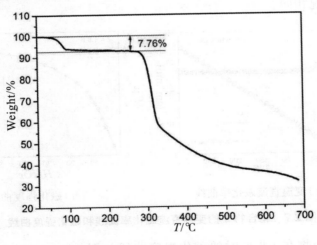

图 2.6　化合物 1 的热重分析

2.2.3 化合物 1 和 2 的磁学性质

　　使用多晶粉末样品,我们测量了化合物 1 的变温直流磁化率（1 kOe 的直流外场,2~300 K）,其结果如图 2.7 所示。其 $\chi_M T$ 值在 300 K 时为 8.743 cm³kmol⁻¹,略低于 Mn₂Mo 单元的净自旋值 9.125 cm³kmol⁻¹

（$\chi_M T = 2[S_{Mn}(S_{Mn}+1)/2] + [S_{Mo}(S_{Mo}+1)/2]$，低自旋 Mo^{III}：$S_{Mo} = 1/2$；高自旋 Mn^{II}：$S_{Mn} = 5/2$，$g = 2.0$）。随着温度的降低，$\chi_M T$ 值先缓慢减小，然后突然增大到最大值 11.65 $cm^3 kmol^{-1}$（$T = 5$ K），随后又快速减小到最小值 4.64 $cm^3 kmol^{-1}$（$T = 2$ K）。对 60 K 以上的磁化率数据进行 Curie–Weiss 拟合，得到居里常数 $C = 84.96$ $cm^3 kmol^{-1}$，外斯常数 $\theta = -9.76$ K。$\chi_M T$–T 曲线从 300 K 到 60 K 缓慢减小的趋势和负的 θ 值表明化合物 1 中 Mo^{III} 和 Mn^{II} 离子之间具有反铁磁相互作用。5 K 时 $\chi_M T$ 的最大值 11.65 $cm^3 kmol^{-1}$ 比期望的 $S = 9/2$ 基态的 $\chi_M T$ 值 12.38 $cm^3 kmol^{-1}$ 略小，这可能是由于 Mo^{III} 离子的磁各向异性导致的。由于该体系中的 Mo^{III} 离子和 Mn^{II} 离子之间可能的各向异性磁交换，化合物 1 中金属间的反铁磁耦合可以用哈密顿 $\hat{H} = -2J_{xy}(S^x_{Mo}S^x_{Mn} + S^y_{Mo}S^y_{Mn}) - 2J_z S^z_{Mo}S^z_{Mn}$ 表示。我们用 PHI 程序[25]对 10 K 以上的磁化率数据进行了拟合，得到耦合常数 $J_z = -17.33$，$J_{xy} = -5.78$，$g = 2.01$。较大负值的 J_z 值表明其具有易轴类型的各向异性耦合，这和我们之前报道的三核化合物的情况相同。

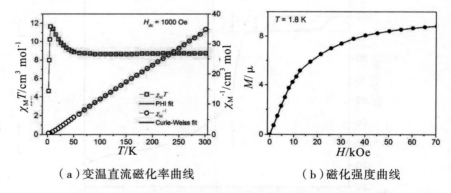

（a）变温直流磁化率曲线　　　　　（b）磁化强度曲线

图 2.7　化合物 1 的变温直流磁化率曲线和磁化强度曲线

该化合物在 1.8 K 时的磁化强度曲线如图 2.7（b）所示。其磁化强度值随着场的增大先快速增大然后缓慢平稳增大。在 70 kOe 时，磁化强度 M 的值为 8.82 μ_B，较接近 Mn_2Mo 单元根据反铁磁耦合计算得到的饱和磁化强度值 9.00 μ_B。此外，化合物 1 的场冷（FC）和零场冷曲线（ZFC）随着温度的降低保持重合（图 2.8），直到 2.7 K 时发生分歧，这说明化合物中可能具有慢磁弛豫行为。

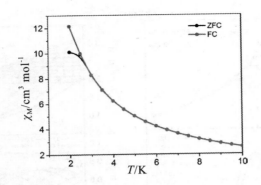

图 2.8　化合物 1 的场冷 / 零场冷（FC/ZFC）曲线

为了探索化合物 1 的磁弛豫动力学，我们测试了它的变温交流磁化率和变频交流磁化率。如图 2.9 所示，交流磁化率的实部 c' 和虚部 c'' 信号有明显的频率依赖和温度依赖，表明该化合物具有缓慢的磁弛豫行为。实部的偏移程度可用 Mydosh 参数 $\varphi = (\Delta_{T_p/T_p})/\Delta (\log f)$ 来表示，其中 T_p 为峰值温度，f 为交流场的频率。化合物 1 的 φ 值计算为 0.18，属于正常的单分子磁体范围（$0.1 < f < 0.3$）。[26] 根据变频交流磁化率，我们得到了该化合物从 2.8 到 5.2 K 的 Cole–Cole 曲线，如图 2.10（a）所示。通过广义的 Debye 模型对 Cole–Cole 曲线进行拟合，可获得不同温度下的弛豫时间 τ 以及弛豫的分布参数 α（表 2.2）。可以看出，参数 α 为 0.08~0.47，这表明弛豫时间具有一定的分布。对于以奥巴赫机理弛豫的单分子磁体，弛豫时间 τ 遵守 Arrhenius 公式：$\tau = \tau_0 \exp (U_{eff}/k_B T)$。因此，我们对表 2.2 中的数据作图，所获得的 Arrhenius 曲线（$\ln (\tau)$-T^{-1}）为一条以有效能垒 U_{eff} 为斜率的直线。通过对其线性拟合，我们获得了化合物 1 的有效能垒 U_{eff} 为 56.5 K（39.2 cm^{-1}），τ_0 为 3.8×10^{-8} s，如图 2.10（b）所示。

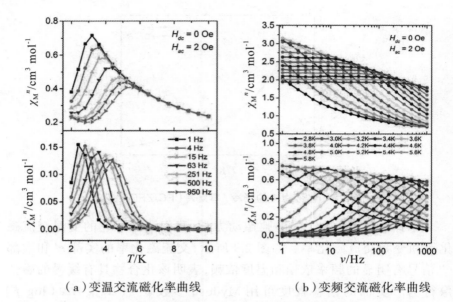

（a）变温交流磁化率曲线　　　　（b）变频交流磁化率曲线

图 2.9　化合物 1 的变温交流磁化率曲线和变频交流磁化率曲线

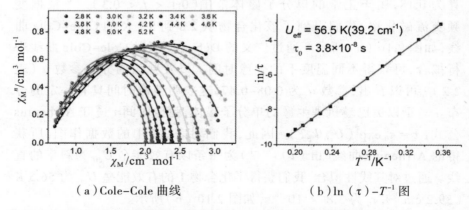

（a）Cole–Cole 曲线　　　　（b）ln（τ）–T^{-1} 图

图 2.10　化合物 1 在不同温度下的 Cole–Cole 曲线和弛豫时间 ln（τ）–T^{-1} 图

表 2.2　根据广义德拜模型拟合 Cole–Cole 曲线的参数

Temperature / K	χ_S / cm³mol⁻¹K	χ_T / cm³mol⁻¹K	τ / s	a
2.8	0.558 20	3.798 20	0.047 57	0.470 46
3.0	0.520 99	3.599 20	0.019 57	0.451 70
3.2	0.482 18	3.395 20	0.008 54	0.430 86
3.4	0.498 72	3.193 06	0.004 19	0.399 30
3.6	0.475 51	2.991 65	0.002 08	0.376 38

续表

Temperature / K	χ_S / cm^{3}mol^{-1}K	χ_T / cm^{3}mol^{-1}K	τ / s	a
3.8	0.548 76	2.800 78	0.001 18	0.322 37
4.0	0.499 44	2.650 27	0.000 65	0.303 12
4.2	0.415 83	2.500 61	0.000 25	0.343 84
4.4	0.600 46	2.398 85	0.000 27	0.232 27
4.6	0.692 64	2.280 42	0.000 19	0.182 47
4.8	0.711 57	2.191 03	0.000 13	0.169 81
5.0	0.915 22	2.093 55	0.000 11	0.090 20
5.2	0.934 32	2.013 05	0.000 08	0.077 02

　　为了确定化合物 1 的阻塞温度,我们在不同扫场速率和不同温度下测试了其磁滞回线,结果如图 2.11 所示。化合物 1 在 1.8 K 时具有明显的磁滞回线,矫顽场和剩磁分别为 930 Oe 和 2.8 μ_B。从图 2.11 可以看出,该化合物没有表现出对扫场速率的依赖,但是对温度有明显的依赖。温度越高,该化合物的磁滞回线开口越小,在 3.0 K 时已经完全闭合。该现象表明化合物 1 的阻塞温度低于 3.0 K。结合图 2.8 中场冷零场冷曲线(在 2.7 K 时分叉),我们可以确定该化合物的阻塞温度为 2.7 K。综上所述,化合物 1 表现为单分子磁体的行为,有效能垒为 56.5 K(39.2 cm^{-1}),$t_0 = 3.8 \times 10^{-8}$,阻塞温度为 2.7 K。

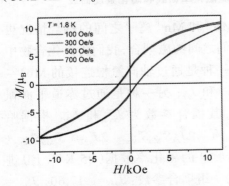

（a）不同扫场速率下的磁滞回线

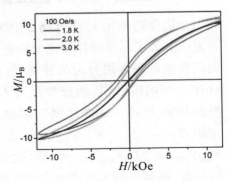

（b）不同温度下的磁滞回线

图 2.11　化合物 1 在不同扫场速率和不同温度下的磁滞回线

对于化合物 2，$\chi_M T$-T 曲线如图 2.12 所示。300 K 时，$\chi_M T$ 值为 17.316 cm³kmol⁻¹，接近于 Mn₄Mo 单元的净自旋值 17.875 cm³kmol⁻¹（$\chi_M T = 4[S_{Mn}(S_{Mn}+1)/2] + [S_{Mo}(S_{Mo}+1)/2]$，低自旋 Mo^{III}：$S_{Mo} = 1/2$；高自旋 Mn^{II}：$S_{Mn} = 5/2$，$g = 2.0$）。随着温度的降低，$\chi_M T$ 值先缓慢减小，然后增大到最大值后又减小，趋势和化合物 1 相似。对 60 K 以上的磁化率数据进行 Curie–Weiss 拟合，得到居里常数 $C = 15.21$ cm³kmol⁻¹，外斯常数 $\theta = -0.87$ K。化合物 2 的变场磁化强度曲线如图 2.12（b）所示，70 kOe 时的饱和磁化强度是 18.04 μ_B，接近于理论值 19 μ_B。这些结果表明化合物 2 中 Mo^{III} 和 Mn^{II} 离子之间也具有反铁磁相互作用。

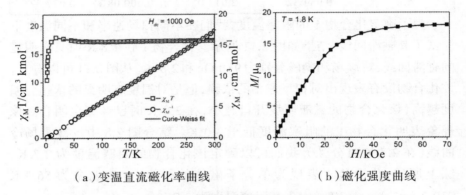

（a）变温直流磁化率曲线　　　　　　（b）磁化强度曲线

图 2.12　化合物 2 的变温直流磁化率曲线和磁化强度曲线

与化合物相比 1，化合物 2 中 Mo^{III} 和 Mn^{II} 离子之间的耦合情况更为复杂。为了尽可能详细地分析它们之间的磁耦合，我们将该化合物中的反铁磁相互作用分为两种类型：一种是通过轴向氰根连接的 Mo1—Mn1 之间的耦合，其耦合参数为 J_{xy1} 和 J_{z1}；另一种是通过赤道平面氰根连接的 Mo1—Mn2 之间的耦合，其耦合参数为 J_{xy2} 和 J_{z2}。根据哈密顿 $\hat{H} = -2J_{xy1}(S^x_{Mo}S^x_{Mn} + S^y_{Mo}S^y_{Mn}) - 2J_{z1}S^z_{Mo}S^z_{Mn} - 2J_{xy2}(S^x_{Mo}S^x_{Mn} + S^y_{Mo}S^y_{Mn}) - 2J_{z2}S^z_{Mo}S^z_{Mn}$，我们对化合物 2 的磁化率数据（25 K 以上）进行拟合，得到了与实验值吻合较好的一组耦合参数：$J_{z1} = -17.60$，$J_{xy1} = +1.92$，$J_{z2} = -2.38$，$J_{xy2} = -3.55$。从拟合结果可以看出，轴向氰根传递的磁耦合具有很大的各向异性，整体为反铁磁相互作用，而赤道平面的氰根传递的反铁磁作用则比较弱，且磁各向异性也较小。

考虑到化合物 2 具有较大的自旋基态值（$S = 19/2$），且 [Mo^{III}(CN)₇]⁴⁻

构筑块处于较理想的五角双锥构型,我们在零直流外场下测试了它的交流磁化率曲线(图 2.13),然而,其交流磁化率的虚部未观察到明显信号,排除了我们预期的单分子磁体行为。

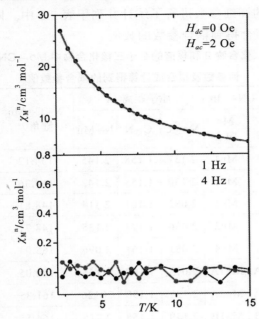

图 2.13   化合物 2 的变温交流磁化率曲线

2.2.4   化合物 1 和化合物 2 磁构关系讨论

化合物 1 和化合物 2 中 [Mo^{III}(CN)$_7$]$^{4-}$ 构筑块均处于五角双锥构型,然而化合物 1 具有单分子磁体的性质,而化合物 2 却只是一个简单的顺磁体,这个现象使我们产生了困惑。因此,有必要对这两个化合物的磁构关系进行详细的讨论。对于化合物 1,[Mo^{III}(CN)$_7$]$^{4-}$ 通过 2 个轴向氰根和 2 个 Mn^{II} 离子连接,由于存在的各向异性磁交换($|J_z|$ > $|J_{xy}|$),整个化合物存在易轴磁各向异性,因此具有单分子磁体的性质。这和我们课题组之前报道的 2 个三核的单分子磁体类似,且理论工作者通过详细的理论计算进行了验证。[4] 而对于化合物 2,其结构与化合物 1 相比,不同之处为多了 2 个通过赤道平面的氰根连接的 Mn^{II} 离子,它的结构和 2008 年 J. R. Long 课题组报道的基于五角双锥构型的

$[Re^{IV}(CN)_7]^{3-}$ 的五核化合物 [27] 类似。然而,化合物 $ReMn_4$ 具有单分子磁体的性质,化合物 2 却没有。为了分析可能的原因,我们将化合物 2、$ReMn_4$、化合物 1 以及之前报道的两个 Mn_2Mo 三核化合物的 Mo—CN—Mn 组分的详细参数进行了统计并列于表 2.3 中。同时,我们也给出了计算或者拟合得到耦合参数的数值。

表 2.3　化合物 1、化合物 2 和报道的 2 个三核化合物中 Mo—CN—Mn 基于的几何参数及拟合或计算得到的耦合参数值

化合物	Mo—CN—Mn		原子距离 /Å			N—C—Mn 键角 /°	耦合参数 /cm⁻¹	
	Mo 中心	Mn 中心	Mo—C	C—N	N—Mn		J_z	J_{xy}
化合物 2 （Mn_4Mo）	Mo1	Mn1	2.137	1.158	2.145	154.12	−17.60	+1.92
	Mo1	Mn2	2.130	1.153	2.142	165.36	−2.38	−3.55
Re_4Mo	Re1	Mn1	2.082	1.161	2.114	148.81	—	—
	Re1	Mn2	2.056	1.173	2.135	148.71	—	—
	Re1	Mn4	2.081	1.161	2.096	165.01	—	—
化合物 1 （Mn_2Mo）	Mo1A	Mn1A	2.073	1.199	2.145	160.05	−17.33	−5.78
	Mo1A	Mn2A	2.122	1.190	20126	161.35	−17.33	−5.78
	Mo1B	Mn1B	2.149	1.158	2.215	164.55	−17.33	−5.78
	Mo1B	Mn2B	2.117	1.143	2.163	161.45	−17.33	−5.78
Mn_2Mo-1[17]	Mo1	Mn1	2.151	1.155	2.180	149.55	−17.00	−5.50
	Mo1	Mn2	2.141	1.160	2.191	145.69	−17.00	−5.50
Mn_2Mo-2[18]	Mo1	Mn1	2.139	1.144	2.137	167.97	−17.70	−5.70

根据 K. E. Vostrikova 和 V. S. Mironov 在 MnRe 化合物中研究的结果 [28],金属离子之间耦合常数的大小和 N—C—Mn 键角有关系。当处于五角双锥构型的 $[Re^{IV}(CN)_7]^{3-}$ 使用轴向氰根和顺磁金属 Mn^{II} 发生配位时,化合物具有纯粹的易轴磁各向异性,Re^{IV}—Mn^{II} 之间具有反铁磁耦合,$J_z < 0$,$J_{xy} < 0$,且 $|J_z| > |J_{xy}|$。并且,随着 ∠N—C—Mn 越偏离 180°,J_z、J_{xy} 也会随之减小,磁耦合作用就会越弱。当 $[Re^{IV}(CN)_7]^{3-}$ 使用赤道平面氰根和 Mn^{II} 发生配位时,化合物具有易面磁各向异性,金属离子之间依旧具有反铁磁耦合,$J_z < 0$,$J_{xy} < 0$,但是 $|J_{xy}| > |J_z|$。同样地,∠N—C—Mn 越小,即偏离线性越厉害,J_z、J_{xy} 减小,耦合作用越弱。由于 $[Mo^{III}(CN)_7]^{4-}$ 构筑块和 $[Re^{IV}(CN)_7]^{3-}$ 构筑块极为相似,

我们尝试将上述规律应用于 Mo^{III}–Mn^{II} 化合物中。从表 2.3 所列可以看出,对于只有易轴各向异性磁交换的 3 个 Mn_2Mo 化合物(化合物 1、Mn_2Mo–1 和 Mn_2Mo–2),按 ∠N—C—Mn 值从大到小的顺序排列依次为 Mn_2Mo–2、化合物 1、Mn_2Mo–1,因此它们的耦合常数 J_z 也依次减小($-17.70 > -17.33 > -17.00$),符合上述规律。

但是对于同时具有易轴和易面各向异性交换的体系,情况就复杂得多。如果只考虑 ∠N—C—Mn 的因素,Mn_4Mo 中轴向配位(Mo1—Mn1)和赤道平面配位(Mo1—Mn2)的键角分别为 154.12° 和 165.36°,Re_4Mo 中的轴向配位(Re1—Mn1、Re1—Mn2)和赤道平面配位(Re1—Mn4)的键角分别为 148.81°、148.71° 和 165.01° 可以看出,赤道平面的键角偏离程度相差不大,而轴向键角的偏离程度在 Re_4Mo 化合物中比较明显。然而,磁性表征的结果却是 Re_4Mo 具有单分子磁体的性质,而 Mn_4Mo 表现为简单顺磁性。因此在这种情况下,化合物是否具有单分子磁体的性质不能只考虑 ∠N—C—Mn 对化合物磁耦合的影响。此外,我们发现化合物 Mn_4Mo 和 Re_4Mo 的结构还有一个不同点,就是 Mn^{II} 离子的配位构型不同,Mn_4Mo 中 Mn1 和 Mn2 都处于七配位的单帽三棱柱构型,而 Re_4Mo 中 Mn1、Mn2 和 Mn4 处于六配位的八面体构型,Re_4Mo 中 Mn—N 键长相对较短,Mn_4Mo 中的 Mn—N 键长相对较长。这些不同的配位构型和键长可能源于化合物中不同的有机配体的空间位阻效应,并可能导致两个化合物中的磁耦合的不同,进而影响其磁各向异性和单分子磁体的行为。

以上讨论只是简单定性地分析了这两个化合物可能的耦合作用,关于化合物 2 没有表现出单分子磁体性质的具体原因还有待进行详细的理论研究来解释。

2.3　基于 $[Mo^{III}(CN)_7]^{4-}$ 构筑块的多核化合物

2.3.1　化合物 3、化合物 4RR/4SS 和化合物 5RR/5SS 的合成

为了避免三价钼的氧化,本节中所有的操作和反应均在充满氮气的手套箱中进行。反应容器放置在避光免打扰的地方,防止可能的光致分解。配体 bztpen 的合成参考文献的合成方法。[29]实验中用到的其他试剂都来源于商业分析纯,没有进一步纯化处理。所用的溶剂水和乙腈等都经过无水无氧处理。

2.3.1.1　$[Mn^{II}(bztpen)]_4[Mo^{III}(CN)_7]_2 \cdot 20.5H_2O$（化合物 3）的合成

将 $K_4Mo(CN)_7 \cdot 2H_2O$（0.04 mmol, 18.8 mg）溶解于 3 mL 无氧水中,Mn$(ClO_4)_2 \cdot 6H_2O$（0.04 mmol, 14.6 mg）和 TPEN（0.6 mmol, 25.5 mg）溶解于 5 mL 乙腈和水的混合溶剂（$V_{(MeCN)} : V_{(H2O)} = 2:3$）中,两者混合得到棕黄色溶液,过滤掉不溶物,滤液置于玻璃瓶中,密封静置。一周后,有黄棕色块状晶体生成,过滤并用母液清洗,干燥得 13.2 mg,产率 46%（根据 Mn^{2+} 计算）。元素分析 $Mn_4Mo_2C_{122}H_{157}N_{34}O_{20.5}$（%）:实验值（理论值）C,51.55（51.60）; N,16.84（16.77）; H,5.48（5.57）。红外特征光谱峰（KBr, cm^{-1}）: 2106（vs, $\nu_{C \equiv N}$）。

2.3.1.2　$[Fe^{II}(RR/SS\text{-}Ph_2en)(H_2O)(OH)]_4[Mo^{III}(CN)^7] \cdot 2MeCN \cdot 10H_2O$（化合物 4RR/4SS）的合成

将 $K_4Mo(CN)_7 \cdot 2H_2O$（0.04 mmol, 18.8 mg）溶解于 1 mL 去氧水中并加入直径为 7 mm 的细长玻璃试管的底层,缓慢加入 5 mL 乙腈和水的混合溶剂（$V_{(MeCN)} : V_{(H2O)} = 3:2$）作为缓冲层,最后将 Fe$(ClO_4)_2 \cdot 6H_2O$（0.05 mmol, 18.8 mg）和 RR/SS-Ph_2en（0.1 mmol, 44 mg）溶解于 1 mL 乙腈中,缓慢滴加于试管的最上层,密封静置于手套箱中。约两个月后,长试管的中间有晶体生成。然而,生

成的晶体明显有两种产物,经分析,深棕色方块状晶体为化合物 3。过滤取出晶体,在显微镜下快速挑出规则块状的深棕色晶体。由于每个试管中的目标晶体较少,我们通过收集多组平行实验的目标产物,称量并求其平均值,获得平均产量约为 0.5 mg,平均产率约为 2.3%(根据 Fe^{2+} 计算)。

2.3.1.3　[Ni^{II}(RR/SS–Ph$_2$en)(H$_2$O)(OH)]$_4$[Mo^{III}(CN)$_7$]·2MeCN·10H$_2$O (化合物 5RR/5SS)的合成

化合物 5RR/5SS 的合成方法和化合物 4RR/4SS 类似,只是把金属盐替换为 Ni(ClO$_4$)$_2$·6H$_2$O(0.05 mmol,23.5 mg)。两个月后,试管中有深棕色规则块状晶体生成。采用同化合物 4RR/4SS 类似的计算方法,得到平均产量约为 0.6 mg,平均产率约为 2.7%(根据 Ni^{2+} 计算)。

2.3.2　化合物 3、化合物 4RR/4SS 和化合物 5RR/5SS 的晶体结构

晶体结构收集和精修参数见表 2.4 所列。部分键长键角见附表 2.5 ~ 附表 2.12。

表 2.4　化合物 3、化合物 4RR/4SS 和化合物 5RR/5SS 的晶体结构数据和精修参数

结构数据和精修参数	化合物 3	化合物 4RR	化合物 4SS	化合物 5RR	化合物 5SS
Formula	Mn$_4$Mo2C$_{122}$ H$_{157}$N$_{34}$O$_{20.5}$	Fe$_4$MoC$_{67}$H$_{94}$ N$_{17}$O$_{18}$	Fe$_4$MoC$_{67}$H$_{94}$ N$_{17}$O$_{18}$	Ni$_4$MoC$_{67}$H$_{94}$ N$_{17}$O$_{18}$	Ni$_4$MoC$_{67}$H$_{94}$ N$_{17}$O$_{18}$
M [g mol^{-1}]	2839.40	1744.89	1744.89	1756.28	1756.28
Crystal system	Monoclinic	Monoclinic	Monoclinic	Monoclinic	Monoclinic
Space group	C2/c	P2$_1$/c	P2$_1$/c	P2$_1$/c	P2$_1$/c
a [Å]	22.7354 (11)	17.219(2)	17.065(5)	17.1568 (14)	17.0618 (10)
b [Å]	28.7765 (15)	20.515(3)	20.784(3)	20.4550 (17)	20.4388 (12)

结构数据和精修参数	化合物 3	化合物 4RR	化合物 4SS	化合物 5RR	化合物 5SS
c [Å]	21.8646 (10)	23.900 (3)	23.475 (4)	23.879 (2)	23.8061 (14)
α [°]	90	90	90	90	90
β [°]	111.8160 (10)	103.196 (3)	102.519 (4)	102.458 (2)	102.283 (2)
γ [°]	90	90	90	90	90
V [Å^3]	13280.3 (11)	8219.5 (19)	2116.5 (4)	8182.8 (12)	8111.7 (8)
Z	4	4	4	4	4
T [K]	153	173	173	173	173
ρ_{calcd} [g cm^{-3}]	1.353	1.340	1.901	3.508	1.403
F (000)	5320	3260	3780	8103	3459
R_{int}	0.0426	0.0419	0.0597	0.0416	0.0380
GOF(F^2)	1.039	1.082	2.333	2.210	1.124
T_{max}, T_{min}	0.819, 0.704	0.826, 0.711	0.837, 0.716	0.824, 0.706	0.817, 0.718
R_1^a, wR_2^b (I>2σ(I))	0.0723, 0.1867	0.1146, 0.3060	0.1844, 0.3928	0.1392, 0.3995	0.1060, 0.2639
R_1^a, wR_2^b (all data)	0.0928, 0.2067	0.1261, 0.3167	0.2131, 0.4232	0.1570, 0.4150	0.1187, 0.2725

a：$R_1 = [||Fo| - |Fc||]/|Fo|$；

b：$wR_2 = \{[w[(Fo)^2 - (Fc)^2]^2]/[w(Fo^2)^2]\}^{1/2}$；$w = [(Fo)^2 + (AP)^2 + BP]^{-1}$；$P = [(Fo)^2 + 2(Fc)^2]/3$。

　　另外，由于化合物 4RR/4SS 和化合物 5RR/5SS 的单晶质量欠佳，我们未能获得完美的单晶数据。

　　X 射线单晶衍射分析表明化合物 3 是一个以 Mn$_4$Mo$_2$ 为单元的六核结构，它结晶在单斜 C2/c 空间群中。如图 2.14 所示，每个不对称单元包含 2 个 [Mo^{III}(CN)$_7$]$^{4-}$ 阴离子、4 个 [Mn(bztpen)]$^{2+}$ 离子以及

20.5 个游离 H$_2$O 分子。用 SHAPE 计算可知 MoA 和 MoB 均处于扭曲的五角双锥构型，畸变比较严重，与理想的 D$_{5h}$ 对称性的 CShMs 偏离值分别为 2.220 和 1.609。2 个 [Mo^{III}(CN)$_7$]$^{4-}$ 单元的 Mo—C 键长的范围分别为 2.060（2）~2.173（2）Å 和 2.118（2）~2.186（2）Å，Mo—C≡N 键角范围分别为 159.4（2）°~178.3（2）°和 153.5（2）°~177.6（2）°，扭曲比较明显。两个轴向氰根的角度 C$_{ax}$—Mo—C$_{ax}$ 分别是 179.6（7）°和 177.8（6）°，相邻两个赤道平面氰根的角度 C$_{eq}$—Mo—C$_{eq}$ 范围分别为 71.6（6）°~75.8（7）°和 71.2（6）°~74.7（6）°，轴向和赤道平面氰根的角度 C$_{ax}$—Mo—C$_{eq}$ 范围分别为 77.2（7）°~102.4（6）°和 75.9（7）°~101.9（7）°，相比理想的 90°偏差较大。

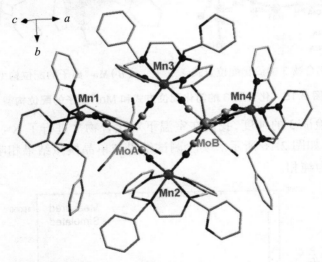

图 2.14　化合物 3 的六核结构（为清晰起见，略去氢原子和溶剂分子）

为了更好地描述 3 的配位方式，我们对其结构进行了简化，如图 2.15（a）所示。两个 [Mo^{III}(CN)$_7$]$^{4-}$ 单元分别通过一个轴向氰根（C1A—N1A 和 C2B—N2B）和 Mn1、Mn2 离子配位，通过两个相邻的赤道平面氰根（C3A—N3A 和 C4A—N4A、C3B—N3B 和 C4B—N4B）分别和 Mn3、Mn4 配位。因此，2 个 [Mo^{III}(CN)$_7$]$^{4-}$ 单元通过 Mn3 和 Mn4 而连接，形成了化合物的六核结构。化合物 3 中的 4 个 Mn^{II} 离子均为六配位，但有 2 种类型：Mn1 和 Mn2 的 5 个 N 原子来源于配体 bztpen，还有一个来源于 [Mo^{III}(CN)$_7$]$^{4-}$ 阴离子的轴向氰根；Mn3 和 Mn4 的 4 个 N 原子来源于配体 bztpen，还有 2 个来源于 [Mo^{III}(CN)$_7$]$^{4-}$

单元的两个赤道平面氰根,如图 2.15(b)所示。这 4 个 Mn^{II} 离子均为八面体配位构型,但是相比于理想的 O_h 对称性偏离较大,CShMs 值分别为 3.667、3.000、2.001 和 1.485。配位键长 $Mn—N_{lig}$ 为 2.217(12)~2.390(1)Å, $Mn—N_{ax}$ 为 2.065(2)~2.163(2)Å。该化合物的 $Mn—N≡C$ 键角明显扭曲,为 147.4(1)°~172.8(1)°。通过氰根桥联,所有 Mo^{III} 和 Mn^{II} 离子之间的距离为 5.207(2)~5.407(2)Å。

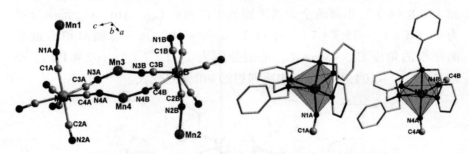

(a)化合物 3 的简化配位方式   (b)Mn^{II} 离子的配位构型

图 2.15   化合物 3 的简化配位方式和 Mn^{II} 离子的配位构型

为了验证 3 的纯度,我们在室温下对化合物 3 进行了 X– 射线粉末衍射表征,如图 2.16 所示。实验测试结果与单晶模拟结果相吻合,说明该化合物为纯相。

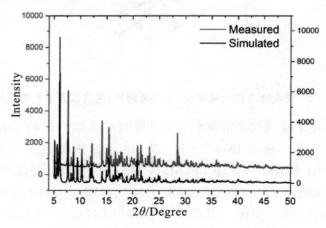

图 2.16   化合物 3 的 X– 射线粉末衍射数据

化合物 4RR/4SS 和化合物 5RR/5SS 都是深棕色块状晶体,且 X 射线单晶衍射数据表明它们为同晶结构,均是以 Mo_2M_8(M = Fe^{2+}、Ni^{2+})为单元的十核结构,在此我们以 4RR 为例说明其结构。化合物 4RR 的单

晶结晶在单斜 $P2_1/c$ 空间群中，每个不对称单元包含一个 $[Mo^Ⅲ(CN)_7]^{4-}$ 阴离子、4 个 $[Fe(RR-Ph_2en)]^{2+}$ 离子、4 个 $(m_2-OH)^-$ 阴离子、4 个配位水分子、以及两个游离 MeCN 分子和 10 个游离 H_2O 分子，其配位方式如图 2.17 所示。整体而言，该化合物具有一个双层的四角双锥构型。其中两个 $[Mo^Ⅲ(CN)_7]^{4-}$ 单元分别位于双层四角双锥的两个顶点，分别通过四个氰根和四个通过 $(m_2-OH)^-$ 阴离子桥联的 Fe_2 基元相配位，构成了整个化合物的 Mo_2Fe_8 十核结构。

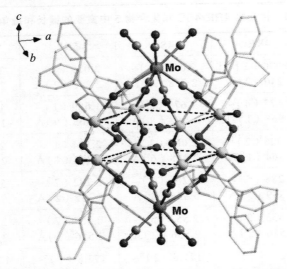

图 2.17 化合物 4RR/4SS–5RR/4SS 的十核结构（略去氢原子和溶剂分子）

在这 4 种化合物中，Mo^Ⅲ离子的配位环境均为七配位扭曲单帽八面体，而 3d 金属离子（M = Fe^{2+}, Ni^{2+}）均处于六配位扭曲八面体，我们用 SHAPE 计算了它们相对于理想构型的偏差值，结果见表 2.5 所列。由于这一系列化合物的产率非常低，且同一试管中有多种晶体生成，其中杂质晶体占大多数，此外，挑出的规则晶体也容易被空气氧化，这些困难都使我们很难得到大量的单晶样品。因此我们没办法对它们进行其他化学表征，如红外、元素分析、XRD、磁性测量等。表 2.6 所列为化合物 4RR/4SS 和化合物 5RR/5SS 中重要的键长和键角范围。

表 2.5　化合物 4RR/4SS 和化合物 5 中金属离子的 CShMs 计算结果

金属离子	构型	4RR	4SS	5RR	5SS
Mo1	单帽八面体	1.563	1.558	1.700	1.771
Fe1/Ni1		1.273	1.278	1.293	1.367
Fe2/Ni2	八面体	1.184	1.096	1.327	1.054
Fe3/Ni3		1.070	1.112	1.370	1.211
Fe4/Ni4		1.262	1.210	1.025	1.257

表 2.6　化合物 4RR/4SS 和化合物 5 中重要的键长和键角范围

键	4RR	4SS	5RR	5SS
Mo^{III}—C	2.070（2）~ 2.240（2）Å	2.043（1）~ 2.218（4）Å	2.039（1）~ 2.242（2）Å	2.050（1）~ 2.197（1）Å
M^{II}—O	1.677（4）~ 1.968（1）Å	1.679（5）~ 1.964（8）Å	1.680（1）~ 1.965（9）Å	1.676（8）~ 1.958（7）Å
M^{II}—N	2.006（2）~ 2.364（1）Å	2.067（3）~ 2.368（6）Å	2.104（1）~ 2.366（1）Å	2.093（1）~ 2.364（9）Å
Mo^{III}—M^{II}	5.288（5）~ 5.339（5）Å	5.281（8）~ 5.336（5）Å	5.282（2）~ 5.332（2）Å	5.280（7）~ 5.338（5）Å
M^{II}—M^{II}	2.553（2）~ 2.556（2）Å	2.553（5）~ 2.556（2）Å	2.553（2）~ 2.556（2）Å	2.553（2）~ 2.556（1）Å
Mo—C≡N	172.0（5）°~ 177.5（5）°	171.8（2）°~ 177.4（6）°	172.8（1）°~ 177.0（1）°	171.5（1）°~ 177.9（9）°
Mn—N≡C	163.3（2）°~ 166.8（2）°	161.7（3）°~ 167.0（4）°	159.4（1）°~ 167.2（1）°	161.8（9）°~ 167.2（1）°

2.3.3　化合物 3 的磁学性质

化合物 3 在 1 kOe 直流场下的变温直流磁化率如图 2.18（a）所示。在 300 K 时,3 的 $\chi_M T$ 值是 17.39 $cm^3 kmol^{-1}$,略低于 Mo_2Mn_4 单元的净自旋化合物 3 在 1 kOe 直流场下的变温直流磁化率。在 300 K 时,3 的 $\chi_M T$ 值是 17.39 $cm^3 kmol^{-1}$,略低于 Mo_2Mn_4 单元的净自旋值 18.25 $cm^3 kmol^{-1}$（$\chi_M T = 4[S_{Mn}(S_{Mn}+1)/2] + 2[S_{Mo}(S_{Mo}+1)/2]$,低自旋 Mo^{III}: $S_{Mo} = 1/2$;高自旋 Mn^{II}: $S_{Mn} = 5/2, g = 2.0$）。随着温度的降低,该化合物的 $\chi_M T$ 值先缓慢平稳增加,然后突然增大到

最大值 26.18 cm^3kmol^{-1}（5 K），随后又急剧下降至 10.17 cm^3kmol^{-1}（2 K）。因此对 50~300 K 的磁化率数据进行 Curie-Weiss 拟合，必然得到正值的外斯常数 θ（6.58 K），居里常数 C 为 16.94 cm^3kmol^{-1}。但是，低自旋 $Mo^{Ⅲ}$ 离子和高自旋 $Mn^{Ⅱ}$ 离子发生耦合时，是 t_{2g}-t_{2g} 轨道上的单电子通过氰根配体耦合，这表明金属离子之间应该为反铁磁相互作用。我们推断该化合物的 $\chi_M T$–T 曲线在更高温度区域才具有随着温度降低而减小的趋势。严格地说，对 50~300 K 的磁化率数据拟合得到的正 θ 值应该是一个"假"值，并不能反应顺磁离子之间的磁耦合作用。此外，由于结构的复杂性，且 [Mo^Ⅲ(CN)₇]^{4−} 单元具有磁各向异性，氰根配体又有轴向和赤道平面两种环境，该化合物中的磁耦合情况比较复杂，我们无法根据磁化率数据拟合得到其磁耦合常数。

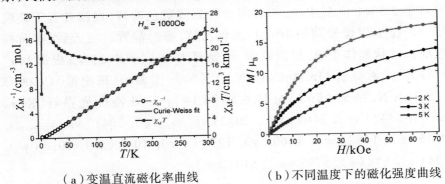

（a）变温直流磁化率曲线　　　　　（b）不同温度下的磁化强度曲线

图 2.18　化合物 3 的变温直流磁化率曲线和不同温度下的磁化强度曲线

此外，我们还测试了化合物 3 在 2.0 K、3.0 K 和 5.0 K 时磁化强度曲线，如图 2.18（b）所示。磁化强度随着外加场的增大而增大，速度由快到慢。在 70 kOe 时，三个温度下的磁化强度值依次为 17.20 μ_B、13.79 μ_B 和 10.88 μ_B，还没有达到饱和。化合物 3 具有较大的自旋基态（$S = 9$），这使得它很可能具有缓慢的磁弛豫。然而，化合物 3 的交流磁化率结果并没有出现虚部的信号，说明化合物 3 只是一个简单的顺磁体，不具备单分子磁体行为。

2.4   基于 $[Mo^{III}(CN)_7]^{4-}$ 构筑块的一维化合物

2.4.1   化合物 6 的合成

下面以 $[Mn^{II}(tren)]_2[Mo^{III}(CN)_7]\cdot 5H_2O$（化合物 6）的合成为例。将 $K_4Mo(CN)_7\cdot 2H_2O$（0.05 mmol, 23.5 mg）溶解于 2.5 mL 无氧水中，$Mn(OAc)_2\cdot 4H_2O$（0.15 mmol, 37 mg）和 tren（0.2 mmol, 29.2 mg）溶解于 2.5 mL 无氧水中，两者混合得到浅黄色溶液，过滤并置于玻璃瓶中。在上层缓慢滴加 10 mL 无氧乙腈，密封静置。三天后，有黄棕色细长针状晶体生成，过滤收集，干燥得 10 mg，产率 25%（根据 Mo^{3+} 计算）。元素分析 $Mn_2MoC_{19}H_{48}N_{15}O_6$（%）：实验值（理论值）C, 28.85（28.94）；N, 26.59（26.65）；H, 6.28（6.14）。红外特征光谱峰（KBr, cm^{-1}）：3342（vs），3167（vs），2082（vs, $\nu_{C\equiv N}$），2041（vs, $\nu_{C\equiv N}$），1595（s），1468（w），1400（s），1234（vw），1068（w），1026（w），974（s），878（s），579（vw），514（vw）。

2.4.2 化合物 6 的晶体结构

化合物 6 的晶体结构收集和精修参数见表 2.7 所列，部分键长键角见附表 2.13。

表 2.7   化合物 6 的晶体结构数据和精修参数

晶体结构数据和精修参数	化合物 6
Formula	$Mn_2MoC_{19}H_{48}N_{15}O_6$
M [g mol^{-1}]	788.50
Crystal system	Othorhombic
Space group	$P2_12_12_1$
a [Å]	9.416（2）
b [Å]	17.015（4）

续表

晶体结构数据和精修参数	化合物 6
c [Å]	20.688（5）
α [°]	90
β [°]	90
γ [°]	90
V [Å^3]	3314.3（14）
Z	4
T [K]	173
ρ_{calcd} [g cm^{-3}]	1.480
F（000）	1433
R_{int}	0.0606
GOF（F^2）	1.069
$T_{\text{max}}/T_{\text{min}}$	0.783, 0.706
R_1^{a}, wR_2^{b}（I>2σ（I））	0.1329, 0.3181
R_1^{a}, wR_2^{b}（all data）	0.1450, 0.3266

a：$R_1 = [\|\|Fo\| - |Fc\|\|]/|Fo|$；

b：$wR_2 = \{[w[（Fo）^2 - （Fc）^2]^2]/[w（Fo^2）^2]\}^{1/2}$；$w = [（Fo）^2 + （AP）^2 + BP]^{-1}$，$P = [（Fo）^2 + 2（Fc）^2]/3$。

化合物 6 是深棕色针状晶体，结晶在正交 $P2_12_12_1$ 空间群中，其不对称单元包含 1 个 [Mo^{III}（CN）$_7$]$^{4-}$ 阴离子、2 个 [Mn（tren）]$^{2+}$ 阳离子以及 5 个游离 H$_2$O 分子 [图 2.19（a）]。该一维链中，Mo1 处于畸变的五角双锥构型，CShMs 偏离值为 0.355。每个 Mo1 分别通过一个轴向氰根和 3 个相邻的赤道平面氰根与一个 Mn2 及 3 个 Mn1 相连接，还有 3 个未配位的终端氰根离子。Mn1 和 Mn2 都处于六配位的八面体构型，CShMs 偏离值分别为 1.041 和 3.564。Mn1 的 4 个 N 原子来源于配体 tren，其余两个来源于 [Mo^{III}（CN）$_7$]$^{4-}$ 构筑块；Mn2 的 3 个 N 原子来源于配体 tren，其余 3 个由 [Mo^{III}（CN）$_7$]$^{4-}$ 构筑块提供。有趣的是，化合物中有两种配位构型的 tren 配体，其中一个全部和 Mn2 配位，而另一个 tren 配体并未使用全部 3 个 N 原子和 Mn1 配位，而是使用其中一个氨基和 Mn1 发生配位。该化合物的 Mo—C 和 Mn—N 配位键长均在正常的范围内，Mo—C≡N 键角接近于线性，而 Mn—N≡C 键角相对发生了较大的扭曲，详细的键长键角信息见附表 2.13。如图 2.19（b）和 2.19（c）所示，该化合物沿着 a 轴方向通过氰基连接成一维梯状链。其中，Mo1 和 Mn1 通过氰根桥联形成褶皱链的主体，Mn2 通过另一个氰基桥联悬挂在链的上下两侧。通过氰根连接，Mo^{III} 和 Mn^{II} 离子之间的距离为 4.991（1）~5.363（1）Å。

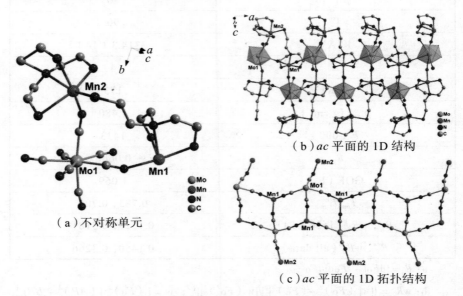

（a）不对称单元

（b）ac 平面的 1D 结构

（c）ac 平面的 1D 拓扑结构

图 2.19　化合物 6 的结构（为清晰起见，略去了氢原子和溶剂分子）

该化合物 X– 射线粉末衍射测试结果如图 2.20 所示，实验测试结果与单晶模拟结果基本吻合，说明我们得到的晶体样品为纯相。

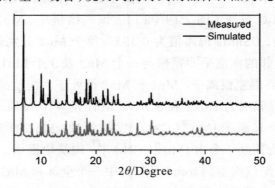

图 2.20　化合物 6 的 X– 射线粉末衍射数据

2.4.3　化合物 6 的磁学性质

化合物 6 的变温磁化率曲线如图 2.21（a）所示，$\chi_M T$ 值随着温度的降低先缓慢增加，然后在 50 K 下快速增加，至 9.6 K 时达到最大值 132.35 cm^3kmol^{-1}，最后又急剧减小。在 300 K 时，$\chi_M T$ 值为 9.20 cm^3kmol^{-1}，接近 Mn_2Mo 单元的净自旋值 9.125 cm^3kmol^{-1}（$\chi_M T=$ $2[S_{Mn}(S_{Mn}+1)/2]+[S_{Mo}(S_{Mo}+1)/2]$，低自旋 Mo^{III}：$S_{Mo}=1/2$；高自旋 Mn^{II}：$S_{Mn}=5/2$，$g=2.0$）。和化合物 3 类似，对 50 K 以上的磁化率数据进行 Curie-Weiss 拟合得到 "假" 的居里常数 C 和外斯常数 θ（8.99 cm^3kmol^{-1} 和 6.16 K）。实际上，顺磁金属离子之间为反铁磁耦合。此外，我们在 1.80 K 时测试了该化合物在的磁化强度曲线和磁滞回线，如图 2.21（b）所示。其磁化强度值随着外加直流场的增大先快速然后缓慢增大。70 kOe 时，磁化强度为 7.92 μ_B，还远没有达到饱和，这说明该体系具有较强的磁各向异性。该化合物具有一个较明显的磁滞回线，矫顽场和剩磁分别为 4082 Oe 和 4.16 μ_B。我们发现磁滞回线上出现台阶，很可能是由于低温下量子隧穿效应或测量时小样品的轻微转动导致的。

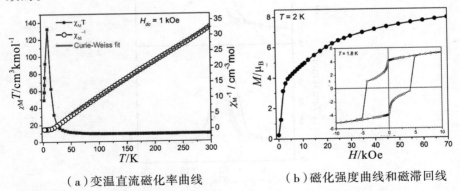

（a）变温直流磁化率曲线　　　　（b）磁化强度曲线和磁滞回线

图 2.21　化合物 6 的变温直流磁化率曲线、磁化强度曲线和磁滞回线

为了研究该化合物低温下的磁学行为，我们分别在 $H_{dc}=10$ Oe 以及 $H_{dc}=0$ Oe，$H_{ac}=2$ Oe 时测试了化合物 6 的场冷/零场冷（FC/ZFC）曲线和交流磁化率曲线，结果如图 2.22 所示。FC 和 ZFC 曲线在高温区完全重合，随着温度的降低，在 13 K 时曲线开始迅速上升，但依旧重合,随后在 6 K 附近开始出现分叉。其交流磁化率曲线在不同频率下的实部和虚部均有信号,且有一定的频率依赖,其实部的 Mydosh 偏移因子为 $\varphi = 0.04$。该值小于 0.1,属于自旋玻璃的范围。[26] 因此,尽管该化合物是一条一维链,但可能链间不可忽略的磁相互作用,使得它并没有表现出单链磁体的性质,而是在 13 K 以下发生了磁有序,且具有一定的自旋玻璃行为。

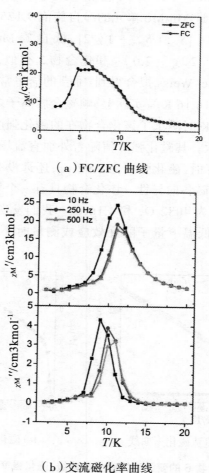

（a）FC/ZFC 曲线

（b）交流磁化率曲线

图 2.22　化合物 6 的场冷／零场冷（FC/ZFC）曲线和交流磁化率曲线

2.5　本章小结

本章分三小节分别介绍了基于 $[Mo^{III}(CN)_7]^{4-}$ 构筑块的三核(化合物 1)、五核(化合物 2)、六核(化合物 3)和十核(化合物 4RR/4SS 和化合物 5RR/5SS)零维团簇以及一例一维梯状链化合物(化合物 6),这些化合物都是通过金属离子、配体和 $[Mo^{III}(CN)_7]^{4-}$ 构筑块自组装得到的。其中,化合物 1 和化合物 2 中金属离子之间具有反铁磁相互作用,化合物 1 具有缓慢磁弛豫的行为,为单分子磁体;而对于化合物 2 而言,尽管其结构中 $[Mo^{III}(CN)_7]^{4-}$ 构筑块处于较理想的五角双锥构型,磁性测量表明它只是一个简单的顺磁体。化合物 3 的金属离子之间可能具有反铁磁相互作用,但它也是个顺磁体。化合物 4RR/4SS 和化合物 5RR/5SS 系列化合物在结构上很有特色,整体形成一个双层的四角双锥构型,但由于样品产率极低,重复上有一定的困难,因此还没有详细研究它们的磁学性质。化合物 6 为罕见的基于 $[Mo^{III}(CN)_7]^{4-}$ 单元的一维梯状链结构,然而由于链间不可忽略的磁相互作用,使得该化合物表现出磁有序的现象,而不是单链磁体。本章的实验结果符合并进一步证实了我们之前的实验结论和理论分析结果,即只有当 $[Mo^{III}(CN)_7]^{4-}$ 构筑块处于五角双锥构型,且通过轴向的两个氰根和其他顺磁离子发生磁相互作用时,化合物才可能表现出单分子磁体的性质。

参考文献

[1] WANG X Y, AVENDAÑO C, DUNBAR K R. Molecular magnetic materials based on 4d and 5d transition metals[J]. Chemical

Society Reviews, 2011, 40(6): 3213-3238.

[2] SHATRUK M, AVENDANO C, DUNBAR K R. Cyanide-bridged complexes of transition metals: A molecular magnetism perspective[J]. Progress in inorganic chemistry, 2009, 56: 155-334.

[3] CHIBOTARU L F, HENDRICKX M F A, CLIMA S, et al. Magnetic anisotropy of $[Mo(CN)_7]^{4-}$ anions and fragments of cyano-bridged magnetic networks[J]. The Journal of Physical Chemistry A, 2005, 109(32): 7251-7257.

[4] MIRONOV V S. Origin of Dissimilar Single-Molecule Magnet Behavior of Three $Mn_2^{II} Mo^{III}$ Complexes Based on $[Mo^{III}(CN)_7]^{4-}$ Heptacyanomolybdate: Interplay of Mo^{III}–CN–Mn^{II} Anisotropic Exchange Interactions[J]. Inorganic Chemistry, 2015, 54(23): 11339-11355.

[5] MIRONOV V S. New approaches to the problem of high-temperature single-molecule magnets[C].Doklady Physical Chemistry. Nauka/Interperiodica, 2006, 408: 130-136.

[6] KAHN O. Magnetic anisotropy in molecule–based magnets[J]. Philosophical Transactions of the Royal Society of London. Series A: Mathematical, Physical and Engineering Sciences, 1999, 357(1762): 3005-3023.

[7] KAHN O, LARIONOVA J, OUAHAB L. Magnetic anisotropy in cyano-bridged bimetallic ferromagnets synthesized from the $[Mo(CN)_7]^{4-}$ precursor[J]. Chemical Communications, 1999 (11): 945-952.

[8] MIRONOV V S, CHIBOTARU L F, CEULEMANS A. Mechanism of a Strongly Anisotropic Mo^{III}–CN–Mn^{II} Spin–Spin Coupling in Molecular Magnets Based on the $[Mo(CN)_7]^{4-}$ Heptacyanometalate: A New Strategy for Single-Molecule Magnets with High Blocking Temperatures[J]. Journal of the American Chemical Society, 2003, 125(32): 9750-9760.

[9] AGUILÀ D, PRADO Y, KOUMOUSI E S, et al. Switchable Fe/Co Prussian blue networks and molecular analogues[J]. Chemical Society Reviews, 2016, 45(1): 203-224.

[10] PINKOWICZ D, PODGAJNY R, NOWICKA B, et al. Magnetic clusters based on octacyanidometallates[J]. Inorganic Chemistry Frontiers, 2015, 2(1): 10-27.

[11] NOWICKA B, KORZENIAK T, STEFAŃCZYK O, et al. The impact of ligands upon topology and functionality of octacyanidometallate-based assemblies[J]. Coordination Chemistry Reviews, 2012, 256(17-18): 1946-1971.

[12] LARIONOVA J, KAHN O, GOHLEN S, et al. Structure, Ferromagnetic Ordering, Anisotropy, and Spin Reorientation for the Two-Dimensional Cyano-Bridged Bimetallic Compound K$_2$Mn$_3$(H$_2$O)$_6$[Mo(CN)$_7$]$_2 \cdot$ 6H$_2$O[J]. Journal of the American Chemical Society, 1999, 121(14): 3349-3356.

[13] TANASE S, TUNA F, GUIONNEAU P, et al. Substantial Increase of the Ordering Temperature for {Mn^{II}/Mo^{III}(CN)$_7$}-Based Magnets as a Function of the 3d Ion Site Geometry: Example of Two Supramolecular Materials with T_c= 75 and 106 K[J]. Inorganic chemistry, 2003, 42(5): 1625-1631.

[14] MILON J, DANIEL M C, KAIBA A, et al. Nanoporous magnets of chiral and racemic [{Mn(HL)}$_2$Mn{Mo(CN)$_7$}$_2$] with switchable ordering temperatures (T_c= 85 K↔ 106 K) driven by H$_2$O sorption (L= N, N-dimethylalaninol)[J]. Journal of the American Chemical Society, 2007, 129(45): 13872-13878.

[15] WEI X Q, PI Q, SHEN F X, et al. Syntheses, structures, and magnetic properties of three new Mn^{II}–[Mo^{III}(CN)$_7$]$^{4-}$ molecular magnets[J]. Dalton Transactions, 2018, 47(34): 11873-11881.

[16] WANG X Y, PROSVIRIN A V, DUNBAR K R. A docosanuclear {Mo$_8$Mn$_{14}$} cluster based on [Mo(CN)$_7$]$^{4-}$[J]. Angewandte Chemie International Edition, 2010, 49(30): 5081-5084.

[17] QIAN K, HUANG X C, ZHOU C, et al. A single-molecule magnet based on heptacyanomolybdate with the highest energy barrier for a cyanide compound[J]. Journal of the American Chemical Society, 2013, 135(36): 13302-13305.

[18] WU D Q, SHAO D, WEI X Q, et al. Reversible On–Off Switching of a Single-Molecule Magnet via a Crystal-to-Crystal Chemical Transformation[J]. Journal of the American Chemical Society, 2017, 139(34): 11714-11717.

[19] WEI X Q, QIAN K, WEI H Y, et al. A One-Dimensional Magnet Based on [Mo III (CN)$_7$]$^{4-}$ [J]. Inorganic Chemistry, 2016, 55(11): 5107-5109.

[20] WANG K, XIA B, WANG Q L, et al. Slow magnetic relaxation based on the anisotropic Ising-type magnetic coupling between the Mo III and Mn II centers[J]. Dalton Transactions, 2017, 46(4): 1042-1046.

[21] YOUNG R C. A Complex Cyanide of Trivalent Molybdenum[J]. Journal of the American Chemical Society, 1932, 54(4): 1402-1405.

[22] 钱坤. 基于 [Mo(CN)$_7$]$^{4-}$ 的分子磁体的设计合成及性质研究 [D]. 南京: 南京大学, 2013.

[23] 卫晓琴. 基于 [Mo(CN)$_7$]$^{4-}$ 分子磁性材料的研究 [D]. 南京: 南京师范大学, 2016.

[24] LLUNELL M, CASANOVA D, CIRERA J, et al. SHAPE, version 2.1[J]. Universitat de Barcelona, Barcelona, Spain, 2013, 2103.

[25] CHILTON N F, ANDERSON R P, TURNER L D, et al. PHI: A powerful new program for the analysis of anisotropic monomeric and exchange - coupled polynuclear d - and f - block complexes[J]. Journal of Computational Chemistry, 2013, 34(13): 1164-1175.

[26] MYDOSH J A. Spin glasses: an experimental introduction[M]. CRC Press, 1993.

[27] FREEDMAN D E, JENKINS D M, IAVARONE A T, et al. A redox-switchable single-molecule magnet incorporating [Re (CN) 7] 3[J]. Journal of the American Chemical Society, 2008, 130(10): 2884-2885.

[28] SAMSONENKO D G, PAULSEN C, LHOTEL E, et al. [Mn III (Schiff base)]$_3$[Re IV (CN)$_7$], highly anisotropic 3D coordination

framework: Synthesis, crystal structure, magnetic investigations, and theoretical analysis[J]. Inorganic Chemistry, 2014, 53(19): 10217-10231.

[29] TAMURA M, URANO Y, KIKUCHI K, et al. Synthesis and superoxide dismutase activity of novel iron complexes[J]. Journal of Organometallic Chemistry, 2000, 611(1-2): 586-592.

附表 2.1 化合物 1 的部分键长

化合物 1	键长 /Å	化合物 1	键长 /Å	化合物 1	键长 /Å
Mo（1A）—C（1A）	2.102（18）	Mn（1A）—N（1A）	2.132（14）	Mn（2A）—N（2A）	2.147（17）
Mo（1A）—C（2A）	2.21（3）	Mn（1A）—N（8A）	2.429（14）	Mn（2A）—N（14A）	2.434（14）
Mo（1A）—C（3A）	2.18（3）	Mn（1A）—N（9A）	2.405（16）	Mn（2A）—N（15A）	2.377（13）
Mo（1A）—C（4A）	2.15（2）	Mn（1A）—N（10A）	2.325（17）	Mn（2A）—N（16A）	2.412（16）
Mo（1A）—C（5A）	2.22（3）	Mn（1A）—N（11A）	2.454（15）	Mn（2A）—N（17A）	2.320（17）
Mo（1A）—C（6A）	2.18（3）	Mn（1A）—N（12A）	2.409（16）	Mn（2A）—N（18A）	2.318（18）
Mo（1A）—C（7A）	2.21（3）	Mn（1A）—N（13A）	2.287（15）	Mn（2A）—N（19A）	2.480（15）
Mo（1B）—C（1B）	2.16（3）	Mn（1B）—N（1B）	2.112（18）	Mn（2B）—N（2B）	2.139（16）
Mo（1B）—C（2B）	2.15（2）	Mn（1B）—N（8B）	2.360（16）	Mn（2B）—N（14B）	2.411（12）
Mo（1B）—C（3B）	2.16（2）	Mn（1B）—N（9B）	2.466（15）	Mn（2B）—N（15B）	2.371（14）
Mo（1B）—C（4B）	2.14（3）	Mn（1B）—N（10B）	2.500（16）	Mn（2B）—N（16B）	2.292（13）
Mo（1B）—C（5B）	2.07（2）	Mn（1B）—N（11B）	2.336（15）	Mn（2B）—N（17B）	2.433（16）
Mo（1B）—C（6B）	2.11（3）	Mn（1B）—N（12B）	2.274（16）	Mn（2B）—N（18B）	2.518（15）
Mo（1B）—C（7B）	2.12（3）	Mn（1B）—N（13B）	2.380（16）	Mn（2B）—N（19B）	2.359（16）

附表 2.2 化合物 1 的部分键角

化合物 1	键角 /°	化合物 1	键角 /°
C（1A）—Mo（1A）—C（6A）	88.3（7）	N（1B）—Mn（1B）—N（13B）	84.0（6）
C（1A）—Mo（1A）—C（7A）	90.2（6）	N（1B）—Mn（1B）—N（10B）	80.2（6）

续表

化合物 1	键角 /°	化合物 1	键角 /°
C（1A）—Mo（1A）—C（3A）	97.3（6）	N（9B）—Mn（1B）—N（10B）	125.3（6）
C（1A）—Mo（1A）—C（5A）	87.0（6）	N（8B）—Mn（1B）—N（9B）	73.9（5）
C（1A）—Mo（1A）—C（4A）	85.7（6）	N（8B）—Mn（1B）—N（13B）	129.8（6）
C（1A）—Mo（1A）—C（2A）	178.4（7）	N（8B）—Mn（1B）—N（10B）	67.6（6）
C（6A）—Mo（1A）—C（7A）	69.3（7）	N（12B）—Mn（1B）—N（9B）	71.1（6）
C（6A）—Mo（1A）—C（3A）	138.7（8）	N（12B）—Mn（1B）—N（8B）	104.9（6）
C（6A）—Mo（1A）—C（5A）	72.8（8）	N（12B）—Mn（1B）—N（11B）	170.3（6）
C（7A）—Mo（1A）—C（5A）	142.1（7）	N（12B）—Mn（1B）—N（13B）	91.3（5）
C（3A）—Mo（1A）—C（7A）	69.7（7）	N（12B）—Mn（1B）—N（10B）	82.9（5）
C（3A）—Mo（1A）—C（5A）	148.1（7）	N（11B）—Mn（1B）—N（9B）	99.2（5）
C（4A）—Mo（1A）—C（6A）	148.6（7）	N（11B）—Mn（1B）—N（8B）	71.4（6）
C（4A）—Mo（1A）—C（7A）	141.3（7）	N（11B）—Mn（1B）—N（13B）	84.7（5）
C（4A）—Mo（1A）—C（3A）	72.7（7）	N（11B）—Mn（1B）—N（10B）	103.4（5）
C（4A）—Mo（1A）—C（5A）	76.2（7）	N（13B）—Mn（1B）—N（9B）	67.1（5）
C（2A）—Mo（1A）—C（6A）	91.0（7）	N（13B）—Mn（1B）—N（10B）	162.7（6）
C（2A）—Mo（1A）—C（7A）	90.9（7）	C（2B）—Mo（1B）—C（3B）	90.2（7）
C（2A）—Mo（1A）—C（3A）	84.2（7）	C（1B）—Mo（1B）—C（2B）	178.3（7）

续表

化合物 1	键角 /°	化合物 1	键角 /°
C（2A）—Mo（1A）—C（5A）	91.4（7）	C（1B）—Mo（1B）—C（3B）	91.4（7）
C（2A）—Mo（1A）—C（4A）	94.1（7）	C（4B）—Mo（1B）—C（2B）	91.1（7）
N（9A）—Mn（1A）—N（12A）	68.5（6）	C（4B）—Mo（1B）—C（1B）	90.1（7）
N（9A）—Mn（1A）—N（8A）	73.8（5）	C（4B）—Mo（1B）—C（3B）	68.7（8）
N（9A）—Mn（1A）—N（11A）	124.1（6）	C（7B）—Mo（1B）—C（2B）	88.2（7）
N（12A）—Mn（1A）—N（8A）	130.6（6）	C（7B）—Mo（1B）—C（1B）	91.7（7）
N（12A）—Mn（1A）—N（11A）	162.3（6）	C（7B）—Mo（1B）—C（4B）	141.5（8）
N（1A）—Mn（1A）—N（9A）	145.0（5）	C（7B）—Mo（1B）—C（3B）	72.9（8）
N（1A）—Mn（1A）—N（12A）	80.9（6）	C（6B）—Mo（1B）—C（2B）	86.5（7）
N（1A）—Mn（1A）—N（13A）	91.0（5）	C（6B）—Mo（1B）—C（1B）	91.8（7）
N（1A）—Mn（1A）—N（10A）	95.8（5）	C（6B）—Mo（1B）—C（4B）	143.1（8）
N（1A）—Mn（1A）—N（8A）	141.2（5）	C（6B）—Mo（1B）—C（7B）	75.2（8）
N（1A）—Mn（1A）—N（11A）	82.9（6）	C（6B）—Mo（1B）—C（3B）	148.0（7）
N（13A）—Mn（1A）—N（9A）	72.6（5）	C（5B）—Mo（1B）—C（2B）	93.4（7）
N（13A）—Mn（1A）—N（12A）	89.5（5）	C（5B）—Mo（1B）—C（1B）	85.8（7）
N（13A）—Mn（1A）—N（10A）	168.0（5）	C（5B）—Mo（1B）—（C4B）	69.7（8）
N（13A）—Mn（1A）—N（8A）	108.7（5）	C（5B）—Mo（1B）—（C7B）	148.7（8）

续表

化合物 1	键角 /°	化合物 1	键角 /°
N(13A)—Mn(1A)—N（ 11A ）	83.6（5）	C（5B）—Mo（1B）—（C6B）	73.7（8）
N(10A)—Mn(1A)—N（ 9A ）	96.4（5）	C（5B）—Mo（1B）—（C3B）	138.3（8）
N(10A)—Mn(1A)—N（ 12A ）	81.9（5）	N（2B）—Mn（2B）—N（16B）	92.6（5）
N(10A)—Mn(1A)—N（ 8A ）	71.7（5）	N（2B）—Mn（2B）—N（17B）	82.0（6）
N(10A)—Mn(1A)—N（ 11A ）	107.0（5）	N（2B）—Mn（2B）—N（14B）	146.3（5）
N（8A）—Mn（1A）—N（ 11A ）	67.0（6）	N（2B）—Mn（2B）—N（15B）	139.6（6）
N(14A)—Mn(2A)—N（ 19A ）	126.8（6）	N（2B）—Mn（2B）—N（19B）	97.6（5）
N(17A)—Mn(2A)—N（ 14A ）	71.6（6）	N（2B）—Mn（2B）—N（18B）	80.4（7）
N(17A)—Mn(2A)—N（ 15A ）	103.3（6）	N（16B）—Mn（2B）—N（17B）	91.1（5）
N(17A)—Mn(2A)—N（ 19A ）	83.2（6）	N（16B）—Mn（2B）—N（14B）	71.5（5）
N(17A)—Mn(2A)—N（ 16A ）	93.3（5）	N（16B）—Mn（2B）—N（15B）	106.2（5）
N(15A)—Mn(2A)—N（ 14A ）	73.6（5）	N（16B）—Mn（2B）—N（19B）	167.6（5）
N(15A)—Mn(2A)—N（ 19A ）	67.8（5）	N（16B）—Mn（2B）—N（18B）	83.6（5）
N(15A)—Mn(2A)—N（ 16A ）	130.7（6）	N（17B）—Mn（2B）—N（18B）	161.4（6）
N(18A)—Mn(2A)—N（ 14A ）	97.9（5）	N（14B）—Mn（2B）—N（17B）	69.1（5）
N(18A)—Mn(2A)—N（ 17A ）	169.4（6）	N（14B）—Mn（2B）—N（18B）	125.1（6）
N(18A)—Mn(2A)—N（ 15A ）	71.4（7）	N（15B）—Mn（2B）—N（17B）	131.6（5）

续表

化合物 1	键角 /°	化合物 1	键角 /°
N(18A)—Mn(2A)—N(19A)	102.8（6）	N（15B）—Mn（2B）—N（14B）	74.1（5）
N(18A)—Mn(2A)—N(16A)	83.8（6）	N（15B）—Mn（2B）—N（18B）	66.9（6）
N（2A）—Mn（2A）—N（14A）	145.4（5）	N（19B）—Mn（2B）—N（17B）	83.4（5）
N（2A）—Mn（2A）—N（17A）	94.6（6）	N（19B）—Mn（2B）—N（14B）	96.1（5）
N（2A）—Mn（2A）—N（15A）	141.1（6）	N（19B）—Mn（2B）—N（15B）	70.2（5）
N（2A）—Mn（2A）—N（18A）	95.1（6）	N（19B）—Mn（2B）—N（18B）	105.0（5）
N（2A）—Mn（2A）—N（19A）	80.7（6）	N（1B）—Mn（1B）—N（9B）	146.6（5）
N（2A）—Mn（2A）—N（16A）	81.3（6）	N（1B）—Mn（1B）—N（8B）	139.6（6）
N(16A)—Mn(2A)—N（14A）	68.4（6）	N（1B）—Mn（1B）—N（12B）	94.3（6）
N(16A)—Mn(2A)—N（19A）	161.3（6）	N（1B）—Mn（1B）—N（11B）	94.2（6）
N（6B）—C（6B）—Mo（1B）	176.2（16）	C（1A）—N（1A）—Mn（1A）	162.7（13）
N（3B）—C（3B）—Mo（1B）	175.4（18）	C（2A）—N（2A）—Mn（2A）	163.4（16）
N（5B）—C（5B）—Mo（1B）	175.6（17）	C（1B）—N（1B）—Mn（1B）	162.8（16）
N（2B）—C（2B）—Mo（1B）	176.5（15）	C（2B）—N（2B）—Mn（2B）	160.1（15）
N（1B）—C（1B）—Mo（1B）	177.7（18）	N（7A）—C（7A）—Mo（1A）	176.5（19）
N（7B）—C（7B）—Mo（1B）	175（2）	N（3A）—C（3A）—Mo（1A）	177.7（19）
N（4B）—C（4B）—Mo（1B）	178（2）	N（5A）—C（5A）—Mo（1A）	179（2）

续表

化合物 1	键角 /°	化合物 1	键角 /°
N（6A）—C（6A）—Mo（1A）	173.8（19）	N（4A）—C（4A）—Mo（1A）	177.9（17）
N（2A）—C（2A）—Mo（1A）	176.4（16）	N（1A）—C（1A）—Mo（1A）	177.7（14）

附表 2.3　化合物 2 的部分键长

化合物 2	键长 /Å	化合物 2	键长 /Å	化合物 2	键长 /Å
Mo（1）—C（1）	2.1369（17）	Mn（1）—N（10）	2.2648（17）	Mn（2）—N（2）	2.1416（17）
Mo（1）—C（1）#1	2.1369（17）	Mn（1）—N（8）	2.2877（17）	Mn（1）—N（1）	2.1449（15）
Mo（1）—C（2）	2.1301（19）	Mn（1）—N（5）	2.4297（16）	Mn（2）—N（14）	2.2882（18）
Mo（1）—C（2）#1	2.1301（19）	Mn（1）—N（6）	2.4344（16）	Mn（2）—N（13）	2.4642（18）
Mo（1）—C（3）	2.199（3）	Mn（1）—N（9）	2.4407（18）	Mn（2）—N（12）	2.4349（17）
Mo（1）—C（4）	2.176（2）	Mn（1）—N（7）	2.5208（17）	Mn（2）—N（16）	2.4446（18）
Mo（1）—C（4）#1	2.176（2）	Mn（2）—N（11）	2.4333（17）	Mn（2）—N（15）	2.2753（17）

附表 2.4　化合物 2 的部分键角

化合物 2	键角 /°	化合物 2	键角 /°	化合物 2	键角 /°
N（1）—C（1）—Mo（1）	179.63（17）	C（2）#1—Mo（1）—C（4）	69.03（7）	C（2）—Mo（1）—C（1）#1	86.93（6）
N（2）—C（2）—Mo（1）	174.68（16）	C（2）—Mo（1）—C（4）#1	69.03（7）	C（2）#1—Mo（1）—C（1）	86.93（6）
N（3）—C（3）—Mo（1）	180.000（1）	C（4）—Mo（1）—C（4）#1	72.07（11）	C（2）#1—Mo（1）—C（1）#1	90.63（6）
N（4）—C（4）—Mo（1）	178.7（2）	C（2）—Mo（1）—C（3）	74.97（5）	C（1）—Mo（1）—C（4）	94.32（7）
C（1）—N（1）—Mn（1）	154.12（16）	C（2）#1—Mo（1）—C（3）	74.97（5）	C（1）#1—Mo（1）—C（4）	93.29（7）

化合物 2	键角 /°	化合物 2	键角 /°	化合物 2	键角 /°
C（2）—N（2）—Mn（2）	165.35（16）	C（1）#1—Mo（1）—C（3）	85.29（5）	C（1）—Mo（1）—C（4）#1	93.29（7）
C（1）—Mo（1）—C（3）	85.29（5）	C（1）#1—Mo（1）—C（1）	170.59（10）	C（1）#1—Mo（1）—C（4）#1	94.32（7）
C（2）—Mo（1）—C（1）	90.63（6）				
#1 −x+1，y，−z+3/2					

附表 2.5　化合物 3 的部分键长

化合物 3	键长 /Å	化合物 3	键长 /Å	化合物 3	键长 /Å
MoA—C（1A）	2.06（2）	Mn（1）—N（1A）	2.123（15）	Mn（3）—N（3A）	2.071（15）
MoA—C（2A）	2.147（17）	Mn（1）—N（10）	2.217（12）	Mn（3）—N（3B）	2.163（16）
MoA—C（5A）	2.15（2）	Mn（1）—N（11）	2.267（13）	Mn（3）—N（21）	2.280（14）
MoA—C（3A）	2.125（15）	Mn（1）—N（8）	2.281（15）	Mn（3）—N（20）	2.291（14）
MoA—C（4A）	2.128（16）	Mn（1）—N（9）	2.323（13）	Mn（3）—N（19）	2.312（12）
MoA—C（6A）	2.136（16）	Mn（1）—N（12）	2.354（12）	Mn（3）—N（18）	2.401（14）
MoA—C（7A）	2.173（17）	Mn（2）—N（2B）	2.065（16）	Mn（4）—N（4A）	2.114（14）
MoB—C（1B）	2.186（18）	Mn（2）—N（15）	2.226（13）	Mn（4）—N（4B）	2.150（12）
MoB—C（2B）	2.130（16）	Mn（2）—N（16）	2.239（11）	Mn（4）—N（25）	2.266（13）
MoB—C（3B）	2.118（19）	Mn（2）—N（14）	2.247（13）	Mn（4）—N（26）	2.270（13）
MoB—C（4B）	2.135（14）	Mn（2）—N（17）	2.285（13）	Mn（4）—N（23）	2.360（11）
MoB—C（5B）	2.125（15）	Mn（2）—N（13）	2.304（13）	Mn（4）—N（24）	2.390（13）
MoB—C（6B）	2.157（17）	MoB—C（7B）	2.136（15）		

附表 2.6　化合物 3 的部分键角

化合物 3	键角/°	化合物 3	键角/°	化合物 3	键角/°
N（1A）—C（1A）—MoA	174.6（16）	C（1A）—MoA—C（2A）	179.6（7）	C（2B）—MoB—C（1B）	177.8（6）
N（2A）—C（2A）—MoA	178.3（15）	C（1A）—MoA—C（3A）	77.2（7）	C（3B）—MoB—C（1B）	101.9（7）
N（3A）—C（3A）—MoA	173.7（14）	C（1A）—MoA—C（4A）	99.1（7）	C（4B）—MoB—C（1B）	81.9（6）
N（4A）—C（4A）—MoA	176.2（15）	C（1A）—MoA—C（5A）	78.2（8）	C（5B）—MoB—C（1B）	101.9（6）
N（5A）—C（5A）—MoA	174.6（19）	C（1A）—MoA—C（6A）	92.9（7）	C（6B）—MoB—C（1B）	86.2（6）
N（6A）—C（6A）—MoA	161.5（11）	C（1A）—MoA—C（7A）	100.8（7）	C（7B）—MoB—C（1B）	88.6（6）
N（7A）—C（7A）—MoA	159.4（19）	C（3A）—MoA—C（2A）	102.4（6）	C（3B）—MoB—C（2B）	75.9（7）
N（1B）—C（1B）—MoB	177.6（15）	C（4A）—MoA—C（2A）	80.8（6）	C（2B）—MoB—C（4B）	96.9（6）
N（2B）—C（2B）—MoB	171.9（14）	C（2A）—MoA—C（5A）	102.1（7）	C（5B）—MoB—C（2B）	79.4（5）
N（3B）—C（3B）—MoB	171.2（17）	C（6A）—MoA—C（2A）	87.5（6）	C（2B）—MoB—C（6B）	96.0（6）
N（4B）—C（4B）—MoB	171.4（13）	C（2A）—MoA—C（7A）	79.0（6）	C（2B）—MoB—C（7B）	91.4（6）
N（5B）—C（5B）—MoB	171.7（14）	C（3A）—MoA—C（4A）	71.6（6）	C（3B）—MoB—C（4B）	73.7（6）
N（6B）—C（6B）—MoB	162.7（13）	C（4A）—MoA—C（5A）	75.8（7）	C（5B）—MoB—C（4B）	72.3（5）
N（7B）—C（7B）—MoB	153.5（18）	C（6A）—MoA—C（5A）	75.8（7）	C（5B）—MoB—C（6B）	71.2（6）
C（1A）—N（1A）—Mn（1）	147.4（13）	C（6A）—MoA—C（7A）	74.3（6）	C（7B）—MoB—C（6B）	74.7（6）
C（2B）—N（2B）—Mn（2）	157.2（17）	C（3B）—N（3B）—Mn（3）	170.9（16）	C（4B）—N（4B）—Mn（4）	175.3（12）

化合物 3	键角/°	化合物 3	键角/°	化合物 3	键角/°
C（3A）—N（3A）—Mn（3）	172.8（14）	C（4A）—N（4A）—Mn（4）	164.2（14）	N（3A）—Mn（3）—N（18）	95.8（5）
N（1A）—Mn（1）—N（10）	100.9（5）	N（16）—Mn（2）—N（14）	77.6（4）	N（3B）—Mn（3）—N（18）	158.1（5）
N（1A）—Mn（1）—N（11）	93.4（5）	N（2B）—Mn（2）—N（17）	92.5（5）	N（21）—Mn（3）—N（18）	72.7（5）
N（10）—Mn（1）—N（11）	102.6（5）	N（15）—Mn（2）—N（17）	101.5（5）	N（20）—Mn（3）—N（18）	92.1（5）
N（1A）—Mn（1）—N（8）	166.3（5）	N（16）—Mn（2）—N（17）	170.3（4）	N（19）—Mn（3）—N（18）	77.8（2）
N（10）—Mn（1）—N（8）	74.9（5）	N（14）—Mn（2）—N（17）	94.1（5）	N（4A）—Mn（4）—N（4B）	104.0（3）
N（11）—Mn（1）—N（8）	75.1（5）	N（2B）—Mn（2）—N（13）	165.3（5）	N（4A）—Mn（4）—N（25）	96.7（5）
N（1A）—Mn（1）—N（9）	110.5（5）	N（15）—Mn（2）—N（13）	73.7（4）	N（4B）—Mn（4）—N（25）	92.2（4）
N（10）—Mn（1）—N（9）	143.1（5）	N（16）—Mn（2）—N（13）	99.2（4）	N（4A）—Mn（4）—N（26）	94.8（5）
N（11）—Mn（1）—N（9）	94.7（5）	N（14）—Mn（2）—N（13）	80.1（5）	N（4B）—Mn（4）—N（26）	99.3（5）
N（8）—Mn（1）—N（9）	78.5（5）	N（17）—Mn（2）—N（13）	74.1（4）	N（25）—Mn（4）—N（26）	161.2（2）
N（1A）—Mn（1）—N（12）	92.7（5）	N（3A）—Mn（3）—N（3B）	99.9（3）	N（4A）—Mn（4）—N（23）	91.9（5）
N（10）—Mn（1）—N（12）	89.9（4）	N（3A）—Mn（3）—N（21）	101.9（6）	N（4B）—Mn（4）—N（23）	159.7（4）
N（11）—Mn（1）—N（12）	164.9（4）	N（3B）—Mn（3）—N（21）	89.1（5）	N（25）—Mn（4）—N（23）	73.1（4）
N（8）—Mn（1）—N（12）	100.3（5）	N（3A）—Mn（3）—N（20）	89.5（5）	N（26）—Mn（4）—N（23）	91.8（4）
N（9）—Mn（1）—N（12）	70.2（4）	N（3B）—Mn（3）—N（20）	103.2（5）	N（4A）—Mn（4）—N（24）	163.0（5）
N（2B）—Mn（2）—N（15）	103.9（6）	N（21）—Mn（3）—N（20）	161.6（2）	N（4B）—Mn（4）—N（24）	89.7（4）

续表

化合物 3	键角/°	化合物 3	键角/°	化合物 3	键角/°
N（2B）—Mn（2）—N（16）	94.8（5）	N（3A）—Mn（3）—N（19）	160.8（6）	N（25）—Mn（4）—N（24）	92.8（5）
N（15）—Mn（2）—N（16）	83.0（4）	N（3B）—Mn（3）—N（19）	91.7（5）	N（26）—Mn（4）—N（24）	72.7（4）
N（2B）—Mn（2）—N（14）	107.4（7）	N（21）—Mn（3）—N（19）	93.5（5）	N（23）—Mn（4）—N（24）	77.4（2）
N（15）—Mn（2）—N（14）	144.2（5）	N（20）—Mn（3）—N（19）	72.8（4）		

附表 2.7 化合物 4RR 的部分键长

化合物 4RR	键长/Å	化合物 4RR	键长/Å	化合物 4RR	键长/Å
Mo（1）—C（1）	2.10（2）	Fe（2）—O（6）	1.690（14）	Fe（4）—O（8）	1.695（12）
Mo（1）—C（2）	2.07（2）	Fe（2）—O（1）	1.945（11）	Fe（4）—O（3）	1.934（11）
Mo（1）—C（3）	2.12（2）	Fe（2）—O（2）	1.946（11）	Fe（4）—O（4）	1.968（11）
Mo（1）—C（4）	2.07（2）	Fe（2）—N（4）#1	2.078（16）	Fe（4）—N（3）#1	2.071（15）
Mo（1）—C（5）	2.24（2）	Fe（2）—N（11）	2.249（15）	Fe（4）—N（15）	2.244（15）
Mo（1）—C（6）	2.13（2）	Fe（2）—N（10）	2.334（14）	Fe（4）—N（14）	2.364（15）
Mo（1）—C（7）	2.20（2）	N（4）—Fe（2）#1	2.078（15）	N（3）—Fe（4）#1	2.071（15）
Fe（1）—O（5）	1.677（14）	Fe（3）—O（7）	1.692（12）	Fe（3）—N（2）	2.060（16）
Fe（1）—O（1）	1.928（11）	Fe（3）—O（3）	1.941（11）	Fe（3）—N（13）	2.275（15）
Fe（1）—O（2）	1.948（11）	Fe（3）—O（4）	1.962（11）	Fe（3）—N（12）	2.362（17）
Fe（1）—N（1）	2.115（16）	Fe（1）—N（9）	2.362（16）	Fe（1）—N（8）	2.256（16）

附表 2.8　化合物 4RR 的部分键角

化合物 4RR	键角/°	化合物 4RR	键角/°	化合物 4RR	键角/°
N（1）—C（1）—Mo（1）	172.1（15）	O（5）—Fe（1）—O（1）	105.1（6）	O（3）—Fe（3）—O（4）	91.8（5）
N（2）—C（2）—Mo（1）	177.5（17）	O（5）—Fe（1）—O（2）	110.4（6）	O（7）—Fe（3）—O（3）	110.7（5）
N（3）—C（3）—Mo（1）	176.2（16）	O（1）—Fe（1）—O（2）	92.3（5）	O（7）—Fe（3）—O（4）	106.3（5）
N（4）—C（4）—Mo（1）	177.7（15）	O（5）—Fe（1）—N（1）	92.0（6）	O（7）—Fe（3）—N（2）	93.2（6）
N（5）—C（5）—Mo（1）	172（2）	O（1）—Fe（1）—N（1）	162.5（6）	O（3）—Fe（3）—N（2）	86.3（5）
N（6）—C（6）—Mo（1）	176（2）	O（2）—Fe（1）—N（1）	85.3（5）	O（4）—Fe（3）—N（2）	159.7（6）
N（7）—C（7）—Mo（1）	176.0（18）	O（5）—Fe（1）—N（8）	86.6（7）	O（7）—Fe（3）—N（13）	85.1（6）
C（4）—Mo（1）—C（2）	74.3（7）	O（1）—Fe（1）—N（8）	88.1（5）	O（3）—Fe（3）—N（13）	162.6（5）
C（4）—Mo（1）—C（1）	115.5（7）	O（2）—Fe（1）—N（8）	162.2（6）	O（4）—Fe（3）—N（13）	90.5（5）
C（2）—Mo（1）—C（1）	75.4（7）	N（1）—Fe（1）—N（8）	89.0（6）	N（2）—Fe（3）—N（13）	85.6（6）
C（4）—Mo（1）—C（6）	77.4（7）	O（5）—Fe（1）—N（9）	155.0（6）	O（7）—Fe（3）—N（12）	157.6（6）
C（2）—Mo（1）—C（6）	103.9（8）	O（1）—Fe（1）—N（9）	87.3（5）	O（3）—Fe（3）—N（12）	88.8（5）
C（1）—Mo（1）—C（6）	165.7（7）	O（2）—Fe（1）—N（9）	90.3（5）	O（4）—Fe（3）—N（12）	83.1（6）
C（4）—Mo（1）—C（3）	70.0（6）	N（1）—Fe（1）—N（9）	75.3（6）	N（2）—Fe（3）—N（12）	76.7（7）
C（2）—Mo（1）—C（3）	113.4（7）	N（8）—Fe（1）—N（9）	72.0（6）	N（13）—Fe（3）—N（12）	74.4（6）
C（1）—Mo（1）—C（3）	72.3（7）	O（6）—Fe（2）—O（1）	107.1（6）	O（8）—Fe（4）—O（3）	109.2（5）

化合物 4RR	键角/°	化合物 4RR	键角/°	化合物 4RR	键角/°
C（6）—Mo（1）—C（3）	119.9（8）	O（6）—Fe（2）—O（2）	109.1（6）	O（8）—Fe（4）—O（4）	105.1（5）
C（4）—Mo（1）—C（7）	139.5（7）	O（1）—Fe（2）—O（2）	91.8（5）	O（3）—Fe（4）—O（4）	91.8（5）
C（2）—Mo（1）—C（7）	78.9（7）	O（6）—Fe（2）—N（4）#1	92.6（6）	O（8）—Fe（4）—N（3）#1	94.7（6）
C（1）—Mo（1）—C（7）	85.5（7）	O（1）—Fe（2）—N（4）#1	159.5（6）	O（3）—Fe（4）—N（3）#1	85.5（5）
C（6）—Mo（1）—C（7）	80.3（7）	O（2）—Fe（2）—N（4）#1	86.7（6）	O（4）—Fe（4）—N（3）#1	159.8（6）
C（3）—Mo（1）—C（7）	150.0（7）	O（6）—Fe（2）—N（11）	84.0（6）	O（8）—Fe（4）—N（15）	83.7（6）
C（4）—Mo（1）—C（5）	123.7（7）	O（1）—Fe（2）—N（11）	90.3（5）	O（3）—Fe（4）—N（15）	165.9（5）
C（2）—Mo（1）—C（5）	161.4（7）	O（2）—Fe（2）—N（11）	165.3（5）	O（4）—Fe（4）—N（15）	90.3（5）
C（1）—Mo（1）—C（5）	98.3（8）	N（4）#1—Fe（2）—N（11）	86.3（6）	N（3）#1—Fe（4）—N（15）	87.7（6）
C（6）—Mo（1）—C（5）	77.8（8）	O（6）—Fe（2）—N（10）	156.1（6）	O（8）—Fe（4）—N（14）	155.8（6）
C（3）—Mo（1）—C（5）	80.3（7）	O（1）—Fe（2）—N（10）	81.9（5）	O（3）—Fe（4）—N（14）	92.7（5）
C（7）—Mo（1）—C（5）	83.2（7）	O（2）—Fe（2）—N（10）	92.2（5）	O（4）—Fe（4）—N（14）	83.6（5）
C（2）—N（2）—Fe（3）	166.8（15）	N（4）#1—Fe（2）—N（10）	77.7（6）	N（3）#1—Fe（4）—N（14）	76.5（6）
C（4）—N（4）—Fe（2）#1	165.4（15）	N（11）—Fe（2）—N（10）	73.7（5）	N（15）—Fe（4）—N（14）	73.6（5）
C（1）—N（1）—Fe（1）	163.3（14）	Fe（1）—O（2）—Fe（2）	82.0（4）	O（8）—Fe（4）—Fe（3）	95.3（4）
C（3）—N（3）—Fe（4）#1	163.4（15）	Fe（1）—O（1）—Fe（2）	82.5（4）	O（3）—Fe（4）—Fe（3）	48.9（3）

化合物 4RR	键角/°	化合物 4RR	键角/°	化合物 4RR	键角/°
Fe（3）—O（4）—Fe（4）	81.1（4）	Fe（4）—O（3）—Fe（3）	82.5（4）	O（4）—Fe（4）—Fe（3）	49.3（3）
N（15）—Fe（4）—Fe（3）	138.1（4）	N（14）—Fe（4）—Fe（3）	107.0（4）	N（3）#1—Fe（4）—Fe（3）	134.0（4）

#1 –x+1，–y+1，–z+1

附表 2.9　化合物 5RR 的部分键长

化合物 5RR	键长/Å	化合物 5RR	键长/Å	化合物 5RR	键长/Å
Mo（1）—C（4）	2.056（15）	Ni（1）—N（9）	2.286（14）	Ni（3）—O（7）	1.683（10）
Mo（1）—C（1）	2.039（13）	Ni（1）—N（8）	2.321（11）	Ni（3）—O（4）	1.956（9）
Mo（1）—C（2）	2.070（15）	Ni（2）—O（6）	1.690（10）	Ni（3）—O（3）	1.951（9）
Mo（1）—C（3）	2.069（13）	Ni（2）—O（1）	1.928（9）	Ni（3）—N（2）	2.108（13）
Mo（1）—C（5）	2.131（16）	Ni（2）—O（2）	1.965（9）	Ni（3）—N（12）	2.262（12）
Mo（1）—C（6）	2.177（15）	Ni（2）—N（3）#1	2.154（13）	Ni（3）—N（13）	2.366（13）
Mo（1）—C（7）	2.242（15）	Ni（2）—N（11）	2.249（12）	Ni（4）—O（8）	1.701（9）
Ni（1）—O（5）	1.680（10）	Ni（2）—N（10）	2.355（11）	Ni（4）—O（4）	1.940（9）
Ni（1）—O（2）	1.940（9）	Ni（4）—N（15）	2.351（12）	Ni（4）—O（3）	1.930（9）
Ni（1）—O（1）	1.936（9）	Ni（4）—N（14）	2.247（12）	Ni（4）—N（4）#1	2.104（12）
Ni（1）—N（1）	2.122（11）				

附表 2.10 化合物 5RR 的部分键角

化合物 5RR	键角 /°	化合物 5RR	键角 /°	化合物 5RR	键角 /°
N（3）—C（3）—Mo（1）	173.4（11）	23.068	110.3（5）	O（7）—Ni（3）—O（4）	105.4（4）
N（1）—C（1）—Mo（1）	175.7（11）	O（5）—Ni（1）—O（1）	107.3（4）	O（7）—Ni（3）—O（3）	108.8（4）
N（2）—C（2）—Mo（1）	172.8（13）	O（2）—Ni（1）—O（1）	92.1（4）	O（4）—Ni（3）—O（3）	91.2（4）
N（4）—C（4）—Mo（1）	177.0（13）	O（5）—Ni（1）—N（1）	93.8（5）	O（7）—Ni（3）—N（2）	93.2（5）
N（5）—C（5）—Mo（1）	176.6（14）	O（2）—Ni（1）—N（1）	85.5（4）	O（4）—Ni（3）—N（2）	161.1（4）
N（6）—C（6）—Mo（1）	172.8（15）	O（1）—Ni（1）—N（1）	158.2（4）	O（3）—Ni（3）—N（2）	85.6（4）
C（4）—Mo（1）—C（1）	73.9（5）	O（5）—Ni（1）—N（9）	83.2（5）	O（7）—Ni（3）—N（12）	84.0（4）
C（4）—Mo（1）—C（2）	113.6（6）	O（2）—Ni（1）—N（9）	164.5（4）	O（4）—Ni（3）—N（12）	91.0（4）
C（1）—Mo（1）—C（2）	69.4（5）	O（1）—Ni（1）—N（9）	91.1（4）	O（3）—Ni（3）—N（12）	165.9（4）
C（4）—Mo（1）—C（3）	75.8（5）	N（1）—Ni（1）—N（9）	86.0（5）	N（2）—Ni（3）—N（12）	87.8（5）
C（1）—Mo（1）—C（3）	115.5（5）	O（5）—Ni（1）—N（8）	155.0（5）	O（7）—Ni（3）—N（13）	155.0（5）
C（2）—Mo（1）—C（3）	73.2（5）	O（2）—Ni（1）—N（8）	92.2（4）	O（4）—Ni（3）—N（13）	83.7（4）
C（4）—Mo（1）—C（5）	103.1（6）	O（1）—Ni（1）—N（8）	81.8（4）	O（3）—Ni（3）—N（13）	94.0（4）
C（1）—Mo（1）—C（5）	76.9（5）	N（1）—Ni（1）—N（8）	76.7（4）	N（2）—Ni（3）—N（13）	78.0（5）
C（2）—Mo（1）—C（5）	119.0（6）	N（9）—Ni（1）—N（8）	73.2（4）	N（12）—Ni（3）—N（13）	72.4（4）
C（3）—Mo（1）—C（5）	166.1（5）	O（6）—Ni（2）—O（1）	105.8（5）	O（8）—Ni（4）—O（4）	105.3（4）
C（4）—Mo（1）—C（6）	163.7（6）	O（6）—Ni（2）—O（2）	110.4（4）	O（8）—Ni（4）—O（3）	110.7（4）

续表

化合物 5RR	键角 /°	化合物 5RR	键角 /°	化合物 5RR	键角 /°
C（1）—Mo（1）—C（6）	121.4（5）	O（1）—Ni（2）—O（2）	91.5(4)	O（4）—Ni（4）—O（3）	92.3(4)
C（2）—Mo（1）—C（6）	79.3(6)	O（6）—Ni（2）—N（3）#1	92.3(5)	O（8）—Ni（4）—N（4）#1	93.5(5)
C（3）—Mo（1）—C（6）	99.9(5)	O（1）—Ni（2）—N（3）#1	161.6（4）	O（4）—Ni（4）—N（4）#1	160.6（4）
C（5）—Mo（1）—C（6）	77.1(6)	O（2）—Ni（2）—N（3）#1	85.3(4)	O（3）—Ni（4）—N（4）#1	85.2(4)
C（4）—Mo（1）—C（7）	79.8(6)	O（6）—Ni（2）—N（11）	87.5(5)	O（8）—Ni（4）—N（14）	85.8(5)
C（1）—Mo（1）—C（7）	139.7（6）	O（1）—Ni（2）—N（11）	87.7(4)	O（4）—Ni（4）—N（14）	89.6(4)
C（2）—Mo（1）—C（7）	150.6（6）	O（2）—Ni（2）—N（11）	161.6（4）	O（3）—Ni（4）—N（14）	162.2（4）
C（3）—Mo（1）—C（7）	86.1(6)	N（3）#1—Ni（2）—N（11）	89.7(5)	N（4）#1—Ni（4）—N（14）	87.1(4)
C（5）—Mo（1）—C（7）	80.0(6)	O（6）—Ni（2）—N（10）	155.0（5）	O（8）—Ni（4）—N（15）	158.1（4）
C（6）—Mo（1）—C（7）	84.2(6)	O（1）—Ni（2）—N（10）	86.8(4)	O（4）—Ni（4）—N（15）	83.4(4)
C（1）—N（1）—Ni（1）	167.2（11）	O（2）—Ni（2）—N（10）	90.4(4)	O（3）—Ni（4）—N（15）	88.5(4)
C（3）—N（3）—Ni（2）#1	162.6（11）	N（3）#1—Ni（2）—N（10）	75.1(4)	N（4）#1—Ni（4）—N（15）	77.3(4)
C（2）—N（2）—Ni（3）	159.4（12）	N（11）—Ni（2）—N（10）	71.2(4)	N（14）—Ni（4）—N（15）	74.1(4)
C（4）—N（4）—Ni（4）#1	167.2（12）	Ni（4）—O（3）—Ni（3）	82.3(3)	Ni（1）—O（2）—Ni（2）	81.6(3)

续表

化合物 5RR	键角 /°	化合物 5RR	键角 /°	化合物 5RR	键角 /°
Ni（2）—O（1）—Ni（1）	82.7（4）	Ni（4）—O（4）—Ni（3）	81.9（3）		
#1 −x+1，−y+1，−z+1					

附表 2.11　化合物 5SS 的部分键长

化合物 5SS	键长 /Å	化合物 5SS	键长 /Å	化合物 5SS	键长 /Å
Mo（1）—C（2）	2.050（10）	Ni（2）—O（5）	1.698（8）	Ni（3）—N（12）	2.265（10）
Mo（1）—C（3）	2.055（11）	Ni（2）—O（2）	1.934（8）	Ni（3）—N（13）	2.342（9）
Mo（1）—C（1）	2.060（11）	Ni（2）—O（1）	1.961（7）	Ni（4）—O（7）	1.676（8）
Mo（1）—C（4）	2.108（11）	Ni（2）—N（3）#1	2.093（10）	Ni（4）—O（4）	1.938（7）
Mo（1）—C（6）	2.166（13）	Ni（2）—N（11）	2.266（9）	Ni（4）—O（3）	1.948（7）
Mo（1）—C（7）	2.191（12）	Ni（2）—N（10）	2.358（9）	Ni（4）—N（4）#1	2.145（9）
Mo（1）—C（5）	2.197（12）	N（3）—Ni（2）#1	2.093（10）	Ni（4）—N（14）	2.277（9）
Ni（1）—O（6）	1.684（8）	Ni（3）—O（8）	1.699（8）	Ni（4）—N（15）	2.344（9）
Ni（1）—O（2）	1.936（7）	Ni（3）—O（3）	1.946（7）	N（4）—Ni（4）#1	2.145（9）
Ni（1）—O（1）	1.958（7）	Ni（3）—O（4）	1.950（7）	Ni（3）—N（2）	2.117（9）
Ni（1）—N（1）	2.111（9）	Ni（1）—N（8）	2.364（9）	Ni（1）—N（9）	2.250（9）

附表 2.12　化合物 5SS 的部分键角

化合物 5SS	键角 /°	化合物 5SS	键角 /°	化合物 5SS	键角 /°
C（2）—Mo（1）—C（3）	73.3（4）	O（6）—Ni（1）—O(2)	109.2（4）	O（8）—Ni（3）—O(3)	109.0（4）
C（2）—Mo（1）—C（1）	69.6（4）	O（6）—Ni（1）—O(1)	105.9（3）	O（8）—Ni（3）—O（4）	106.8（4）
C（3）—Mo（1）—C（1）	113.2（4）	O（2）—Ni（1）—O(1)	91.8（3）	O（3）—Ni（3）—O（4）	92.3（3）
C（2）—Mo（1）—C（4）	115.3（4）	O（6）—Ni（1）—N(1)	93.8（4）	O（8）—Ni（3）—N(2)	92.9（4）
C（3）—Mo（1）—C（4）	76.1（4）	O（2）—Ni（1）—N(1)	85.3（3）	O（3）—Ni（3）—N(2)	86.5（3）
C（1）—Mo（1）—C（4）	72.6（4）	O（1）—Ni（1）—N(1)	159.9（3）	O（4）—Ni（3）—N(2)	159.5（3）
C（2）—Mo（1）—C（6）	77.4（4）	O（6）—Ni（1）—N(9)	83.8（4）	O（8）—Ni（3）—N（12）	83.8（4）
C（3）—Mo（1）—C（6）	102.1（5）	O（2）—Ni（1）—N(9)	165.7（4）	O（3）—Ni（3）—N（12）	165.6（3）
C（1）—Mo（1）—C（6）	120.6（5）	O（1）—Ni（1）—N(9)	90.0（4）	O（4）—Ni（3）—N（12）	90.1（3）
C（4）—Mo（1）—C（6）	165.3（4）	N（1）—Ni（1）—N(9)	88.2（4）	N（2）—Ni（3）—N（12）	86.4（4）
C（2）—Mo（1）—C（7）	139.9（4）	O（6）—Ni（1）—N(8)	154.5（4）	O（8）—Ni（3）—N（13）	155.5（4）
C（3）—Mo（1）—C（7）	79.6（4）	O（2）—Ni（1）—N(8)	93.8（3）	O（3）—Ni（3）—N（13）	93.1（3）
C（1）—Mo（1）—C（7）	150.0（4）	O（1）—Ni（1）—N(8)	83.6（3）	O（4）—Ni（3）—N（13）	82.0（3）

化合物 5SS	键角 /°	化合物 5SS	键角 /°	化合物 5SS	键角 /°
C（4）—Mo（1）—C（7）	85.3（4）	N（1）—Ni（1）—N（8）	76.8（4）	N（2）—Ni（3）—N（13）	77.6（3）
C（6）—Mo（1）—C（7）	80.1（5）	N（9）—Ni（1）—N（8）	72.4（3）	N（12）—Ni（3）—N（13）	73.2（3）
C（2）—Mo（1）—C（5）	122.2（5）	O（5）—Ni（2）—O（2）	110.5（3）	O（7）—Ni（4）—O（4）	105.5（4）
C（3）—Mo（1）—C（5）	163.5（5）	O（5）—Ni（2）—O（1）	105.6（3）	O（7）—Ni（4）—O（3）	110.0（4）
C（1）—Mo（1）—C（5）	79.8（5）	O（2）—Ni（2）—O（1）	91.8（3）	O（4）—Ni（4）—O（3）	92.6（3）
C（4）—Mo（1）—C（5）	99.5（5）	O（5）—Ni（2）—N（3）#1	93.4（4）	O（7）—Ni（4）—N（4）#1	91.5（4）
C（6）—Mo（1）—C（5）	78.1（5）	O（2）—Ni（2）—N（3）#1	85.5（3）	O（4）—Ni（4）—N（4）#1	162.4（3）
C（7）—Mo（1）—C（5）	84.3（5）	O（1）—Ni（2）—N（3）#1	160.5（3）	O（3）—Ni（4）—N（4）#1	85.6（3）
N（2）—C（2）—Mo（1）	177.9（9）	O（5）—Ni（2）—N（11）	85.7（4）	O（7）—Ni（4）—N（14）	86.7（4）
N（1）—C（1）—Mo（1）	175.1（9）	O（2）—Ni（2）—N（11）	162.5（3）	O（4）—Ni（4）—N（14）	88.1（3）
N（3）—C（3）—Mo（1）	176.3（10）	O（1）—Ni（2）—N（11）	90.1（3）	O（3）—Ni（4）—N（14）	162.4（3）
N（4）—C（4）—Mo（1）	173.6（9）	N（3）#1—Ni（2）—N（11）	86.9（4）	N（4）#1—Ni（4）—N（14）	88.5（3）

续表

化合物 5SS	键角 /°	化合物 5SS	键角 /°	化合物 5SS	键角 /°
N（6）—C（6）—Mo（1）	176.6（12）	O（5）—Ni（2）—N（10）	157.9（3）	O（7）—Ni（4）—N（15）	154.7（4）
N（7）—C（7）—Mo（1）	176.1（11）	O（2）—Ni（2）—N（10）	89.1（3）	O（4）—Ni（4）—N（15）	87.1（3）
N（5）—C（5）—Mo（1）	171.5（13）	O（1）—Ni（2）—N（10）	83.3（3）	O（3）—Ni（4）—N（15）	90.8（3）
C（1）—N（1）—Ni（1）	161.8（9）	N（3）#1—Ni（2）—N（10）	77.3（4）	N（4）#1—Ni（4）—N（15）	75.4（4）
C（2）—N（2）—Ni（3）	164.7（9）	N（11）—Ni（2）—N（10）	73.9（3）	N（14）—Ni（4）—N（15）	71.7（3）
C（3）—N（3）—Ni（2）#1	167.2（10）	C（4）—N（4）—Ni（4）#1	162.2（9）		

#1 −x+1, −y+1, −z+1

附表 2.13　化合物 6 的部分键长

化合物 6	键长 /Å	化合物 6	键长 /Å	化合物 6	键长 /Å
Mo（1）—C（1）	2.13（3）	Mn（1）—N（3）	2.169（12）	N（9）—Mn（2）	2.283（19）
Mo（1）—C（7）	2.128（19）	Mn（1）—N（4）#1	2.188（12）	N（1）—Mn（2）	2.18（2）
Mo（1）—C（3）	2.146（18）	Mn（1）—N（5）#2	2.264（16）	Mn（2）—N（11）	1.95（3）
Mo（1）—C（4）	2.159（13）	Mn（1）—N（13）	2.296（15）	Mn（2）—N（8）	2.17（4）
Mo（1）—C（2）	2.191（15）	Mn（1）—N（14）	2.306（18）	Mn（2）—N（8A）	2.24（3）
Mo（1）—C（5）	2.197（14）	Mn（1）—N（12）	2.356（13）	Mn（2）—N（8B）	2.29（2）

续表

Mo（1）—C（6）	2.24（2）	N（4）—Mn（1）#3	2.188（12）	Mn（2）—N（10）	2.55(3)
		N（5）—Mn（1）#4	2.264（16）	Mn（2）—C（16）	2.58(3)

附表 2.14　化合物 6 的部分键角

化合物 6	键角 /°	化合物 6	键角 /°	化合物 6	键角 /°
N（1）—C（1）—Mo（1）	152（4）	N（3）—Mn（1）—N（4）#1	97.6(5)	C（11）—N（9）—Mn（2）	122（2）
N（2）—C（2）—Mo（1）	173.2（14）	N（3）—Mn（1）—N（5）#2	94.3(4)	C（1）—N（1）—Mn（2）	145（2）
N（3）—C（3）—Mo（1）	174.0（17）	N（4）#1—Mn（1）—N（5）#2	97.4(6)	N（11）—Mn（2）—N（8）	98.8（16）
N（4）—C（4）—Mo（1）	173.7（12）	N（3）—Mn（1）—N（13）	172.5（5）	N（11）—Mn（2）—N（1）	87.3（12）
N（5）—C（5）—Mo（1）	175.4（15）	N（4）#1—Mn（1）—N（13）	89.9(5)	N（8）—Mn（2）—N（1）	102.8（15）
N（6）—C（6）—Mo（1）	155（5）	N（5）#2—Mn（1）—N（13）	85.4(5)	N（11）—Mn（2）—N（8A）	76.4（11）
N（7）—C（7）—Mo（1）	179.1（19）	N（3）—Mn（1）—N（14）	85.5(6)	N（8）—Mn（2）—N（8A）	161.3（13）
C（1）—Mo（1）—C（7）	84.5（8）	N（4）#1—Mn（1）—N（14）	89.2(6)	N（1）—Mn（2）—N（8A）	95.0(9)
C（1）—Mo（1）—C（3）	90.4(15)	N（5）#2—Mn（1）—N（14）	173.4（7）	N（11）—Mn（2）—N（9）	79.0（11）
C（7）—Mo（1）—C（3）	74.5（7）	N（13）—Mn（1）—N（14）	93.9(5)	N（8）—Mn（2）—N（9）	93.9（14）
C（1）—Mo（1）—C（4）	90.1（6）	N（3）—Mn（1）—N（12）	99.3(6)	N（1）—Mn（2）—N（9）	159.8（10）
C（7）—Mo（1）—C（4）	146.0(7)	N（4）#1—Mn（1）—N（12）	159.2（5）	N（8A）—Mn（2）—N（9）	67.5（10）
C（3）—Mo（1）—C（4）	72.0（6）	N（5）#2—Mn（1）—N（12）	93.4(7)	N（11）—Mn（2）—N（8B）	92.9（11）
C（1）—Mo（1）—C（2）	177.8（12）	N（13）—Mn（1）—N（12）	73.2(6)	N（8）—Mn（2）—N（8B）	168.2（13）

续表

化合物 6	键角 /°	化合物 6	键角 /°	化合物 6	键角 /°
C（7）—Mo（1）—C（2）	96.2（7）	N（14）—Mn（1）—N（12）	80.1(7)	N（1）—Mn（2）—N（8B）	75.8(9)
C（3）—Mo（1）—C（2）	87.7（9）	C（4）—N（4）—Mn（1）#3	129.8（10）	N（8A）—Mn（2）—N（8B）	25.9(8)
C（4）—Mo（1）—C（2）	88.1（5）	C（15）—N（13）—Mn（1）	113.6（13）	N（9）—Mn（2）—N（8B）	90.1（10）
C（1）—Mo（1）—C（5）	96.1(12)	C（5）—N（5）—Mn（1）#4	154.7（14）	N（11）—Mn（2）—N（10）	150.2（14）
C（7）—Mo（1）—C（5）	144.3(7)	C（3）—N（3）—Mn（1）	152.2（15）	N（8）—Mn（2）—N（10）	110.8（15）
C（3）—Mo（1）—C（5）	141.1(5)	C（17）—N（14）—Mn（1）	108.2（14）	N（1）—Mn（2）—N（10）	82.8（10）
C（4）—Mo（1）—C（5）	69.7（5）	O（11）#5—N（12）—Mn（1）	109.1（17）	N（8A）—Mn（2）—N（10）	76.6（11）
C（2）—Mo（1）—C（5）	84.6（7）	C（18A）—N（12）—Mn（1）	111.8（12）	N（9）—Mn（2）—N（10）	101.9（9）
C（1）—Mo（1）—C（6）	85.4（17）	N（16B）—N（12）—Mn（1）	101.2（11）	N（8B）—Mn（2）—N（10）	57.5（11）
C（7）—Mo（1）—C（6）	70.0（11）	C（16A）—N（12）—Mn（1）	102（3）	N（11）—Mn（2）—C（16）	96.7（11）
C（3）—Mo（1）—C（6）	144.4（11）	N（9）—Mn（2）—C（16）	81.5（11）	N（8）—Mn（2）—C（16）	162.7（18）
C（4）—Mo（1）—C（6）	143.1（12）	N（8B）—Mn（2）—C（16）	10.3(8)	N（1）—Mn（2）—C（16）	85.6（10）
C（2）—Mo（1）—C（6）	96.8（14）	N（10）—Mn（2）—C（16）	54.7（11）	N（8A）—Mn（2）—C（16）	22.8(8)
C（5）—Mo（1）—C（6）	74.4（10）				

#1 x+1/2，−y+1/2，−z　　#2 x+1，y，z　　#3 x−1/2，−y+1/2，−z　　#4 x−1，y，z
#5 −x+1，y+1/2，−z+1/2
#6 −x+1，y−1/2，−z+1/2

第 3 章　3d 金属和 $[Mo^{III}(CN)_7]^{4-}$ 构筑的高维化合物

3.1　引言

　　氰根作为桥联配体不仅能传递较强的磁相互作用,而且利用氰根和金属组成的氰基金属构筑块一般都含有多个氰根配体,因此具有多种连接方式,易形成高维化合物,对于合成高有序温度的材料非常有利。[1-6]目前已经报道的化合物中部分磁有序温度达到室温附近,主要是基于3d 金属 $[Cr^{III}(CN)_6]^{3+}$ 构筑块的 V^{II}、Cr^{II} 氰根普鲁士蓝类化合物[7-14],其中最高的磁有序温度达到 376 K。这些化合物都为亚铁磁体,说明亚铁磁策略是一种合成高有序温度材料的有效策略。然而,它们在空气中的稳定性都比较差,制约了它们的实际应用。因此,合成稳定且具有高有序温度的分子磁体仍然是当前研究的主要目标之一。

　　我们研究的 $[Mo^{III}(CN)_7]^{4-}$ 构筑块,七个氰根基团和高的负电荷(−4)使其更容易作为一个高连接节点,有利于合成高维扩展配位聚合物。[15] 此外,$[Mo^{III}(CN)_7]^{4-}$ 构筑块具有显著的磁各向异性[16-22],来源于单离子各向异性或各向异性磁交换,这对所得材料的磁性具有显著的重要性。低对称性的 $[Mo^{III}(CN)_7]^{4-}$ 构筑块通常能得到低对称性的晶格,并具有高的磁有序温度和一些有趣的磁行为。到目前为止,文献报道的基于 $[Mo^{III}(CN)_7]^{4-}$ 的磁有序化合物仍然较少,大部分都是和3d 金属 Mn^{II} 合成的化合物,磁有序温度范围从 40 K 到 106 K。[23,24]

其他 3d 金属的化合物更少，仅包含三例 Fe^{II} 的化合物 [25,26]（磁有序温度为 75 K 以下）、一例 Ni^{II} 的化合物 [27]（磁有序温度为 28 K）和一例 V^{II} 的化合物 [28]（磁有序温度为 110 K）。并且，只有我们课题组最近报道的 Fe^{II} 化合物有单晶结构 [26]，其余的均为多晶粉末样品，无法详细研究它们的磁构关系。根据 E. Ruiz 等人 [29] 的理论预测，分子基磁体最高的亚铁磁有序有希望出现在 $Mo^{III}V^{II}$（T_c = 552 K）体系。因此我们继续致力于研究 3d 金属和 $[Mo^{III}(CN)_7]^{4-}$ 构筑的高维化合物，期望得到更高磁有序温度的分子磁体。

经过尝试各种 3d 金属离子、不同的有机配体，同时不断调整实验条件，我们发现相对于其他 3d 金属，$[Mo^{III}(CN)_7]^{4-}$ 构筑块更容易和 Mn^{II} 离子配位形成高维化合物。而且该体系的实验操作困难，所用的原料对微量空气都很敏感，因此，我们得到的化合物也非常有限。本章中，我们采用图 3.1 所示的四齿大环配体 L_{15-N-4} 和手性的环己二胺与 $[Mo^{III}(CN)_7]^{4-}$ 构筑了 3 个二维化合物：$[Mn(L_{15-N-4})]_2[Mo(CN)_7]\cdot 11H_2O$（化合物 7）和 $[Mn(RR—/SS—Chxn)]_2[Mo(CN)_7](H_2O)\cdot 7H_2O\cdot 2MeCN$（化合物 8RR/8SS），它们均为深绿色片状晶体，且对氧气敏感，不能长时间放置在空气中；采用图 3.1 所示的酰胺配体和 $[Mo^{III}(CN)_7]^{4-}$ 构筑了 2 个三维化合物：$Mn_2^{II}(DMF)(H_2O)_2[Mo^{III}(CN)_7]\cdot H_2O\cdot CH_3OH$（化合物 9）（DMF=$N,N$– 二甲基甲酰胺）和 $Mn_2^{II}(DEF)(H_2O)[Mo^{III}(CN)_7]$（化合物 10）（DEF=$N,N$– 二乙基甲酰胺），化合物 9 为深褐色叶片状晶体，化合物 10 为深褐色规则块状晶体，且都能在空气中稳定存在一段时间。磁性研究表明，这些化合物均表现为长程亚磁有序，有序温度分别为 23 K，40 K，80 K 和 80 K。

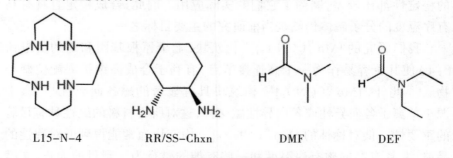

L15–N–4   RR/SS–Chxn   DMF   DEF

图 3.1   本章中所用配体的结构

3.2　基于 $[Mo^{III}(CN)_7]^{4-}$ 构筑块的二维化合物

3.2.1　化合物 7 和化物 8 的合成

K₄Mo（CN）₇·2H₂O 的合成与第一章的实验步骤相同。实验中用到的其他试剂如金属盐、配体 L_{15-N-4} 和 RR—/SS—Chxn 都直接来源于商业渠道。所用的溶剂如水和乙腈等都经过无水无氧处理。为了避免三价钼的氧化，所有的操作和反应均使用严格的 Schlenk 技术或在充满氮气的手套箱中进行。

3.2.1.1　$[Mn^{II}(L_{15-N-4})]_2[Mo^{III}(CN)_7]·11H_2O$（化合物 7）的合成

将 K₄Mo（CN）₇·2H₂O（0.05 mmol, 23.5 mg）溶解于 1 mL 无氧水并置于小试管中，然后缓慢滴加 5 mL 乙腈和水的混合溶剂（$V_{(MeCN)}:V_{(H2O)}=4:1$）作为缓冲层，最后将 Mn（ClO₄）₂·6H₂O（0.05 mmol, 18.8 mg）和 L_{15-N-4}（0.05 mmol, 10.5 mg）溶解于 1 mL 乙腈中，过滤后缓慢滴加于缓冲层的上面，密封避光静置。约两周后，试管中有许多深色片状晶体生成，过滤用母液清洗，室温干燥得 8.6 mg，产率：33%（根据 Mn²⁺ 计算）。元素分析 Mn₂MoC₂₉H₇₄N₁₅O₁₁（%）：实验值（理论值）C, 34.50（34.32）；N, 20.82（20.70）；H, 7.29（7.35）。红外特征光谱峰（KBr, cm⁻¹）：2105（vs, $\nu_{C\equiv N}$）。

3.2.1.2　$[Mn^{II}(RR-/SS-Chxn)]_2[Mo^{III}(CN)_7](H_2O)·7H_2O·2MeCN$（化合物 8RR/8SS）的合成

将 K₄Mo（CN）₇·2H₂O（0.04 mmol, 18.8 mg）溶解于 2 mL 无氧水并置于小试管中，然后缓慢滴加 6 mL 乙腈和水的混合溶剂（$V_{(MeCN)}:V_{(H2O)}=1:1$）作为缓冲层，最后将 Mn（ClO₄）₂·6H₂O（0.05 mmol, 18.8 mg）和 RR—/SS—Chxn（0.1 mmol, 11.4 mg）溶解于 2 mL 乙腈中，过滤并缓慢滴加于缓冲层的上面，密封避光静置。约 3 周后，有较多绿色片状晶体生成，过滤洗涤，室温干燥得 10.8 mg，产率：51%（根

据 Mn^{2+} 计算）。元素分析 $Mn_2MoC_{23}H_{50}N_{13}O_8$（%）：实验值（理论值）C，32.86（32.79）；N，21.35（21.61）；H，5.84（5.98）。红外特征光谱峰（KBr，cm^{-1}）：8RR：2084（vs，$v_{C≡N}$），2092（vs，$v_{C≡N}$）；8SS：2096（vs，$v_{C≡N}$），2109（vs，$v_{C≡N}$）。

3.2.2　化合物 7 和化合物 8 的晶体结构

晶体结构收集和精修参数见表 3.1 所列，部分键长键角见附表 3.1~附表 3.6。

化合物 7 结晶在单斜 $C2/m$ 空间群中，每个不对称单元包含 1 个 $[Mo^{III}(CN)_7]^{4-}$ 阴离子、2 个 Mn^{2+} 离子、2 个 L_{15-N-4} 配体和 11 个游离 H_2O 分子。如图 3.2（a）所示，Mo1 分别通过 C1—N1、C4—N4、C2—N2、C6—N6 和 2 个 Mn1 离子、2 个 Mn2 离子连接，剩余 3 个未配位的终端氰根离子。配位键长 Mo—C 为 2.120（3）~2.200（3）Å，Mo—C≡N 键角在 175.1（7）°~179.3（8）°，接近线性。Mo^{III} 和 Mn^{II} 离子之间的距离为 5.273（8）~5.407（1）Å。$SHAPE^{[30]}$ 计算表明 Mo^{III} 离子的配位构型为扭曲的五角双锥，相对于理想的 D_{5h} 对称性，其 CShMs 偏离值为 1.299。Mn1 和 Mn2 离子均处于六配位扭曲八面体，其中 4 个 N 原子来源于 L_{15-N-4} 配体，它们几乎在同一个平面上，剩余的 2 个 N 原子来源于 $[Mo^{III}(CN)_7]^{4-}$ 构筑块。我们用 SHAPE 计算得到它们的 CShMs 偏离值分别为 0.338 和 0.207。配位键长 Mn1—N 和 Mn2—N 的范围分别为 2.180（3）~2.362（11）Å 和 2.110（3）~2.290（3）Å。包含氰根的配位键角 Mn1—N≡C 和 Mn2—N≡C 的范围分别为 143.3（10）°~157.3（9）°和 144.0（2）°~145.0（2）°。图 3.2（b）为该化合物在 bc 平面的局部一维结构图，它是由 $[Mo1_4Mn1_2Mn2_2]$ 单元沿着 c 轴方向无限延伸得到的。图 3.2（b）的一维结构通过氰根桥联沿着 b 轴方向无限延伸形成化合物 7 在 bc 平面的二维层状结构 [图 3.2（c）]。该化合物在 ab 平面层与层之间的堆积情况如图 3.2（d）所示。我们用不同的颜色表示相邻的两个二维层，层与层堆积形成类似蜂巢的形状。可以看出，每个二维层沿着 b 轴方向呈褶皱状无限延伸。每个褶皱中金属离子之间的最大距离为 10.554 Å。相邻两个二维层中两个 Mn^{II} 离子之间的最小距离为 6.494 Å，两个 Mo^{III} 离子之间的最大距离为 23.096 Å。在类似蜂巢形状的空隙中，充满着游离的水分子。

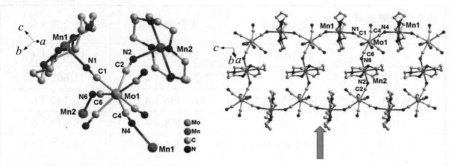

（a）局部配位结构（包含两个晶体学 Mn^{II} 离子）　　（b）bc 平面局部 1D 结构

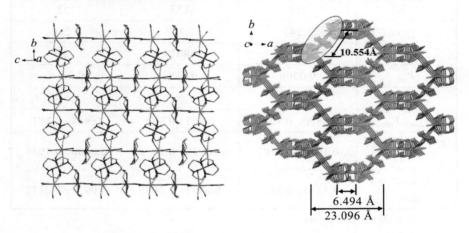

（c）bc 平面的 2D 层　　　　（d）ab 平面 2D 层与层之间的堆
　　　　　　　　　　　　　　　　　　积情况

图 3.2　化合物 7 的结构（为清晰起见，略去了氢原子和溶剂分子）

表 3.1　化合物 7、化合物 8 的晶体结构数据和精修参数

晶体结构数据和精修参数	化合物 7	化合物 8RR	化合物 8SS
Formula	$Mn_2MoC_{29}H_{74}N_{15}O_{11}$	$Mn_2MoC_{23}H_{50}N_{13}O_8$	$Mn_2MoC_{23}H_{50}N_{13}O_8$
M [g mol^{-1}]	1014.81	842.54	842.54
Crystal system	Monoclinic	Triclinic	Triclinic
Space group	$C2/m$	$P\bar{1}$	$P\bar{1}$
a [Å]	32.634（7）	7.8887（13）	7.9135（18）
b [Å]	15.519（4）	14.148（2）	14.175（3）

续表

晶体结构数据和精修参数	化合物 7	化合物 8RR	化合物 8SS
c [Å]	9.926（2）	18.681（3）	18.669（4）
α [°]	90	71.083（4）	71.602（5）
β [°]	98.755（4）	78.386（4）	78.747（6）
γ [°]	90	88.218（4）	88.418（6）
V [Å^3]	4968.4（19）	1930.6（5）	1947.7（7）
Z	4	2	2
T [K]	153	153	153
ρ_{calcd} [g cm^{-3}]	1.343	1.377	1.269
F（000）	1964	802	722
R_{int}	0.0306	0.0559	0.0584
GOF（F^2）	1.487	1.043	1.024
T_{max}, T_{min}	0.896, 0.707	0.951, 0.885	0.964, 0.881
R_1^a, wR_2^b（$I>2\sigma$（I））	0.1012, 0.3102	0.0728, 0.1959	0.0686, 0.1958
R_1^a, wR_2^b（all data）	0.1213, 0.3422	0.0891, 0.2089	0.0977, 0.2172

a：$R_1 = [||Fo| - |Fc||]/|Fo|$；

b：$wR_2 = \{[w[（Fo）^2 - （Fc）^2]^2]/[w（Fo^2）^2]\}^{1/2}$；$w = [（Fo）^2 + （AP）^2 + BP]^{-1}$，$P = [（Fo）^2 + 2（Fc）^2]/3$。

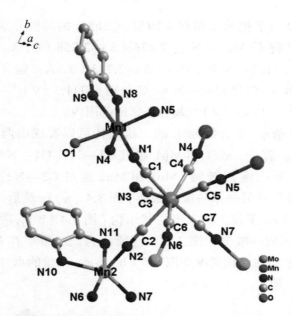

图 3.3　化合物 8RR 的局部配位结构（为清晰起见，略去了氢原子和溶剂分子）

　　化合物 8RR 和 8SS 为同晶结构，它们的不同之处在于所用配体的手性不同，我们以 8RR 为例说明其结构。8RR 结晶在三斜 $P\bar{1}$ 空间群中，其不对称单元包含 1 个 [Mo^Ⅲ(CN)₇]⁴⁻ 阴离子、2 个 Mn²⁺ 离子、两个 RR—Chxn 配体、1 个配位 H_2O 分子、2 个游离 MeCN 分子和 7 个游离 H_2O 分子。图 3.3 显示了该化合物中每个金属离子的配位情况。该化合物的结构中具有一种 Mo^Ⅲ 离子和两种晶体学 Mn^Ⅱ 离子（玫红色代表 Mn1，绿色代表 Mn2）。Mo^Ⅲ 离子通过 6 个氰根与 6 个 Mn^Ⅱ 离子连接，其中包含三个 Mn1（桥联配体：C1—N1、C4—N4 和 C5—N5）和三个 Mn2（桥联配体：C2—N2、C6—N6 和 C7—N7），此外还有一个终端氰根离子 C3—N3。Mo^Ⅲ 和 Mn^Ⅱ 离子之间的距离为 5.289（7）~ 5.488（7）Å。配位键长 Mo—C 为 2.125（9）~2.192（1）Å。Mo—C≡N 键角为 175.2（7）°~179.3（8）°，接近线性。我们用 SHAPE[30] 计算得到 Mo1 相对于理想的五角双锥构型的 CShMs 偏离值为 0.561。Mn1 为六配位，其中，3 个 N 原子来源于 [Mo^Ⅲ(CN)₇]⁴⁻ 的氰根，2 个 N 原子来源于 RR—Chxn 配体，剩余一个为配位 H_2O 分子。而 Mn2 离子为五配位，其中 3 个 N 原子来源于 [Mo^Ⅲ(CN)₇]⁴⁻ 的氰根，两个 N 原子来源于 RR—Chxn 配体。SHAPE[30] 计算表明 Mn1 位于扭曲八面体构型，Mn2 位于扭曲三角双锥构型，CShMs 偏离值分别为 0.805 和 1.633。配位键长 Mn1—N 为 2.136（8）~2.258（8）Å，Mn1—O 为 2.228（7）Å，Mn2—N 为 2.098（8）~2.283（9）Å。包含氰根的配位键角 Mn1—N≡C 和 Mn2—N≡C 分别为 111.3（9）°~171.0（8）° 和 159.9（7）°~174.1（8）°，均在正常的范围内。

如图 3.4 所示，化合物 8RR 的二维结构可以看成由两条一维褶皱链拼接组成。首先，Mo1 和 Mn1 通过 C1—N1、C4—N4 和 C5—N5 连接形成一条一维褶皱链，Mo1 和 Mn2 通过 C2—N2、C6—N6 和 C7—N7 连接形成另一条一维褶皱链 [图 3.4（a）]；然后，将这两条一维链拼接形成 ab 平面上的二维层状结构 [图 3.4（b）]，两种颜色分别表示两条不同的一维链。图 3.5（a）所示为该二维层在 bc 平面的结构。层与层之间的堆积情况如图 3.5（b）所示，大量的水分子填充在层与层之间的空隙中。

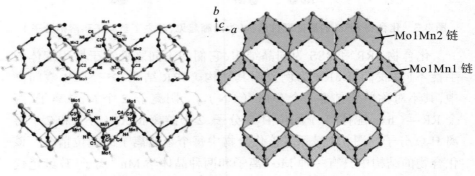

（a）沿着 a 轴方向的两条 1D 褶皱链　　（b）化合物在 ab 平面 2D 层结构

图 3.4　化合物 8RR 的结构（一）（为清晰起见，略去了有机配体、氢原子和溶剂分子）

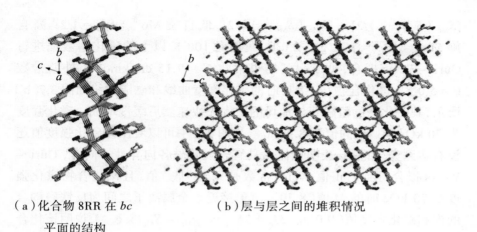

（a）化合物 8RR 在 bc 平面的结构　　　　　（b）层与层之间的堆积情况

图 3.5　化合物 8RR 的结构（二）

　　为了验证化合物 7 和 8RR 的纯度，我们在室温下对化合物 7 和 8RR 进行了 X– 射线粉末衍射表征，如图 3.6 所示。实验测试结果与单晶模拟结果相吻合，说明这两个化合物为纯相。

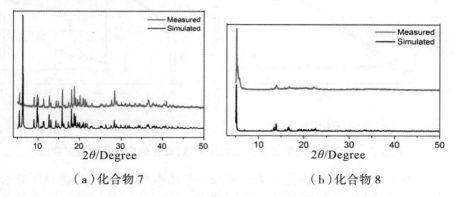

（a）化合物 7　　　　　　　　　　（b）化合物 8

图 3.6　化合物 7 和化合物 8RR 的 X– 射线粉末衍射数据图

3.2.3　化合物 7 和化合物 8 的磁学性质

　　化合物 7 的变温磁化率曲线如图 3.7（a）所示，$\chi_M T$ 值随着温度的降低先缓慢增加，然后在 50 K 以下快速增加至最大值 21.47 cm^{3}kmol^{-1}，最后又快速减小。$\chi_M T$–T 图中，23 K 附近峰的出现说明化合物 7 的磁矩在该温度以下可能发生磁阻塞现象。300 K 时，$\chi_M T$ 值为 9.24 cm^{3}kmol^{-1}，略高于 Mn$_2$Mo 单元的净自旋值 9.125 cm^{3}kmol^{-1}（$\chi_M T = 2$

$[S_{Mn}(S_{Mn}+1)/2]+[S_{Mo}(S_{Mo}+1)/2]$，低自旋 Mo^{III}：$S_{Mo}=1/2$；高自旋 Mn^{II}：$S_{Mn}=5/2$，$g=2.0$）。我们对 100 K 以上的磁化率数据进行 Curie-Weiss 拟合，可以得到居里常数 $C=9.15$ cm^3kmol^{-1}，外斯常数 $\theta=5.0$ K。该化合物在 1.8 K 时的磁化强度曲线和磁滞回线如图 3.7（b）所示，其磁化强度值随着外加场的增大先快速然后缓慢增大。磁化强度为 70 kOe 时，M 的值为 8.70 μ_B。从图 3.7 中可以看出该磁化强度值还没有达到完全饱和，表明该体系具有较强的磁各向异性。同样，Curie-Weiss 拟合得到的正值 Weiss 常数是一个"假"值，且该化合物磁化强度在 70 kOe 时的 M 值（8.70 μ_B）更接近于金属离子之间为反铁磁耦合的饱和磁化强度值（9.0 μ_B，$M_s=2S_{Mn}\times g_{Mn}-S_{Mo}\times g_{Mo}$），说明该化合物中 Mn^{II} 和 Mo^{III} 离子之间应该为反铁磁相互作用。另外，化合物 7 具有一个较明显的磁滞回线，矫顽场和剩磁分别为 3140 Oe 和 3.80 μ_B。

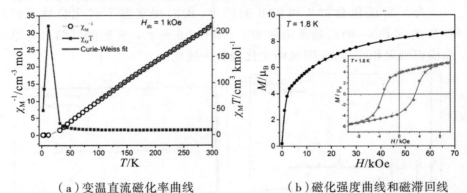

（a）变温直流磁化率曲线　　　　　（b）磁化强度曲线和磁滞回线

图 3.7　化合物 7 的变温直流磁化率曲线、磁化强度曲线和磁滞回线

为了进一步探究该化合物磁阻塞现象的本质，我们分别测试了化合物 7 的场冷（FC）和零场冷（ZFC）曲线（$H_{dc}=0$ Oe）以及交流磁化率曲线（$H_{dc}=0$ Oe 和 $H_{ac}=2$ Oe）。如图 3.8（a）所示，在高温区，ZFC 和 FC 曲线重合，随着温度的降低，ZFC 曲线在 23 K 时出现峰值并与 FC 曲线发生分歧，验证了 $\chi_M T$-T 曲线在 23 K 时的磁阻塞现象。此外，我们还在零场下测试了化合物 7 的交流磁化率曲线。如图 3.8（b）所示，不同频率下交流磁化率的实部和虚部均出现峰值，但是没有明显的频率依赖，证实了该化合物中长程磁有序的存在。实部 χ_M' 的峰值温度约为 23 K，与 ZFC 和 FC 曲线出现分歧的温度相吻合。以上结果表明，化合物 7 具有长程亚铁磁有序的性质，有序温度为 23 K。

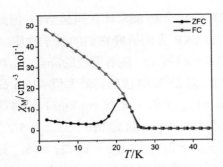

（a）场冷／零场冷（FC/ZFC）曲线

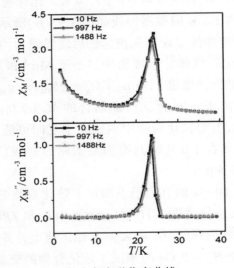

（b）交流磁化率曲线

图 3.8　化合物 7 的场冷／零场冷（FC/ZFC）曲线和交流磁化率曲线

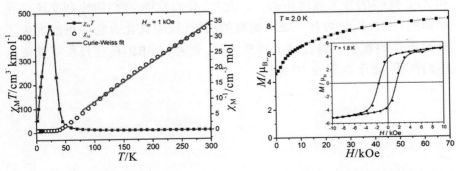

（a）变温直流磁化率曲线　　　　　（b）磁化强度曲线和磁滞回线

图 3.9　化合物 8RR 的变温直流磁化率曲线、磁化强度曲线和磁滞回线

　　由于化合物 8RR 和化合物 8SS 具有同晶结构,因此它们具有相似的磁学性质,在此我们以 8RR 为例研究它们的磁学性质。化合物 8RR 的变温磁化率曲线如图 3.9(a)所示。随着温度的降低,$\chi_M T$ 值先缓慢增加,至 50 K 时开始快速增加,至 25 K 时达到其最大值 445.6 $cm^3 kmol^{-1}$,然后又快速减小。在 300 K 时,$\chi_M T$ 值为 8.78 $cm^3 kmol^{-1}$,略低于只考虑一个低自旋 Mo^{III}(S_{Mo} = 1/2)和两个高自旋 Mn^{II}(S_{Mn} = 5/2)单元的净自旋值(9.125 $cm^3 kmol^{-1}$,$\chi_M T = 2[S_{Mn}(S_{Mn}+1)/2] + [S_{Mo}(S_{Mo}+1)/2]$,$g$ = 2.0)。对 80 K 以上磁化率数据进行 Curie–Weiss 拟合得出居里常数 C = 7.85 $cm^3 mol^{-1}$ K,外斯常数 θ = 27.74 K。化合物 8RR 在 2.0 K 时的磁化强度曲线和 1.8 K 时磁滞回线如图 3.9(b)所示。随着外加直流场的增大,磁化强度曲线呈现出先快速然后缓慢增大的趋势。在 70 kOe 时,M 值为 8.49 μ_B。该磁化强度值明显小于 Mn^{II} 和 Mo^{III} 离子之间为铁磁耦合的饱和磁化强度值 11.0 μ_B($M_s = 2S_{Mn} \times g_{Mn} + S_{Mo} \times g_{Mo}$),而更接近于金属离子之间为反铁磁耦合的 M_s(9.0 μ_B,$M_s = 2S_{Mn} \times g_{Mn} - S_{Mo} \times g_{Mo}$),表明该化合物中顺磁离子之间可能具有反铁磁相互作用。化合物 8RR 在 1.8 K 时具有明显的磁滞回线,矫顽场和剩磁分别为 1500 Oe 和 3.5 μ_B。

　　此外,我们在 10 Oe 的直流场下测试了该化合物的场冷(FC)和零场冷(ZFC)曲线,结果如图 3.10(a)所示。FC 和 ZFC 曲线在高温区完全重合,随着温度的降低,在 40 K 时开始迅速上升并发生分歧。我们还在 H_{dc} = 0 Oe 和 H_{ac} = 2 Oe 时测试了该化合物的交流磁化率曲线,如图 3.10(b)所示。不同频率下交流磁化率的实部和虚部几乎重合,没有明显的频率依赖,并且随着温度的降低,在 40 K 时急剧增大,与 FC 和 ZFC 曲线的分叉温度相吻合。此外,我们发现 ZFC 曲线和交流磁化率曲线在 35 K 时均有一处不明显的曲折,说明该化合物中可能发生了自旋重排的现象。综合以上磁性表征,化合物 8RR 具有长程亚铁磁有序的性质,有序温度为 40 K。

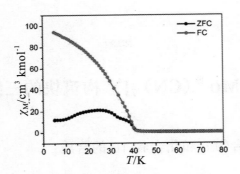

（a）场冷／零场冷（FC/ZFC）曲线

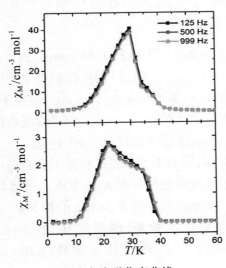

（b）交流磁化率曲线

图 3.10　化合物 8RR 的场冷／零场冷（FC/ZFC）曲线和交流磁化率曲线

3.3　基于 $[Mo^{III}(CN)_7]^{4-}$ 构筑块的三维化合物

3.3.1　化合物 9 和化合物 10 的合成

3.3.1.1　$Mn_2^{II}(DMF)(H_2O)2[Mo^{III}(CN)_7] \cdot H_2O \cdot CH_3OH$（化合物 9）的合成

首先，将 $K_4Mo(CN)_7 \cdot 2H_2O$（0.05 mmol，23.5 mg）溶解于 2 mL 甲醇和水（$V_{(MeOH)} : V_{(H2O)} = 1 : 3$）的混合溶剂中并置于 H 管的一侧，将 $Mn(ClO_4)_2 \cdot 6H_2O$（0.05 mmol，18.8 mg）溶解于 2 mL 甲醇、水和 DMF（$V_{(MeOH)} : V_{(H2O)} : V_{(DMF)} = 1 : 2 : 1$）的混合溶剂中，过滤并置于 H 管的另一侧。然后缓慢滴加混合溶剂（$V_{(MeOH)} : V_{(H2O)} : V_{(DMF)} = 1 : 2 : 1$）作为缓冲层，密封 H 管，避光静置于手套箱中。约一个月后，H 管的支口处有许多深褐色叶片状晶体生成。过滤取出晶体，用母液清洗，室温干燥得 5.4 mg，产率约为 36%（根据 Mn^{2+} 计算）。元素分析 $Mn_2MoC_{11}H_{17}N_8O_5$（%）：实验值（理论值）C，24.10（24.15）；N，20.56（20.48）；H，3.09（3.13）。红外特征光谱峰（KBr，cm^{-1}）：2105（vs，$v_{C \equiv N}$），2098（vs，$v_{C \equiv N}$）。

3.3.1.2　$Mn_2^{II}(DEF)(H_2O)[Mo^{III}(CN)_7]$（化合物 10）的合成

先将 $K_4Mo(CN)_7 \cdot 2H_2O$（0.05 mmol，23.5 mg）溶解于 2 mL 去氧水中并置于 H 管的一侧，将 $Mn(ClO_4)_2 \cdot 6H_2O$（0.05 mmol，18.8 mg）溶解于 2 mL 水和 DEF（$V_{(H2O)} : V_{(DEF)} = 3 : 1$）的混合溶剂中并置于 H 管的另一侧。然后缓慢滴加混合溶剂（$V_{(H2O)} : V_{(DEF)} = 3 : 1$）作为缓冲层，密封 H 管，避光静置于手套箱中。约一个月后，H 管的支口处有许多深褐色块状晶体生成。过滤取出晶体，用母液清洗，室温干燥得 7.5 mg，产率约为 59%（根据 Mn^{2+} 计算）。元素分析 $Mn_2MoC_{12}H_{13}N_8O_2$（%）：实验值（理论值）C，28.22（28.42）；N，22.18（22.09）；H，2.44（2.58）。红外特征光谱峰（KBr，cm^{-1}）：2098（vs，$v_{C \equiv N}$）。

3.3.2　化合物 9 和化合物 10 的晶体结构

晶体结构收集和精修参数见表 3.2 所列,部分键长键角见附表 3.7~ 附表 3.10 所列。

X 射线单晶衍射数据表明化合物 9 和化合物 10 具有相似的 3D 框架结构,主要区别在于酰胺配体的配位方式:化合物 9 中 DMF 为终端配体,而化合物 10 中 DEF 作为桥联配体连接两个 Mn^Ⅱ 离子。其详细的结构描述如下。

表 3.2　化合物 9 和 10 的晶体结构数据和精修参数

晶体结构数据和精修参数	化合物 9	化合物 10
Formula	$Mn_2MoC_{11}H_{17}N_8O_5$	$Mn_2MoC_{12}H_{13}N_8O_2$
M [g mol^{-1}]	547.15	507.12
Crystal system	Triclinic	Monoclinic
Space group	$P\bar{1}$	$P2_1/n$
a [Å]	7.961（6）	9.0369（19）
b [Å]	8.932（6）	16.263（4）
c [Å]	14.020（10）	13.159（3）
α [°]	93.206（11）	90
β [°]	92.618（11）	102.805（3）
γ [°]	107.265（10）	90
V [Å^3]	948.5（12）	1885.8（7）
Z	2	4
T [K]	153	153
ρ_{calcd} [g cm^{-3}]	1.916	1.786
F（000）	542	996
R_{int}	0.1519	0.0683
GOF（F^2）	1.075	1.036
T_{max}, T_{min}	0.819, 0.704	0.5859, 0.2402
R_1[a], wR_2[b]（$I>2\sigma$（I））	0.0787, 0.1871	0.0584, 0.1674
R_1[a], wR_2[b]（all data）	0.1377, 0.2168	0.0614, 0.1718

a: $R_1 = [||Fo| - |Fc||]/|Fo|$;

b: $wR_2 = \{[w[（Fo）^2 - （Fc）^2]^2]/[w（Fo^2）^2]\}^{1/2}$;　$w = [（Fo）^2 + （AP）^2 + BP]^{-1}$, $P = [（Fo）^2 + 2（Fc）^2]/3$。

化合物 9 结晶在三斜 $P\bar{1}$ 空间群中，其不对称单元如图 3.11（a）所示。每个不对称单元包含 1 个 $[\text{Mo}^{\text{III}}(\text{CN})_7]^{4-}$ 阴离子、2 个 Mn^{2+} 离子、1 个 DMF 配体、2 个配位 H_2O 分子、2 个游离 H_2O 分子和 1 个无序的甲醇分子。该化合物中金属离子的局部配位情况如图 3.12（a）所示：每个 Mo^{III} 通过 7 个 CN^- 配体与 7 个 Mn^{II} 离子连接，其中包含 2 种晶体学上的 Mn^{II} 离子，即 3 个 Mn1（桥联配体：C1—N1、C6—N6 和 C7—N7）和 4 个 Mn2（桥联配体：C2—N2、C3—N3、C4—N4 和 C5—N5）。通过氰根桥联，Mo^{III} 和 Mn^{II} 离子之间的距离为 5.358（3）~5.486（3）Å。配位键长 Mo—C 为 2.135（12）~2.188（12）Å。Mo—C≡N 键角接近于 180°，为 174.7（10）°~179.1（9）°。为了确定金属离子的配位构型，我们用 SHAPE[30] 计算了它们的 CShMs 偏离值。Mo^{III} 处于扭曲单帽三棱柱构型，相对于理想的 C_{2v} 对称性，其偏离值为 0.303。对 Mn^{II} 离子而言，Mn1 与 3 个氰根 N 原子、3 个 O 原子（H_2O）配位形成扭曲的八面体构型，相对于理想的 O_h 对称性其 CShMs 偏离值为 0.632。2 个 O 原子作为 μ_2—O 桥联配体连接 2 个 Mn1 离子。通过（μ_2—O1）$_2$ 桥联，2 个 Mn1 离子之间的距离为 3.558（1）Å。配位键长 Mn1—N 为 2.142（1）~2.154（1）Å，Mn1—O1 和 Mn1—O2 键长分别为 2.343（9）Å 和 2.224（8）Å。Mn2 离子与 4 个氰根 N 原子和一个 O 原子（DMF）配位形成扭曲的五配位三角双锥构型，相对理想的 D_{3h} 对称性，其 CShMs 偏离值为 1.911。配位键长 Mn2—N 为 2.144（1）~2.184（1）Å，Mn2—O3 键长为 2.228（7）Å。Mn^{II} 离子周围包含氰根的 Mn—N≡C 键角明显偏离 180°，为 157.1（1）°~176.7（8）°。

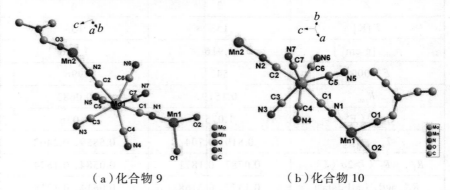

（a）化合物 9　　　　　　（b）化合物 10

图 3.11　化合物 9 和化合物 10 不对称单元图

（为清晰起见，略去了氢原子和溶剂分子）

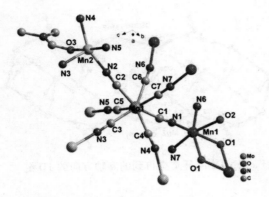

（a）局部配位结构

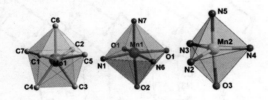

（b）金属离子的构型

图 3.12　化合物 9 的局部配位结构和金属离子的构型

（为清晰起见，略去了氢原子和溶剂分子）

如图 3.13 所示，化合物 9 的三维结构具有一定的规律性：首先，$Mo^{Ⅲ}$ 离子分别通过 C1—N1、C6—N6、C2—N2 和 C4—N4 氰根基团和 2 个 Mn1、2 个 Mn2 离子连接，Mn1 离子之间通过 μ_2—O 桥联，沿着 a 轴方向形成一条以 Mo_4Mn_4 环为单元的交替排列的一维链 [图 3.13（a）]。其次，该一维交替链边缘的 Mo1 和 Mn2 离子通过 C3—N3 彼此连接起来，在 ac 平面形成一个二维网状结构 [图 3.13（b）]。最后，利用每个 [Mo^Ⅲ（CN）₇]⁴⁻ 阴离子剩余的 2 个氰根，相邻的二维层彼此连接形成最终的三维结构（Mo1 和 Mn1 通过 C7—N7 连接，Mo1 和 Mn2 通过 C5—N5 连接）。化合物 9 的拓扑结构如图 3.14 所示，我们用 TOPOS 4.0 软件 [31] 分析了该三维框架结构。Mo1 可以简化为 7- 连接的节点，而 Mn1 和 Mn2 均可简化为 4- 连接的节点。因此，整个三维结构可以看作是一个三节点 4，4，7- 连接的网格，计算得到的拓扑符号为 $\{4^3 \cdot 5^3\}\{4^4 \cdot 5^2\}\{4^7 \cdot 5^4 \cdot 6^6 \cdot 7^4\}$。

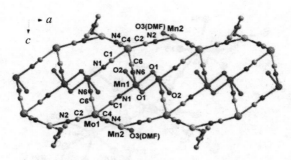

（a）Mo4Mn4 环重叠得到的 *a* 轴方向的 1D 链

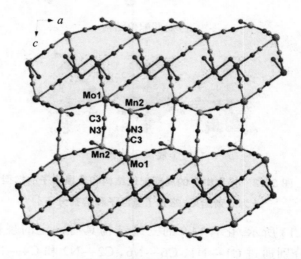

（b）*ac* 平面的 2D 结构

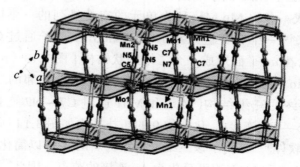

（c）化合物的 3D 结构

图 3.13   化合物 9 的晶体结构（为清晰起见，略去了氢原子和溶剂分子）

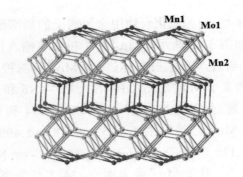

图 3.14　化合物 9 的拓扑结构

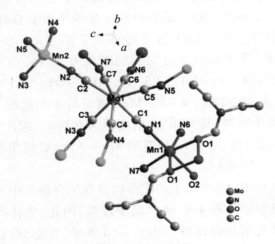

（a）局部配位结构

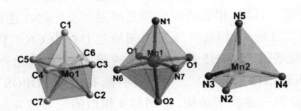

（b）金属离子的构型

图 3.15　化合物 10 的局部配位结构和金属离子的构型

（为清晰起见，略去了氢原子和溶剂分子）

化合物 10 结晶在单斜 $P2_1/n$ 空间群中，除了两个 $Mn^{Ⅱ}$ 离子之间的桥联配体不同，它的结构和化合物 9 非常相似。每个不对称单元包含 1 个 [Mo^Ⅲ(CN)₇]⁴⁻ 阴离子、2 个 Mn^{2+} 离子、1 个 DEF 配体和 1 个配位

H_2O 分子 [图 3.11（b）]。该化合物中金属离子的局部配位情况和金属离子的配位构型如图 3.15 所示。Mo^{III} 处于扭曲单帽八面体，其 CShMs 偏离值为 0.978。通过 7 个氰根配体，每个 Mo^{III} 与两种晶体学 Mn^{II} 离子连接，即 Mo1 和 3 个 Mn1 通过 C1—N1、C6—N6 和 C7—N7 连接，Mo1 和 4 个 Mn2 通过 C2—N2、C3—N3、C4—N4 和 C5—N5 连接。金属离子 Mo^{III} 和 Mn^{II} 之间的距离为 5.309（8）~5.499（7）Å。配位键长 Mo—C 为 2.116（4）~2.181（3）Å，Mo—C≡N 键角为 174.2（3）°~178.5（3）°。对于 Mn^{II} 离子而言，Mn1 与 3 个氰根 N 原子和 3 个 O 原子配位形成扭曲的八面体构型，相对于理想的 O_h 对称性，其 CShMs 偏离值为 0.662。其中，2 个 O 原子来源于两个 DEF 配体，另一个来源于 H_2O 分子。两个 DEF 分子的 O 原子作为 μ_2—O 桥联配体连接两个 Mn1 离子，两个 Mn1 离子之间的距离为 3.645（5）Å。配位键长 Mn1—N 为 2.124（3）~2.070（3）Å，Mn1—O1，Mn1—O2 键长分别为 2.284（3）Å 和 2.263（4）Å。Mn2 离子与 4 个氰根 N 原子配位形成扭曲的四面体构型，其 CShMs 偏离值为 0.390。配位键长 Mn2—N 为 2.052（3）~2.075（3）Å。所有的 Mn—N≡C 键角范围较大，为 163.1（3）°~179.7（4）°。

尽管化合物 10 中 Mn2 离子的配位构型和化合物 9 中不同，但是它们都通过 4 个氰根配体和 4 个 Mo^{III} 离子连接，因此，化合物 10 的三维结构表现出与 9 类似的规律性。如图 3.16 所示，首先，沿着 a 轴方向，Mo_4Mn_4 菱形单元交叉排列形成一条一维链，其中两个 Mn1 离子之间通过 DEF 连接。其次，相邻的一维带之间通过 C3—N3 连接形成一个 ac 平面上的二维层。最后，二维层之间通过 $[Mo^{III}(CN)_7]^{4-}$ 阴离子剩余的两个氰根基团 C5—N5 和 C7—N7 连接起来，得到化合物 10 的三维结构，其拓扑结构如图 3.17 所示。同样，我们用 TOPOS 4.0[31] 软件分析该化合物的三维框架结构，得到与 9 相似的三节点 4，4，7- 连接网格，计算得到的拓扑符号为 $\{4^3.5^3\}\{4^4.5^2\}\{4^7.5^4.6^7.7^3\}$。

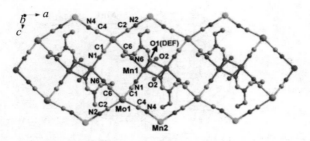

（a）Mo4Mn4 菱形重叠得到的 a 轴方向的 1D 链

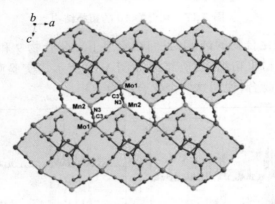

（b）ac 平面的 2D 结构

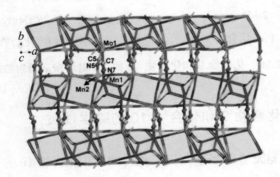

（c）化合物的 3D 结构

图 3.16　化合物 10 的结构（为清晰起见，略去了氢原子和溶剂分子）

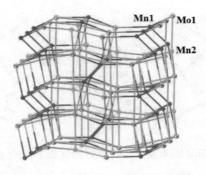

图 3.17　化合物 10 的拓扑结构

　　为了验证化合物的纯度,我们在室温下对化合物 9 和化合物 10 进行了 X– 射线粉末衍射表征,结果如图 3.18 所示。实验测试结果与单晶模拟结果相吻合,说明这两个化合物为纯相。

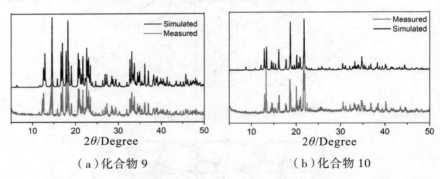

（a）化合物 9　　　　　　　　　　　（b）化合物 10

图 3.18　化合物 9 和化合物 10 的 X– 射线粉末衍射数据图

3.3.3　化合物 9 和化合物 10 的磁学性质

　　我们在 1 kOe 直流场下测试了化合物 9 和化合物 10 的变温磁化率曲线,如图 3.19 所示。在 300 K 时,化合物 9 的 $\chi_M T$ 值为 7.87 cm^{3}kmol^{-1},小于只考虑 1 个低自旋 Mo^{III}（S_{Mo} = 1/2）和 2 个高自旋 Mn^{II}（S_{Mn} = 5/2）的净自旋值（9.125 cm^{3}kmol^{-1}, $\chi_M T$ = 2[S_{Mn}（S_{Mn} +1）/2] + [S_{Mo}（S_{Mo} + 1）/2], g = 2.0）。随着温度的降低, $\chi_M T$ 值从 300 到 90 K 先缓慢然后突然增大,在 40 K 附近达到最大值 496.65 cm^{3}kmol^{-1},随后又急剧减小。在 2 K 时, $\chi_M T$ 值为 98.48 cm^{3}kmol^{-1}。化合物 10 的 $\chi_M T$–T 曲线和化合物 9 类似,室温 $\chi_M T$ 值为 9.36 cm^{3}kmol^{-1},高于 Mn$_2$Mo 单元的净

自旋值。$\chi_M T$ 值在 70 K 时达到最大值 594.48 cm³kmol⁻¹，在 2 K 时为 30.07 cm³kmol⁻¹。$\chi_M T$–T 曲线的这种趋势，说明这两个化合物中存在磁阻塞现象。峰值的出现说明化合物在临界温度以下表现出长程磁有序的现象。我们对 130 K 以上的磁化率数据进行 Curie-Weiss 拟合，得到化合物 9 和化合物 10 的居里常数 C 分别为 6.71 cm³kmol⁻¹ 和 6.28 cm³kmol⁻¹，外斯常数 θ 分别为 41.61 K 和 101.53 K。由于三维结构的复杂性，我们无法通过拟合磁化率数据得到金属离子之间的耦合常数。

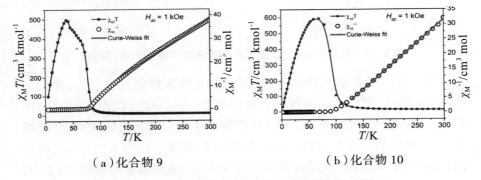

（a）化合物 9　　　　　　　　　（b）化合物 10

图 3.19　化合物 9 和 10 的变温直流磁化率曲线

　　此外，我们分别在 2.0 K 和 1.8 K 时测试了化合物 9 和化合物 10 的磁化强度曲线和磁滞回线。如图 3.20 所示，它们的磁化强度在低场时迅速增大，随后缓慢平稳地增大，直到 70 kOe 时近似达到饱和，分别为 7.36 μ_B 和 8.79 μ_B。对于 1 个低自旋的 Mo^Ⅲ（S_{Mo} = 1/2，g_{Mo} = 2.0）和 2 个高自旋的 Mn^Ⅱ（S_{Mn} = 5/2，g_{Mn} = 2.0）而言，当它们之间为铁磁相互作用时，饱和磁化强度值为 11.0 μ_B（$M_s = 2S_{Mn} \times g_{Mn} + S_{Mo} \times g_{Mo}$）；当它们之间为反铁磁相互作用时，饱和磁化强度值为 9.0 μ_B（$M_s = 2S_{Mn} \times g_{Mn} - S_{Mo} \times g_{Mo}$）。化合物 9 和化合物 10 在 70 kOe 时的磁化强度值更接近于金属离子间为反铁磁相互作用时的理论值，说明在这两个化合物中，金属离子之间为反铁磁相互作用更合理，详细的磁作用分析将在 3.3.4.1 进行讨论。化合物 9 和化合物 10 都有明显的磁滞回线，它们的矫顽场 H_c 分别为 250 Oe 和 200 Oe，剩磁 M_R 分别为 0.64 μ_B 和 2.36 μ_B。磁滞回线的存在说明化合物 9 和化合物 10 在低温下具有磁体的性质。

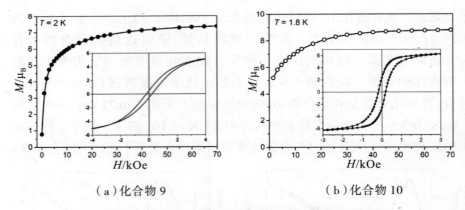

（a）化合物 9　　　　　　　　（b）化合物 10

图 3.20　化合物 9 和 10 的磁化强度曲线和磁滞回线（插图）

　　为了进一步验证化合物 9 和化合物 10 的长程磁有序行为,我们在 H_{dc} = 10 Oe 时测试了这两种化合物的场冷/零场冷（FC/ZFC）曲线（图 3.21）,在 H_{dc} = 10 Oe 和 H_{ac} = 2 Oe 时测试了它们的交流磁化率曲线（图 3.22）。测试结果显示它们具有相似的磁性曲线。如图 3.21 所示,两种化合物的 FC 和 ZFC 曲线在高温区完全重合,随着温度的降低,在 80 K 时开始迅速上升且出现分叉,随后在 45 K 时又出现了显著的上升。如图 3.21 所示,不同频率下,这两个化合物交流磁化率曲线的实部和虚部几乎重合且均有两个明显的峰,随着温度的降低,其虚部信号分别在 80 K 和 45 K 时急剧增强,与 FC 和 ZFC 曲线中的两个转折点相吻合。以上结果表明,化合物 9 和化合物 10 表现出亚铁磁有序的性质,有序温度为 80 K,并在 45 K 时转变为另一个磁有序相。

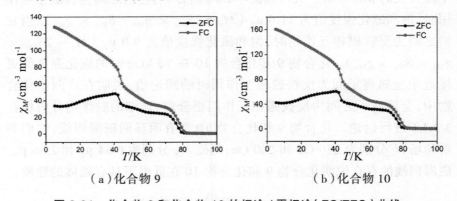

（a）化合物 9　　　　　　　　（b）化合物 10

图 3.21　化合物 9 和化合物 10 的场冷/零场冷（FC/ZFC）曲线

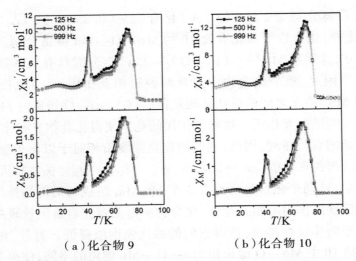

（a）化合物 9　　　　　　　　　（b）化合物 10

图 3.22　不同频率下化合物 9 和化合物 10 的场冷（FC）和零场冷（ZFC）曲线

3.3.4　化合物 9 和化合物 10 的磁构关系讨论

3.3.4.1　化合物 9 和化合物 10 的磁相互作用讨论

根据化合物 9 和化合物 10 的磁性描述，它们的直流磁化率 $\chi_M T$ 曲线在高温区域随着温度的降低呈现上升的趋势，并且居里外斯拟合也得到了较大正值的外斯常数 θ，这些结果通常表明金属离子之间为铁磁相互作用。然而，在基于 [Mo^{III}（CN）$_7$]$^{4-}$ 构筑块的磁有序体系中，也存在部分特例。人们通过中子衍射实验对部分 Mn^{II}—[Mo^{III}（CN）$_7$]$^{4-}$ 体系中化合物的磁相互作用进行了确认，发现金属离子之间为反铁磁相互作用。此外，结合图 3.19 所示的测试结果，我们发现 70 kOe 时饱和磁化强度的实验值更接近于金属离子间为反铁磁相互作用时的理论值。因此，我们得出结论，化合物 9 和化合物 10 中金属离子之间具有反铁磁相互作用。

化合物 9 在 70 kOe 时的饱和磁化强度值 7.36 μ_B 相对于理论值 9.00 μ_B 相差较大，化合物 10 在 70 kOe 时的饱和磁化强度值 8.79 μ_B 也小于理论值，这一现象引起了我们的注意。我们详细地研究了这两个化合物的结构，发现它们和之前报道的三维磁体略有不同：结构中存在 Mn^{II}—（μ_2—O）$_2$—Mn^{II} 桥联组分。通过 μ_2—O 桥联，Mn^{II} 离子之间的距离分别为 3.558（1）Å（化合物 9）和 3.645（5）Å（化合物 10）。此外，化合物 9 和化合物 10 的 Mo—O—Mn 键角分别为 102.7° 和 106.0°，这表明 Mn^{II} —（μ_2—O）$_2$—Mn^{II} 组分间具有反铁磁相互作用。[32-36] 因此，整个化合物中包含两种磁相互作用：（1）氰根传递的 Mo^{III} 和 Mn^{II} 离子之间的反铁磁相互作用；（2）μ_2—O 传递的 Mn^{II} 离子之间的反铁磁相互作用。这两种作用的竞争使得化合物 9 和化合物 10 具有复杂的自旋排列，因此，它们的磁化强度值相对于以简单亚铁磁排列计算所得的理论值（$M_s = 2S_{Mn} \times g_{Mn} - S_{Mo} \times g_{Mo}$）偏差较大。如图 3.23 所示，这两个化合物都包含一个 Mo_4Mn_4 组成的局部拓扑结构，由于两种反铁磁作用的相互竞争，化合物中可能存在自旋阻挫现象，因而产生磁矩的非线性排列，使得它们的磁化强度值降低。另外，化合物 9 和化合物 10 中 Mo—O 键长和 Mo—O—Mn 键角的不同，使得 Mn^{II} — Mn^{II} 离子之间的距离略微不同，这可能导致它们在 70 kOe 时的磁化强度值略微不同。

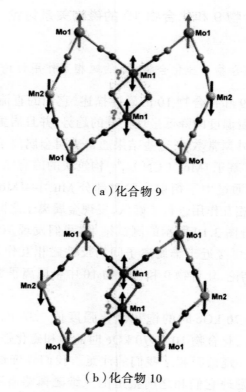

（a）化合物 9

（b）化合物 10

图 3.23　化合物 9 和化合物 10 局部拓扑结构以及可能的自旋阻挫现象

3.3.4.2　化合物 9 和化合物 10 的磁有序温度讨论

X 射线单晶衍射分析表明化合物 9 和化合物 10 具有相似的三维结构,磁性测量表明它们具有相同的磁有序温度(80 K)。与传统的磁有序化合物不同,化合物 9 和化合物 10 的 FC 和 ZFC 曲线有两个转折,交流磁化率的实部和虚部也出现两个对应的峰值,分别出现在 80 K 和 40 K。在部分基于 [Mo^{III}(CN)$_7$]$^{4-}$ 的化合物中也观察到了类似的现象,并在 Mn^{2+}/[Mo^{III}(CN)$_7$]$^{4-}$ 化合物的经典 α 和 β 相中进行了详细的研究和分析。80 K 时的转变表明化合物从无序相转变成磁有序相,45 K 时表明化合物在两个有序相之间转变,这很可能是由于金属离子的自旋重排导致的。

为了更好地了解化合物的磁构关系,我们对文献报道过的三维 Mn^{2+}/[Mo^{III}(CN)$_7$]$^{4-}$ 化合物进行了总结,包括它们的有序温度和结构信息(表 3.3)。对于这些三维化合物,它们的磁有序温度可以根据分子场理论近似地表达为

$$T_c = \frac{2\left(n_{\text{Mo(III)}} n_{\text{Mn(II)}}\right)^{\frac{1}{2}} |J| \left\{ S_{\text{Mo(III)}} \left(S_{\text{Mo(III)}} + 1 \right) S_{\text{Mn(II)}} \left(S_{\text{Mn(II)}} + 1 \right) \right\}^{\frac{1}{2}}}{3k_B}$$

式中, $n_{\text{Mo(III)}}$ 和 $n_{\text{Mn(II)}}$ 分别表示 Mo^{III} 和 Mn^{II} 离子周围最近邻顺磁离子的平均个数; J 为三个坐标轴方向的平均耦合常数; S 为自旋量子数; k_B 为玻尔兹曼常数。根据这个表达式, T_c 值正比于 $n_{\text{Mo(III)}}$、$n_{\text{Mn(II)}}$ 和 $|J|$。从表 3.3 所列我们发现这些高维的 Mn^{2+}/[Mo^{III}(CN)$_7$]$^{4-}$ 化合物通常具有较高的 T_c 值。总体而言,当平均 $|J|$ 值相同时, [$n_{\text{Mo(III)}}$, $n_{\text{Mn(II)}}$] 越大, T_c 就越高。但是,部分化合物也存在例外,例如化合物 [N(CH$_3$)$_4$]$_2$[Mn (H$_2$O)]$_3$[Mo (CN)$_7$]$_2$ · 2H$_2$O[37] 和 {[Mn (HL)(H$_2$O)]$_2$Mn[Mo (CN)$_7$]$_2$} · 2H$_2$O。[20] 尽管它们的 $n_{\text{Mo(III)}}$ 为 6 ([Mo^{III}(CN)$_7$]$^{4-}$ 单元存在未配位的终端 CN$^-$ 离子),它们的 T_c 却高于其他化合物,这很可能是由较高的 $|J|$ 值和相对较大的 $n_{\text{Mn(II)}}$(4)导致的。另一个例外是化合物 {K$_2$(H$_2$O)$_4$Mn$_5$(H$_2$O)$_8$(MeCN)[Mo(CN)$_7$]$_3$} · 2H$_2$O,它的 ($n_{\text{Mo(III)}}$, $n_{\text{Mn(II)}}$)值是最大的,但其 T_c 却只位于列表的中间位置。此外,还有一些化合物在脱水之后其 T_c 可以提高近 20 K。这种磁海绵效应可能是由于 $|J|$ 值的增大导致的,也和脱水后 Mn^{II} 离子配位环境的改变以及整个化合物结构的改变有关。

根据以上讨论,一般较大的$(n_{Mo(III)}, n_{Mn(II)})$值有利于提高化合物的$T_c$。螯合配体会占据金属离子的配位点从而减小其$n_{Mn(II)}$,但是从表3.3可以看出,具有螯合配体的化合物(标注 *)相比于其他化合物具有较高的有序温度。其中,化合物 {[Mn(HL)(H_2O)]$_2$Mn[Mo(CN)$_7$]$_2$}·$2H_2O$ 和 [Mn$_2$(tea)Mo(CN)$_7$]·H_2O 脱水之后的有序温度为 106 K,是 Mn^{II}—[Mo^{III}(CN)$_7$]$^{4-}$ 体系中最高的。对于没有螯合配体的化合物,Mn^{II}离子周围通常会有溶剂分子配位,从而减小其$n_{Mn(II)}$。由于化合物 9 和化合物 10 的$(n_{Mo(III)}, n_{Mn(II)})$值相同,均为(7,4),金属离子之间的距离也相近,因此它们表现出几乎相同的磁有序温度,在整个 Mn^{II}—[Mo^{III}(CN)$_7$]$^{4-}$ 体系中也相对较大。

3.4   本章小结

本章中,我们使用不同的胺类配体和酰胺配体,分别和 Mn^{2+} 离子、[Mo^{III}(CN)$_7$]$^{4-}$ 自组装,得到了化合物 5 和高维化合物,并对其合成、结构和磁性进行了介绍。单晶结构分析表明化合物 7、化合物 8RR 和 8SS 具有 2D 层状结构,化合物 9 和化合物 10 具有 3D 框架结构。磁性测量表明 2D 化合物 7、化合物 8RR 和 8SS 以及 3D 化合物 9 和化合物 10 的金属离子之间具有反铁磁相互作用,均表现为长程亚铁磁有序。2D 化合物的有序温度相对较低,分别为 23 K 和 40 K。3D 化合物的有序温度较高,均为 80 K,并在 45 K 附近发生另一个磁有序相的转变。在基于 [Mo^{III}(CN)$_7$]$^{4-}$ 构筑块的化合物中,化合物 9 和化合物 10 是少有的包含第二共配体且具有较高磁有序温度的三维磁体。

表 3.3　文献报道的基于 [Mo^{III}(CN)$_7$]$^{4-}$ 构筑块的三维 Mn^{II} Mo^{III} 化合物

化合物	空间群	Mo^{III} 的配位构型	Mn^{II} 的配位构型	($n_{\text{Mo(III)}}$, $n_{\text{Mn(II)}}$)	T_c / K	Ref
[N(CH$_3$)$_4$]$_2$[Mn(H$_2$O)]$_3$[Mo(CN)$_7$]$_2$ · 2H$_2$O	Monoclinic $C2/c$	CTP	²2TBP, 4SP	(6, 4)	86	15a
{[Mn(HL)(H$_2$O)]$_2$Mn[Mo(CN)$_7$]} · 2H$_2$O*	Monoclinic $C2$	MCO	4OH, 2TH	(6, 4)	85	6e
Mn$_2$(DMF)(H$_2$O)$_2$[Mo(CN)$_7$] · H$_2$O · CH$_3$OH*	Triclinic $P\bar{1}$	CTP	4TBP, 3OH	(7, 4)	80	化合物 9
Mn$_2$(DEF)(H$_2$O)[Mo(CN)$_7$]*	Monoclinic $P2_1/n$	MCO	3OH, 4TH	(7, 4)	80	化合物 10
[Mn$_2$(tea)Mo(CN)$_7$] · H$_2$O*	Orthorhombic $Pbca$	CTP	3OH, 4SP	(7, 3.5)	75	6d
Mn$_2$(1-pypz)(H$_2$O)(CH$_3$CN)[Mo(CN)$_7$]*	Monoclinic $C2/m$	CTP	4OH, 3TBP	(7, 3.7)	66	6g
Mn$_2$(3-pypz)(H$_2$O)(CH$_3$CN)[Mo(CN)$_7$]*	Monoclinic $C2/m$	CTP	4OH, 3TBP	(7, 3.7)	64	6g
Mn$_2$(pyim)(H$_2$O)(CH$_3$CN)[Mo(CN)$_7$]*	Monoclinic $C2/m$	CTP	4OH, 3TBP	(7, 3.7)	62	6g
{K$_2$(H$_2$O)$_4$Mn$_5$(H$_2$O)$_8$(MeCN)[Mo(CN)$_7$]$_3$} · 2H$_2$O	Monoclinic $P2_1/n$	PBP–CTP	7OH	(7, 4.5)	61	6f
[NH$_4$]$_2$Mn$_3$(H$_2$O)$_4$[Mo(CN)$_7$]$_2$ · 4H$_2$O	Monoclinic $C2/c$	CTP	5OH, 2TH	(7, 3.5)	53	15b

续表

化合物	空间群	Mo^{III} 的配位构型	Mn^{II} 的配位构型	($n_{Mo(III)}$, $n_{Mn(II)}$)	T_c / K	Ref
(NH$_4$)$_2$Mn$_3$(H$_2$O)$_7$[Mo(CN)$_7$]$_2$·nH$_2$O (n=4, 5)	Monoclinic $C2/c$	CTP—MCO	5OH, 2TH	(7, 3.5)	53	15c
Mn(H$_2$O)$_5$Mo(CN)$_7$·4H$_2$O (α phase)	Monoclinic $P2_1/c$	PBP	7OH	(7, 3.5)	51	6a
Mn(H$_2$O)$_5$Mo(CN)$_7$·4.75H$_2$O (β phase)	Monoclinic $P2_1/c$	PBP	7OH	(7, 3.5)	51	6a
Mn$_2$[Mo(CN)$_7$]·(pyrimidine)$_2$·2H$_2$O*	Monoclinic $P2_1/n$	MCO	7OH	(7, 2.5)	47	15d
[Mn(tacn)]$_2$[Mo(CN)$_7$]·5H$_2$O*	no crystal data	—	—	—	90	15e
[Mn$_2$(tea)Mo(CN)$_7$]*	no crystal data	—	—	—	106	6d
{[Mn(HL)(H$_2$O)]$_2$Mn[Mo(CN)$_7$]$_2$}*	no crystal data	—	—	—	106	6e

L =N, N—二甲基丙醇胺；tea = 三乙醇胺；tacn = 三氮杂环壬烷。CTP = capped trigonal prism（单帽三棱柱）；MCO = mono-capped octahedron（单帽八面体）；PBP = pentagonal bipyramid（五角双锥）；TBP = trigonal bipyramid（三角双锥）；SP = square pyramid（四方锥）；OH = octahedron（八面体）；TH = tetrahedral（四面体）。

a 该数字代表每个 Mo^{III} 周围具有此构型的 Mn^{II} 离子的数量。

* 表示这些化合物中含有螯合配体。

参考文献

[1] AGUILÀ D, PRADO Y, KOUMOUSI E S, et al. Switchable Fe/Co Prussian blue networks and molecular analogues[J]. Chemical Society Reviews, 2016, 45(1): 203-224.

[2] NEWTON G N, NIHEI M, OSHIO H. Cyanide - Bridged Molecular Squares–The Building Units of Prussian Blue[J]. European Journal of Inorganic Chemistry, 2011(20): 3031-3042.

[3] WANG X Y, AVENDAÑO C, Dunbar K R. Molecular magnetic materials based on 4d and 5d transition metals[J]. Chemical Society Reviews, 2011, 40(6): 3213-3238.

[4] PINKOWICZ D, PODGAJNY R, NOWICKA B, et al. Magnetic clusters based on octacyanidometallates[J]. Inorganic Chemistry Frontiers, 2015, 2(1): 10-27.

[5] NOWICKA B, KORZENIAK T, STEFAŃCZYK O, et al. The impact of ligands upon topology and functionality of octacyanidometallate-based assemblies[J]. Coordination Chemistry Reviews, 2012, 256(17-18): 1946-1971.

[6] SIEKLUCK A B, PODGAJNY R, PINKOWICZ D, et al. Towards high T_{c} octacyanometalate-based networks[J]. CrystEngComm, 2009, 11(10): 2032-2039.

[7] MANRIQUEZ J M, YEE G T, MCLEAN R S, et al. A room-temperature molecular/organic-based magnet[J]. Science, 1991, 252(5011): 1415-1417.

[8] SESSOLI R, GATTESCHI D, CANESCHI A, et al. Magnetic bistability in a metal-ion cluster[J]. Nature, 1993, 365(6442): 141-143.

[9] MALLAH T, THIÉBAUT S, VERDAGUER M, et al. High-

T_c molecular-based magnets: ferrimagnetic mixed-valence chromium (III)-chromium (II) cyanides with T_c at 240 and 190 kelvin[J]. Science, 1993, 262(5139): 1554-1557.

[10] ENTLEY W R, GIROLAMI G S. New Three-Dimensional Ferrimagnetic Materials: $K_2Mn[Mn(CN)_6]$, $Mn_3[Mn(CN)_6]_2 \cdot 12H_2O$, and $CsMn[Mn(CN)_6] \cdot 1/2H_2O$[J]. Inorganic Chemistry, 1994, 33(23): 5165-5166.

[11] ENTLEY W R, GIROLAMI G S. High-temperature molecular magnets based on cyanovanadate building blocks: spontaneous magnetization at 230 K[J]. Science, 1995, 268(5209): 397-400.

[12] FERLAY S, MALLAH T, OUAHES R, et al. A room-temperature organometallic magnet based on Prussian blue[J]. Nature, 1995, 378(6558): 701-703.

[13] DUJARDIN E, FERLAY S, PHAN X, et al. Synthesis and magnetization of new room-temperature molecule-based magnets: Effect of stoichiometry on local magnetic structure by X-ray magnetic circular dichroism[J]. Journal of the American Chemical Society, 1998, 120(44): 11347-11352.

[14] HATLEVIK Ø, BUSCHMANN W E, ZHANG J, et al. Enhancement of the magnetic ordering temperature and air stability of a mixed valent vanadium hexacyanochromate (III) magnet to 99 C (372 K)[J]. Advanced Materials, 1999, 11(11): 914-918.

[15] MILLER J S, CALABRESE J C, EPSTEIN A J, et al. Ferromagnetic properties of one-dimensional decamethylferrocenium tetracyanoethylenide (1: 1): $[Fe(\eta^5-C_5Me_5)_2] \cdot {}^+[TCNE] \cdot {}^-$[J]. Journal of the Chemical Society, Chemical Communications, 1986 (13): 1026-1028.

[16] LARIONOVA J, SANCHIZ J, KAHN O, et al. Crystal structure, ferromagnetic ordering and magnetic anisotropy for two cyano-bridged bimetallic compounds of formula $Mn_2(H_2O)_5Mo(CN)_7 \cdot nH_2O$[J]. Chemical Communications, 1998 (9): 953-954.

[17] LARIONOVA J, KAHN O, GOHLEN S, et al. Structure,

Ferromagnetic Ordering, Anisotropy, and Spin Reorientation for the Two-Dimensional Cyano-Bridged Bimetallic Compound K_2Mn_3 $(H_2O)_6$ [Mo(CN)$_7$]$_2$ · $6H_2O$[J]. Journal of the American Chemical Society, 1999, 121(14): 3349-3356.

[18] ANDRUH M, KAHN O, GOLHEN S, et al. A Mixed-Valence and Mixed-Spin Molecular Magnetic Material[J]. Angewandte Chemie (International ed. in English), 1999, 38(17): 2606-2609.

[19] TANASE S, TUNA F, GUIONNEAU P, et al. Substantial Increase of the Ordering Temperature for {Mn^{II}/Mo^{III}(CN)$_7$}-Based Magnets as a Function of the 3d Ion Site Geometry: Example of Two Supramolecular Materials with T_c= 75 K and 106 K[J]. Inorganic chemistry, 2003, 42(5): 1625-1631.

[20] MILON J, DANIEL M C, KAIBA A, et al. Nanoporous magnets of chiral and racemic [{Mn(HL)}$_2$Mn{Mo(CN)$_7$}$_2$] with switchable ordering temperatures (T_c= 85 K↔ 106 K) driven by H_2O sorption (L= N, N-dimethylalaninol)[J]. Journal of the American Chemical Society, 2007, 129(45): 13872-13878.

[21] MILON J, GUIONNEAU P, DUHAYON C, et al. [K$_2$Mn$_5${Mo(CN)$_7$}$_3$]: an open framework magnet with four T_c conversions orchestrated by guests and thermal history[J]. New Journal of Chemistry, 2011, 35(6): 1211-1218.

[22] WEI X Q, PI Q, SHEN F X, et al. Syntheses, structures, and magnetic properties of three new Mn^{II} –[Mo^{III}(CN)$_7$]$^{4-}$ molecular magnets[J]. Dalton Transactions, 2018, 47(34): 11873-11881.

[23] KAHN O, LARIONOVA J, OUAHAB L. Magnetic anisotropy in cyano-bridged bimetallic ferromagnets synthesized from the [Mo(CN)$_7$]$^{4-}$ precursor[J]. Chemical Communications, 1999 (11): 945-952.

[24] KAHN O. Magnetic anisotropy in molecule–based magnets[J]. Philosophical Transactions of the Royal Society of London. Series A: Mathematical, Physical and Engineering Sciences, 1999, 357(1762): 3005-3023.

[25] Sra A K, Rombaut G, Lahitête F, et al. Hepta/octa

cyanomolybdates with Fe^{2+}: influence of the valence state of Mo on the magnetic behavior[J]. New Journal of Chemistry, 2000, 24(11): 871-876.

[26] WU D Q, KEMPE D, ZHOU Y, et al. Three-Dimensional Fe^{II} –[$Mo^{III}(CN)_7$]$^{4-}$ Magnets with Ordering below 65 K and Distinct Topologies Induced by Cation Identity[J]. Inorganic Chemistry, 2017, 56(12): 7182-7189.

[27] TOMONO K, TSUNOBUCHI Y, NAKABAYASHI K, et al. Three-dimensional Nickel (II) Heptacyanomolybdate (III)-based Magnet[J]. Chemistry letters, 2009, 38(8): 810-811.

[28] TOMONO K, TSUNOBUCHI Y, NAKABAYASHI K, et al. Vanadium (II) heptacyanomolybdate (III)-based magnet exhibiting a high curie temperature of 110 K[J]. Inorganic chemistry, 2010, 49(4): 1298-1300.

[29] RUIZ E, RODRÍGUEZ - FORTEA A, ALVAREZ S, et al. Is it possible to get high T_C magnets with Prussian blue analogues? A theoretical prospect[J]. Chemistry–A European Journal, 2005, 11(7): 2135-2144.

[30] LLUNELL M, CASANOVA D, CIRERA J, et al. SHAPE, version 2.1[J]. Universitat de Barcelona, Barcelona, Spain, 2013, 2103.

[31] BLATOV V A, SHEVCHENKO A P, PROSERPIO D M. Applied topological analysis of crystal structures with the program package ToposPro[J]. Crystal Growth & Design, 2014, 14(7): 3576-3586.

[32] MANDAL S, MAJUMDER S, Mondal S, et al. Synthesis, Crystal Structures and Magnetic Properties of Two Heterobridged μ - Phenoxo - $μ_{1,1}$ - Azide/Isocyanate Dinickel (II) Compounds: Experimental and Theoretical Exploration[J]. European Journal of Inorganic Chemistry, 2018(41): 4556-4565.

[33] SIEBER A, BOSKOVIC C, BIRCHER R, et al. Synthesis and spectroscopic characterization of a new family of Ni_4 spin clusters[J]. Inorganic chemistry, 2005, 44(12): 4315-4325.

[34] HABIB F, MURUGESU M. Lessons learned from dinuclear lanthanide nano-magnets[J]. Chemical Society Reviews, 2013, 42(8): 3278-3288.

[35] SKALYO JR J, SHIRANE G, FRIEDBERG S A. Two-Dimensional Antiferromagnetism in Mn (HCOO)$_2$ · 2H$_2$O[J]. Physical Review, 1969, 188(2): 1037.

[36] WANG Z, ZHANG B, FUJIWARA H, et al. Mn$_3$(HCOO)$_6$: a 3D porous magnet of diamond framework with nodes of Mn-centered MnMn$_4$ tetrahedron and guest-modulated ordering temperature[J]. Chemical Communications, 2004 (4): 416-417.

[37] LARIONOVA J, CLÉRAC R, DONNADIEU B, et al. [N(CH$_3$)$_4$]$_2$ [Mn(H$_2$O)]$_3$[Mo(CN)$_7$]$_2$ · 2H$_2$O: A New High T$_c$ Cyano - Bridged Ferrimagnet Based on the [Mo^{III}(CN)$_7$]$^{4-}$ Building Block and Induced by Counterion Exchange[J]. Chemistry–A European Journal, 2002, 8(12): 2712-2716.

[38] LE GOFF X F, WILLEMIN S, COULON C, et al. [NH$_4$]$_2$Mn$_3$(H$_2$O)$_4$[Mo(CN)$_7$]$_2$ · 4H$_2$O: Tuning Dimensionality and Ferrimagnetic Ordering Temperature by Cation Substitution[J]. Inorganic chemistry, 2004, 43(16): 4784-4786.

[39] WILLEMIN S, LARIONOVA J, BOLVIN H, et al. Cation templation of Mn^{2+}/[Mo(CN)$_7$]$^{4-}$ system: Formation of pseudo-dimorphs (NH$_4$)$_2$Mn$_3$ (H$_2$O)$_4$[Mo(CN)$_7$]$_2$ · nH$_2$O(n= 4, 5)[J]. Polyhedron, 2005, 24(9): 1033-1046.

[40] TOMONO K, TSUNOBUCHI Y, NAKABAYASHI K, et al. Vanadium (II) heptacyanomolybdate (III)-based magnet exhibiting a high curie temperature of 110 K[J]. Inorganic chemistry, 2010, 49(4): 1298-1300.

[41] SRA A K, LAHITITE F, YAKHMI J V, et al. [Mn(tacn)]$_2$Mo(CN)$_7$ · 5H$_2$O: a 90 K ferromagnet[J]. Physica B: Condensed Matter, 2002, 321(1-4): 87-90.

附表 3.1　化合物 7 的部分键长

化合物 7	键长 / Å	化合物 7	键长 / Å	化合物 7	键长 / Å
Mo（1）—C（1）	2.163（13）	Mn（1）—N（10）	2.18（3）	Mn（2）—N（13）	2.18（3）
Mo（1）—C（2）	2.20（3）	Mn（1）—N（9）	2.210（14）	Mn（2）—N（15）	2.26（3）
Mo（1）—C（3）	2.17（4）	Mn（1）—N（11）	2.229（10）	Mn（2）—N（2）	2.28（2）
Mo（1）—C（4）	2.154（11）	Mn（1）—N（1）	2.222（10）	Mn（2）—N（6）#2	2.29（3）
Mo（1）—C（5）	2.12（3）	Mn（1）—N（8）	2.30（3）	Mn（2）—N（12）	2.27（3）
Mo（1）—C（6）	2.14（3）	Mn（1）—N（4）#1	2.362（11）	N（6）—Mn（2）#3	2.29（3）
Mo（1）—C（7）	2.160（14）	N（4）—Mn（1）#4	2.362（11）	Mn（2）—N（14）	2.11（3）

附表 3.2　化合物 7 的部分键角

化合物 7	键角 /°	化合物 7	键角 /°	化合物 7	键角 /°
N（1）—C（1）—Mo（1）	175.3（15）	C（1）—N（1）—Mn（1）	157.3（9）	C（24）—N（14）—Mn（2）	112（3）
N（2）—C（2）—Mo（1）	172（3）	C（15）—N（11）—Mn（1）	109.9（16）	C（23）—N（14）—Mn（2）	116（3）
N（3）—C（3）—Mo（1）	164（3）	C（16）—N（11）—Mn（1）	108.0（15）	C（6）—N（6）—Mn（2）#3	145（2）
N（4）—C（4）—Mo（1）	174（2）	C（8）—N（8）—Mn（1）	105（2）	C（2）—N（2）—Mn（2）	144（2）
N（5）—C（5）—Mo（1）	171（3）	C（18）—N（8）—Mn（1）	103（2）	C（26）—N（15）—Mn（2）	109（2）
N（6）—C（6）—Mo（1）	173（2）	C（4）—N（4）—Mn（1）#4	143.3（10）	C（27）—N（15）—Mn（2）	109（2）
N（7）—C（7）—Mo（1）	175.3（12）	C（10）—N（9）—Mn（1）	116.8（16）	C（21）—N（13）—Mn（2）	112（2）

续表

化合物 7	键角 /°	化合物 7	键角 /°	化合物 7	键角 /°
C (6)—Mo (1)—C (3)	148.5 (11)	C (9)—N (9)—Mn (1)	111.7 (18)	C (20)—N (13)—Mn (2)	95 (3)
C (6)—Mo (1)—C (5)	71.3 (11)	C (13)—N (10)—Mn (1)	114(2)	C (29)—N (12)—Mn (2)	107.9 (18)
C (3)—Mo (1)—C (5)	138.4 (5)	C (12)—N (10)—Mn (1)	112(2)	C (19)—N (12)—Mn (2)	104 (2)
C (6)—Mo (1)—C (1)	90.6 (8)	N (10)—Mn (1)—N (9)	96.2 (10)	N (14)—Mn (2)—N (13)	90.3 (14)
C (3)—Mo (1)—C (1)	84.7 (12)	N (10)—Mn (1)—N (11)	91.3 (10)	N (14)—Mn (2)—N (15)	90.9 (12)
C (5)—Mo (1)—C (1)	83.5 (12)	N (9)—Mn (1)—N (11)	171.4 (11)	N (13)—Mn (2)—N (15)	177.8 (13)
C (6)—Mo (1)—C (4)	138.3 (12)	N (10)—Mn (1)—N (1)	90.1 (12)	N (14)—Mn (2)—N (2)	91.7(9)
C (3)—Mo (1)—C (4)	72.6 (13)	N (9)—Mn (1)—N (1)	90.3 (5)	N (13)—Mn (2)—N (2)	92.0 (10)
C (5)—Mo (1)—C (4)	72.2 (14)	N (11)—Mn (1)—N (1)	94.0 (4)	N (15)—Mn (2)—N (2)	86.1 (10)
C (1)—Mo (1)—C (4)	104.8 (4)	N (10)—Mn (1)—N (8)	176.2 (7)	N (14)—Mn (2)—N (6)#2	85.8 (11)
C (6)—Mo (1)—C (7)	80.4 (9)	N (9)—Mn (1)—N (8)	80.3 (10)	N (13)—Mn (2)—N (6)#2	88.8 (10)
C (3)—Mo (1)—C (7)	100.4 (15)	N (11)—Mn (1)—N (8)	92.3 (10)	N (15)—Mn (2)—N (6)#2	93.1 (11)
C (5)—Mo (1)—C (7)	98.1 (14)	N (1)—Mn (1)—N (8)	88.5 (11)	N (2)—Mn (2)—N (6)#2	177.3 (12)
C (1)—Mo (1)—C (7)	169.6 (4)	N (10)—Mn (1)—N (4)#1	89.9 (13)	N (14)—Mn (2)—N (12)	176.4 (16)
C (4)—Mo (1)—C (7)	85.4 (4)	N (9)—Mn (1)—N (4)#1	83.3 (5)	N (13)—Mn (2)—N (12)	86.4 (11)
C (6)—Mo (1)—C (2)	74.4 (5)	N (11)—Mn (1)—N (4)#1	92.4 (4)	N (15)—Mn (2)—N (12)	92.4(9)
C (3)—Mo (1)—C (2)	74.4 (11)	N (1)—Mn (1)—N (4)#1	173.6 (4)	N (2)—Mn (2)—N (12)	89.9 (10)

化合物 7	键角/°	化合物 7	键角/°	化合物 7	键角/°
C（5）—Mo（1）—C（2）	144.9（11）	N（8）—Mn（1）—N（4）#1	91.1（12）	N（6）#2—Mn（2）—N（12）	92.7（11）
C（1）—Mo（1）—C（2）	89.4（10）	C（4）—Mo（1）—C（2）	142.4（13）	C（7）—Mo（1）—C（2）	83.3（11）

#1 x，y，z+1　#2 −x+3/2，y−1/2，−z+1　#3 −x+3/2，y+1/2，−z+1　#4 x，y，z−1
#5 −x+1，y，−z+1　#6 −x+1，y，−z+2

附表 3.3　化合物 8RR 的部分键长

化合物 8RR	键长/Å	化合物 8RR	键长/Å	化合物 8RR	键长/Å
Mo（1）—C（1）	2.146（9）	Mn（1）—N（1）	2.136（8）	Mn（2）—N（7）#1	2.098（8）
Mo（1）—C（2）	2.125（9）	Mn（1）—N（4）#3	2.160（7）	Mn（2）—N（2）	2.121（8）
Mo（1）—C（3）	2.140（12）	Mn（1）—N（5）#4	2.181（9）	Mn（2）—N（6）#2	2.153（7）
Mo（1）—C（4）	2.148（9）	Mn（1）—N（9）	2.235（11）	Mn（2）—N（10）	2.224（9）
Mo（1）—C（5）	2.192（11）	Mn（1）—N（8）	2.258（8）	Mn（2）—N（11）	2.283（9）
Mo（1）—C（6）	2.159（9）	Mn（1）—O（1）	2.395（9）	N（6）—Mn（2）#2	2.153（7）
Mo（1）—C（7）	2.151（10）	N（4）—Mn（1）#5	2.160（7）	N（7）—Mn（2）#1	2.098（8）

附表 3.4　化合物 8RR 的部分键角

化合物 8RR	键角/°	化合物 8RR	键角/°	化合物 8RR	键角/°
N（1）—C（1）—Mo（1）	175.9（8）	C（1）—N（1）—Mn（1）	171.0（8）	C（2）—N（2）—Mn（2）	159.9（7）
N（2）—C（2）—Mo（1）	175.2（7）	C（4）—N（4）—Mn（1）#5	159.4（7）	C（6）—N（6）—Mn（2）#2	168.0（7）
N（3）—C（3）—Mo（1）	178.6（11）	C（5）—N（5）—Mn（1）#4	169.1（7）	C（7）—N（7）—Mn（2）#1	174.1（8）
N（4）—C（4）—Mo（1）	175.1（7）	C（8）—N（8）—Mn（1）	111.3（9）	C（19）—N（11）—Mn（2）	107.8（9）

化合物 8RR	键角/°	化合物 8RR	键角/°	化合物 8RR	键角/°
N（5）—C（5）—Mo（1）	179.3（8）	N（1）—Mn（1）—N（4）#3	100.4（3）	C（13）—N（9）—Mn（1）	113.8（12）
N（6）—C（6）—Mo（1）	176.7（7）	N（1）—Mn（1）—N（5）#4	101.6（3）	C（14）—N（10）—Mn（2）	114.1（9）
N（7）—C（7）—Mo（1）	177.5（9）	N（4）#3—Mn（1）—N（5）#4	91.7（3）	N（7）#1—Mn（2）—N（2）	106.4（3）
C（2）—Mo（1）—C（3）	70.8（3）	N（1）—Mn（1）—N（9）	161.0（5）	N（7）#1—Mn（2）—N（6）#2	98.0（3）
C（2）—Mo（1）—C（1）	99.3（3）	N（4）#3—Mn（1）—N（9）	92.0（4）	N（2）—Mn（2）—N（6）#2	97.4（3）
C（3）—Mo（1）—C（1）	87.8（4）	N（5）#4—Mn（1）—N（9）	92.3（5）	N（7）#1—Mn（2）—N（10）	134.7（4）
C（2）—Mo（1）—C（4）	138.7（3）	N（1）—Mn（1）—N（8）	91.0（3）	N（2）—Mn（2）—N（10）	116.6（4）
C（3）—Mo（1）—C（4）	69.9（3）	N（4）#3—Mn（1）—N（8）	166.0（3）	N（6）#2—Mn（2）—N（10）	90.1（3）
C（1）—Mo（1）—C（4）	91.2（3）	N（5）#4—Mn（1）—N（8）	94.0（3）	N（7）#1—Mn（2）—N（11）	93.4（4）
C（2）—Mo（1）—C（7）	87.4（3）	N（9）—Mn（1）—N（8）	75.0（4）	N（2）—Mn（2）—N（11）	89.4（3）
C（3）—Mo（1）—C（7）	99.6（4）	N（1）—Mn（1）—O（1）	86.1（4）	N（6）#2—Mn（2）—N（11）	164.5（4）
C（1）—Mo（1）—C（7）	171.3（3）	N（4）#3—Mn（1）—O（1）	84.4（3）	N（10）—Mn（2）—N（11）	74.4（4）
C（4）—Mo（1）—C（7）	87.2（3）	N（5）#4—Mn（1）—O（1）	171.9（3）	C（4）—Mo（1）—C（5）	74.7（3）
C（2）—Mo（1）—C（6）	71.8（3）	N（9）—Mn（1）—O（1）	80.7（5）	C（7）—Mo（1）—C（5）	84.6（3）
C（3）—Mo（1）—C（6）	140.5（3）	N（8）—Mn（1）—O（1）	88.2（4）	C（6）—Mo（1）—C（5）	74.5（3）
C（1）—Mo（1）—C（6）	86.1（3）	C（7）—Mo（1）—C（6）	90.9（3）	C（3）—Mo（1）—C（5）	144.0（3）
C（4）—Mo（1）—C（6）	149.2（3）	C（2）—Mo（1）—C（5）	145.2（3）	C（1）—Mo（1）—C（5）	86.8（3）

#1 −x+2，−y，−z+1　　#2 −x+1，−y，−z+1　　#3 x−1，y，z　　#4 −x+1，−y+1，−z+1
#5 x+1，y，z

附表 3.5　化合物 8SS 的部分键长

化合物 8SS	键长 / Å	化合物 8SS	键长 /Å	化合物 8SS	键长 / Å
Mo（1）—C（7）	2.119（7）	Mn（1）—N（1）	2.152（5）	Mn（2）—N（2）	2.109（6）
Mo（1）—C（3）	2.133（5）	Mn（1）—N（6）#3	2.164（5）	Mn（2）—N（3）#1	2.121（5）
Mo（1）—C（2）	2.147（6）	Mn（1）—N（5）#4	2.207（5）	Mn（2）—N（4）#2	2.146（5）
Mo（1）—C（4）	2.147（6）	Mn（1）—N（8）	2.248（7）	Mn（2）—N（11）	2.240（7）
Mo（1）—C（1）	2.148（6）	Mn（1）—N（9）	2.288（6）	Mn（2）—N（10）	2.283（6）
Mo（1）—C（6）	2.150（6）	Mn（1）—O（1）	2.423（6）	N（4）—Mn（2）#3	2.146（5）
Mo（1）—C（5）	2.177（6）	N（6）—Mn（1）#2	2.164（5）	N（3）—Mn（2）#1	2.121（5）
N（5）—Mn（1）#4	2.207（5）				

附表 3.6　化合物 8SS 的部分键角

化合物 8SS	键角 /°	化合物 8SS	键角 /°	化合物 8SS	键角 /°
N（1）—C（1）—Mo（1）	175.7（5）	C（1）—N（1）—Mn（1）	173.0（6）	C（2）—N（2）—Mn（2）	174.1（6）
N（2）—C（2）—Mo（1）	176.7（6）	C（6）—N（6）—Mn（1）#2	160.9（5）	C（3）—N（3）—Mn（2）#1	158.6（5）
N（3）—C（3）—Mo（1）	176.6（5）	C（5）—N（5）—Mn（1）#4	169.4（5）	C（4）—N（4）—Mn（2）#3	166.5（5）
N（4）—C（4）—Mo（1）	177.7（5）	N（1）—Mn（1）—N（6）#3	99.9（2）	N（2）—Mn（2）—N（3）#1	105.8（2）
N（5）—C（5）—Mo（1）	178.9（6）	N（1）—Mn（1）—N（5）#4	100.4（2）	N（2）—Mn（2）—N（4）#2	98.1（2）
N（6）—C（6）—Mo（1）	175.1（5）	N（6）#3—Mn（1）—N（5）#4	92.3（2）	N（3）#1—Mn（2）—N（4）#2	97.2（2）
N（7）—C（7）—Mo（1）	178.7（6）	N（1）—Mn（1）—N（8）	161.3（3）	N（2）—Mn（2）—N（11）	135.6（4）
C（8）—N（8）—Mn（1）	112.0（7）	N（6）#3—Mn（1）—N（8）	92.3（3）	N（3）#1—Mn（2）—N（11）	116.3（3）

化合物 8SS	键角/°	化合物 8SS	键角/°	化合物 8SS	键角/°
C（7）—Mo（1）—C（3）	70.0（2）	N（5）#4—Mn（1）—N（8）	93.2（4）	N（4）#2—Mn（2）—N（11）	90.2（2）
C（7）—Mo（1）—C（2）	99.9（3）	N（1）—Mn（1）—N（9）	91.0（2）	N（2）—Mn（2）—N（10）	92.9（2）
C（3）—Mo（1）—C（2）	86.2（2）	N（6）#3—Mn（1）—N（9）	166.3（2）	N（3）#1—Mn（2）—N（10）	89.4（2）
C（7）—Mo（1）—C（4）	139.3（2）	N（5）#4—Mn（1）—N（9）	93.9（2）	N（4）#2—Mn（2）—N（10）	165.1（3）
C（3）—Mo（1）—C（4）	72.0（2）	N（8）—Mn（1）—N（9）	75.2（3）	N（11）—Mn（2）—N（10）	74.9（3）
C（2）—Mo（1）—C（4）	91.5（2）	N（1）—Mn（1）—O（1）	87.5（3）	C（14）—N（10）—Mn（2）	110.2（7）
C（7）—Mo（1）—C（1）	87.2（3）	N（6）#3—Mn（1）—O（1）	83.5（2）	C（3）—Mo（1）—C（5）	145.2（2）
C（3）—Mo（1）—C（1）	101.3（2）	N（5）#4—Mn（1）—O（1）	171.7（3）	C（2）—Mo（1）—C（5）	84.9（2）
C（2）—Mo（1）—C（1）	171.2（2）	N（8）—Mn（1）—O（1）	79.8（4）	C（4）—Mo（1）—C（5）	74.6（2）
C（4）—Mo（1）—C（1）	86.4（2）	N（9）—Mn（1）—O（1）	88.7（3）	C（1）—Mo（1）—C（5）	86.3（2）
C（7）—Mo（1）—C（6）	70.1（2）	C（13）—N（9）—Mn（1）	110.5（6）	C（6）—Mo（1）—C（5）	75.5（2）
C（3）—Mo（1）—C（6）	137.4（2）	C（1）—Mo（1）—C（6）	90.9（2）	C（4）—Mo（1）—C（6）	150.1（2）
C（2）—Mo（1）—C（6）	86.7（2）	C（7）—Mo（1）—C（5）	144.8（2）		

#1 −x+1，−y+2，−z+1　　#2 x−1，y，z　　#3 x+1，y，z　　#4 −x+2，−y+1，−z+1

附表 3.7　化合物 9 的部分键长

化合物 9	键长/Å	化合物 9	键长/Å	化合物 9	键长/Å
Mo（1）—C（4）	2.135（12）	Mn（1）—N（1）	2.147（10）	Mn（2）—N（2）	2.145（10）

续表

化合物9	键长/Å	化合物9	键长/Å	化合物9	键长/Å
Mo(1)—C(5)	2.135(12)	Mn(1)—N(6)#2	2.169(9)	Mn(2)—N(3)#5	2.154(10)
Mo(1)—C(1)	2.140(11)	Mn(1)—N(4)#3	2.184(10)	Mn(2)—O(3)	2.224(8)
Mo(1)—C(3)	2.142(10)	Mn(1)—O(1)	2.228(7)	Mn(2)—O(3)#6	2.329(8)
Mo(1)—C(2)	2.159(11)	N(4)—Mn(1)#7	2.184(10)	Mn(2)—O(2)	2.343(9)
Mo(1)—C(6)	2.166(10)	N(6)—Mn(1)#5	2.169(9)	O(3)—Mn(2)#6	2.329(8)
Mo(1)—C(7)	2.188(12)	N(5)—Mn(1)#1	2.144(11)	N(3)—Mn(2)#2	2.154(10)
Mn(1)—N(5)#1	2.144(11)	Mn(2)—N(7)#4	2.142(11)	N(7)—Mn(2)#4	2.142(11)

附表3.8 化合物9的部分键角

化合物9	键角/°	化合物9	键角/°	化合物9	键角/°
N(1)—C(1)—Mo(1)	177.4(9)	C(2)—Mo(1)—C(6)	82.5(4)	N(4)#3—Mn(1)—O(1)	81.2(4)
N(2)—C(2)—Mo(1)	174.7(10)	C(4)—Mo(1)—C(7)	142.0(4)	C(7)—N(7)—Mn(2)#4	171.7(10)
N(3)—C(3)—Mo(1)	174.9(9)	C(5)—Mo(1)—C(7)	145.1(4)	C(2)—N(2)—Mn(2)	172.3(10)
N(4)—C(4)—Mo(1)	177.5(12)	C(1)—Mo(1)—C(7)	77.9(4)	C(3)—N(3)—Mn(2)#2	176.2(10)
N(5)—C(5)—Mo(1)	179.1(9)	C(3)—Mo(1)—C(7)	78.0(4)	Mn(2)—O(3)—Mn(2)#6	102.7(3)
N(6)—C(6)—Mo(1)	175.1(9)	C(2)—Mo(1)—C(7)	76.1(4)	N(7)#4—Mn(2)—N(2)	103.5(4)

续表

化合物 9	键角/°	化合物 9	键角/°	化合物 9	键角/°
N（7）—C（7）—Mo（1）	176.4（10）	C（6）—Mo（1）—C（7）	79.1（4）	N（7）#4—Mn（2）—N（3）#5	100.5（4）
C（4）—Mo（1）—C（5）	72.8（4）	C（8）—O（1）—Mn（1）	120.7（8）	N（2）—Mn（2）—N（3）#5	99.1（4）
C（4）—Mo（1）—C（1）	129.2（4）	C（1）—N（1）—Mn（1）	176.7（8）	N（7）#4—Mn（2）—O（3）	158.4（4）
C（5）—Mo（1）—C（1）	75.1（4）	C（4）—N（4）—Mn（1）#7	157.1（10）	N（2）—Mn（2）—O（3）	93.4（4）
C（4）—Mo（1）—C（3）	79.6（4）	C（6）—N（6）—Mn（1）#5	176.6（9）	N（3）#5—Mn（2）—O（3）	89.9（3）
C（5）—Mo（1）—C（3）	119.8（4）	C（5）—N（5）—Mn（1）#1	175.8（9）	N（7）#4—Mn（2）—O（3）#6	83.8（3）
C（1）—Mo（1）—C（3）	83.5（4）	N（5）#1—Mn（1）—N（1）	106.1（4）	N（2）—Mn（2）—O（3）#6	167.0（3）
C（4）—Mo（1）—C（2）	74.4（5）	N（5）#1—Mn（1）—N（6）#2	94.8（4）	N（3）#5—Mn（2）—O（3）#6	90.1（4）
C（5）—Mo（1）—C（2）	128.1（4）	N（1）—Mn（1）—N（6）#2	96.1（4）	O（3）—Mn（2）—O（3）#6	77.3（3）
C（1）—Mo（1）—C（2）	154.0（4）	N（5）#1—Mn（1）—N（4）#3	106.6（4）	N（7）#4—Mn（2）—O（2）	86.1（4）
C（3）—Mo（1）—C（2）	91.9（4）	N（1）—Mn（1）—N（4）#3	143.8（4）	N（3）#5—Mn（2）—O（2）	168.4（4）
C（4）—Mo（1）—C（6）	119.6（4）	N（6）#2—Mn（1）—N（4）#3	96.1（4）	O（3）#6—Mn（2）—O（2）	81.1（3）
C（5）—Mo（1）—C（6）	80.1（4）	N（5）#1—Mn（1）—O（1）	87.9（4）	N（2）—Mn（2）—O（2）	88.5（4）
C（1）—Mo（1）—C（6）	91.9（4）	N（1）—Mn（1）—O（1）	84.9（3）	O（3）—Mn（2）—O（2）	80.8（3）
C（3）—Mo（1）—C（6）	157.1（4）	N（6）#2—Mn（1）—O（1）	176.7（4）		

#1 −x，−y+1，−z+2　#2 x−1，y，z　#3 x−1，y−1，z　#4 −x+1，−y+1，−z+1　#5 x+1，y，z　#6 −x+2，−y+2，−z+1
#7 x+1，y+1，z

附表 3.9　化合物 10 的部分键长

化合物 10	键长/Å	化合物 10	键长/Å	化合物 10	键长/Å
Mo（1）—C（2）	2.116（4）	Mn（1）—N（7）#5	2.148（3）	Mn（2）—N（5）#3	2.075（3）
Mo（1）—C（3）	2.132（4）	Mn（1）—N（1）	2.170（3）	Mn（1）—N（6）#4	2.124（3）
Mo（1）—C（6）	2.134（3）	Mn（1）—O（2）	2.263（4）	N（3）—Mn（2）#1	2.052（3）
Mo（1）—C（7）	2.137（4）	Mn（1）—O（1）#6	2.282（2）	N（5）—Mn（2）#7	2.075（3）
Mo（1）—C（5）	2.156（4）	Mn（1）—O（1）	2.284（3）	N（4）—Mn（2）#8	2.060（4）
Mo（1）—C（4）	2.162（4）	O（1）—Mn（1）#6	2.282（2）	N（6）—Mn（1）#4	2.124（3）
Mo（1）—C（1）	2.181（3）	Mn（2）—N（2）	2.057（4）	N（7）—Mn（1）#9	2.148（3）
Mn（2）—N（3）#1	2.052（3）	Mn（2）—N（4）#2	2.060（4）		

附表 3.10　化合物 10 的部分键角

化合物 10	键角/°	化合物 10	键角/°	化合物 10	键角/°
N（1）—C（1）—Mo（1）	177.5（3）	C（2）—Mo（1）—C（1）	137.17（14）	N（7）#5—Mn（1）—O（1）#6	95.03（12）
N（2）—C（2）—Mo（1）	177.8（4）	C（3）—Mo（1）—C（1）	77.16（14）	N（1）—Mn（1）—O（1）#6	86.54（11）
N（3）—C（3）—Mo（1）	175.1（4）	C（6）—Mo（1）—C（1）	78.20（13）	O（2）—Mn（1）—O（1）#6	81.83（14）
N（4）—C（4）—Mo（1）	174.2（3）	C（7）—Mo（1）—C（1）	151.25（13）	N（6）#4—Mn（1）—O（1）	90.01（12）
N（5）—C（5）—Mo（1）	178.5（3）	C（5）—Mo（1）—C（1）	77.90（14）	N（7）#5—Mn（1）—O（1）	168.11（12）

续表

化合物 10	键角/°	化合物 10	键角/°	化合物 10	键角/°
N（6）—C（6）—Mo（1）	177.6（4）	C（4）—Mo（1）—C（1）	83.30（14）	N（1）—Mn（1）—O（1）	88.87（12）
N（7）—C（7）—Mo（1）	178.2（3）	C（7）—Mo（1）—C（4）	82.79（14）	O（2）—Mn（1）—O（1）	84.48（14）
C（2）—Mo（1）—C（3）	74.38（14）	C（5）—Mo（1）—C（4）	88.60（14）	O（1）#6—Mn（1）—O（1）	74.04（9）
C（2）—Mo（1）—C（6）	77.04（15）	C（1）—N（1）—Mn（1）	176.4（3）	C（2）—N（2）—Mn（2）	177.1（4）
C（3）—Mo（1）—C（6）	101.72（15）	C（6）—N（6）—Mn（1）#4	177.0（4）	C（3）—N（3）—Mn（2）#1	179.7（4）
C（2）—Mo（1）—C（7）	71.33（14）	C（7）—N（7）—Mn（1）#9	168.8（3）	C（5）—N（5）—Mn（2）#7	163.1（3）
C（3）—Mo（1）—C（7）	123.62（15）	C（8）—O（1）—Mn（1）#6	121.3（2）	C（4）—N（4）—Mn（2）#8	169.4（4）
C（6）—Mo（1）—C（7）	112.21（14）	C（8）—O（1）—Mn（1）	123.9（3）	N（3）#1—Mn（2）—N（2）	103.59（15）
C（2）—Mo（1）—C（5）	132.80（14）	N（6）#4—Mn（1）—N（7）#5	99.86（15）	N（3）#1—Mn（2）—N（4）#2	117.49（16）
C（3）—Mo（1）—C（5）	152.54（13）	N（6）#4—Mn（1）—N（1）	103.33（13）	N（2）—Mn（2）—N（4）#2	109.44（19）
C（6）—Mo（1）—C（5）	84.18（13）	N（7）#5—Mn（1）—N（1）	95.23（14）	N（3）#1—Mn（2）—N（5）#3	107.05（15）
C（7）—Mo（1）—C（5）	76.72（13）	N（6）#4—Mn（1）—O（2）	86.90（16）	N（4）#2—Mn（2）—N（5）#3	104.88（16）
C（2）—Mo（1）—C（4）	119.91（16）	N（7）#5—Mn（1）—O（2）	89.41（17）	N（2）—Mn（2）—N（5）#3	114.78（15）
C（3）—Mo（1）—C（4）	77.27（14）	N（1）—Mn（1）—O（2）	167.82（13）		

续表

化合物 10	键角/°	化合物 10	键角/°	化合物 10	键角/°
C（6）—Mo（1）—C（4）	161.18（15）	N（6）#4—Mn（1）—O（1）#6	161.21（11）		
#1 −x+1，−y，−z+1 #2 x−1，y，z #3 x−1/2，−y+1/2，z+1/2 #4 −x+1，−y，−z #5 −x+3/2，y−1/2，−z+1/2 #6 −x+2，−y，−z #7 x+1/2，−y+1/2，z−1/2 #8 x+1，y，z #9 −x+3/2，y+1/2，−z+1/2					

第 4 章　4f 金属和 $[Mo^{III}(CN)_7]^{4-}$ 构筑的系列化合物

4.1　引言

　　从前言中的研究背景可以看出，一直以来，基于 $[Mo^{III}(CN)_7]^{4-}$ 构筑块的磁性化合物的研究主要集中在 3d~4d 体系，且 3d 金属主要为 Mn^{II} 离子，目前已经在单分子磁体[1,2]、单链磁体[3]、多核团簇[4,5]以及高有序温度磁体[6-13]等方面有了突破性的进展。研究表明，利用氰基金属构筑块合成分子磁性化合物是一种有效的合成策略。该方法不仅可以预测所得化合物的结构和性质，还可以通过改变使用的配体对化合物进行有效调控。[14] 在合成高维磁体时，人们通常选择体积较小的有机配体来减小空间位阻效应，从而增大金属阳离子和 $[Mo^{III}(CN)_7]^{4-}$ 构筑块的配位数，使得化合物易形成三维扩展结构。在合成低维氰根桥联化合物时，人们一般选择多齿螯合配体来控制金属阳离子和 $[Mo^{III}(CN)_7]^{4-}$ 构筑块的有效配位数目，从而限制结构向高维方向发展。在合成过程中，常用的实验方法主要有两种：一种是将多齿有机配体和金属阳离子组装成前驱体，然后与 $[Mo^{III}(CN)_7]^{4-}$ 基团反应合成化合物；另一种是直接将多齿配体、金属阳离子以及 $[Mo^{III}(CN)_7]^{4-}$ 基团混合，使用一锅法来合成化合物。

　　众所周知，具有较强旋轨耦合的镧系金属体系的磁化率主要受它们在配体场中基态多重态磁能级能量的影响。在保持相同的几何构型和配体组成的同时,通过改变镧系离子可以系统地改变化合物的磁学性质。[15,16] 基于镧系金属元素的这一特点,氰根桥联的 f-d 双金属体系备受分子磁性材料领域研究者的关注。[17-21] 自从 1916 年首次合成镧系 - 六氰基钴酸盐 Ln[M（CN）$_6$]·nH$_2$O[22] 以来,氰根桥联的 f-d 双金属体系主要涉及双氰基酸盐、四氰基酸盐以及六氰基酸盐。[23-26] 随后,八氰基构筑块 [M$^{IV/V}$（CN）$_8$]$^{4-（3-）}$（M = Mo、W、Nb）由于在不同化学环境下具有多种空间构型而被广泛研究,并且得到了较多具有丰富磁学性质的化合物。[27,28]

鉴于 4f-4d/5d 体系的成功研究,本章我们致力于将具有较强磁各向异性的 4f 镧系离子和 [Mo^{III}（CN）$_7$]$^{4-}$ 构筑块组合,来扩展基于 [Mo^{III}（CN）$_7$]$^{4-}$ 构筑块的分子磁性材料的研究范围。然而,大量的实验都以失败告终,得到颜色较浅的粉末物质。化合物结晶失败可能是因为金属离子的配位环境不匹配,提供的配体场不合适。经过大量的尝试,我们使用六齿螯合配体 TPEN 成功合成了一系列基于 [Mo^{III}（CN）$_7$]$^{4-}$ 构筑块的 4f-4d 化合物: [La^{III}（TPEN）（H$_2$O）]$_2$[Mo^{III}（CN）$_7$]$_{1.5}$·14.5H$_2$O（11$_{LaMo}$）、[Pr^{III}（TPEN）（H$_2$O）（OH）]$_2$-[Mo^{III}（CN）$_7$]·30H$_2$O（12$_{PrMo}$）和 [Ln^{III}（TPEN）（H$_2$O）]$_2$[Mo^{III}（CN）$_7$]-[Mo^{IV}（CN）$_8$]$_{0.5}$·nH$_2$O（13$_{LnMo}$,Ln = Ce^{3+}、Nd^{3+}、Sm^{3+}、Eu^{3+}、Gd^{3+}、Tb^{3+}、Dy^{3+}、Ho^{3+}）。其中,化合物 11$_{LaMo}$ 为黄色棒状晶体,具有 1D 带状结构,对空气较为敏感;12$_{PrMo}$ 为黄色块状晶体,具有 1D 之字链结构;13$_{LnMo}$ 为一系列同晶的 2D 网状结构,其晶体为黄色方块状,对空气极其敏感。磁性研究表明,这一系列 4f-4d 化合物都只是简单的顺磁体。

4.2　化合物 11 ～化合物 13 的合成

为了避免 Mo^{III} 的氧化,本章中所有的操作均在充满高纯氮气的手套箱中完成,所需溶剂均经过无水无氧处理。实验中用到的稀土盐、配体 TPEN 等直接来源于商业渠道,未经进一步纯化。该系列化合物的元素分析结果和红外特征光谱峰见表 4.1 所列。

4.2.1　[La^{III}(TPEN)(H$_2$O)]2[Mo^{III}(CN)$_7$]$^{1.5}$·14.5H$_2$O（化合物 11$_{LaMo}$）的合成

将 K$_4$Mo(CN)$_7$·2H$_2$O（0.04 mmol, 18.8 mg）溶解于 3 mL 无氧水中，LaCl$_3$·6H$_2$O（0.06 mmol, 21.2 mg）和 TPEN（0.06 mmol, 25.4 mg）溶解于 4 mL 乙腈和水的混合溶剂（$V_{(MeCN)}$: $V_{(H_2O)}$ = 1 : 3）中，两者混合得到黄色溶液。过滤掉不溶物，滤液置于玻璃瓶中，密封静置。两周后，有黄色棒状晶体生成，过滤并收集晶体，干燥得 22 mg，产率 44%（根据 Mo^{3+} 计算）。

4.2.2　[Pr^{III}(TPEN)(H$_2$O)(OH)]$_2$[Mo^{III}(CN)$_7$]·30H$_2$O（化合物 12$_{PrMo}$）的合成

合成方法同 11$_{LaMo}$，将稀土盐替换成 PrCl$_3$·6H$_2$O，所用试剂的摩尔量以及混合溶剂的体积比不变。两周后，有黄色块状晶体生成，过滤干燥得 18 mg，产率约 30%（根据 Mo^{3+} 计算）。

4.2.3　[Ln^{III}(TPEN)(H$_2$O)]$_2$[Mo^{III}(CN)$_7$][Mo^{IV}(CN)$_8$]$_{0.5}$·nH$_2$O（化合物 13$_{LnMo}$）的合成

合成方法同 11$_{LaMo}$，将稀土盐替换成 LnCl$_3$·6H$_2$O（Ln = Ce^{3+}、Nd^{3+}、Sm^{3+}、Eu^{3+}、Gd^{3+}、Tb^{3+}、Dy^{3+}、Ho^{3+}），所用试剂的摩尔量和混合溶剂的体积比不变。两周后，有黄色方块状晶体生成，平均产率约 43%（根据 Mo^{3+} 计算）。

表 4.1　化合物 11~ 化合物 13 的元素分析结果（括号中为理论值）和红外特征光谱峰

化合物 分子式（分子质量）	元素分析（%）			IR （KBr, cm^{-1}）
	C	H	N	
11$_{LaMo}$	40.83	4.56	17.41	2086, 2094
La$_2$Mo$_{1.5}$C$_{62.5}$H$_{89}$N$_{22.5}$O$_{16.5}$（1841.24）	（40.80）	（4.87）	（17.12）	—

化合物 分子式(分子质量)	元素分析(%)			IR (KBr, cm^{-1})
	C	H	N	
12$_{PrMo}$	35.86	5.96	13.35	2123
Pr$_2$MoC$_{59}$H$_{118}$N$_{19}$O$_{32}$ (1983.43)	(35.73)	(6.00)	(13.42)	—
13$_{CeMo}$	40.17	4.82	17.25	2107, 2111
Ce$_2$Mo$_{1.5}$C$_{63}$H$_{92}$N$_{23}$O$_{18}$ (1883.69)	(40.17)	(4.92)	(17.10)	—
13$_{NdMo}$	40.60	4.68	17.39	2088, 2083
Nd$_2$Mo$_{1.5}$C$_{63}$H$_{88}$N$_{23}$O$_{16}$ (1855.91)	(40.77)	(4.78)	(17.36)	—
13$_{SmMo}$	38.67	5.32	16.49	2091, 2109
Sm$_2$Mo$_{1.5}$C$_{63}$H$_{98}$N$_{23}$O$_{21}$ (1958.22)	(38.64)	(5.04)	(16.45)	—
13$_{EuMo}$	37.61	5.34	16.01	2107, 2112
Eu$_2$Mo$_{1.5}$C$_{63}$H$_{104}$N$_{23}$O$_{24}$ (2015.48)	(37.54)	(5.20)	(15.98)	—
13$_{GdMo}$	37.52	5.26	15.87	2133
Gd$_2$Mo$_{1.5}$C$_{63}$H$_{104}$N$_{23}$O$_{24}$ (2026.05)	(37.35)	(5.17)	(15.90)	—
13$_{TbMo}$	36.96	5.27	15.76	2096
Tb$_2$Mo$_{1.5}$C$_{63}$H$_{106}$N$_{23}$O$_{25}$ (2047.42)	(36.95)	(5.22)	(15.73)	—
13$_{DyMo}$	36.39	5.29	15.51	2087
Dy$_2$Mo$_{1.5}$C$_{63}$H$_{108}$N$_{23}$O$_{26}$ (2072.58)	(36.51)	(5.25)	(15.54)	—
13$_{HoMo}$	36.38	5.32	15.56	2100, 2123
Ho$_2$Mo$_{1.5}$C$_{63}$H$_{108}$N$_{23}$O$_{26}$ (2077.44)	(36.42)	(5.24)	(15.51)	—

4.3　化合物 11 ～化合物 13 的晶体结构

晶体结构收集和精修参数见表 4.2 所列,部分键长键角见附表 4.1~附表 4.16。

表 4.2　化合物 11~ 化合物 13 的晶体结构数据和精修参数

化合物	11_{LaMo}	12_{PrMo}	13_{CeMo}	13_{NdMo}	13_{SmMo}
Formula	$La_2Mo_{1.5}C_{62.5}$ $H_{89}N_{22.5}O_{16.5}$	$Pr_2MoC_{59}H_{118}$ $N_{19}O_{32}$	$Ce_2Mo_{1.5}C_{63}H_{92}$ $N_{23}O_{18}$	$Nd_2Mo_{1.5}C_{63}H_{88}$ $N_{23}O_{16}$	$Sm_2Mo_{1.5}C_{63}H_{98}$ $N_{23}O_{21}$
M [g mol⁻¹]	1841.24	1983.43	1883.69	1855.91	1958.22
Crystal system	Monoclinic	Monoclinic	Monoclinic	Monoclinic	Monoclinic
Space group	$P2_1/m$	$I2/a$	$C2/c$	$C2/c$	$C2/c$
a [Å]	10.8470（6）	24.468（7）	52.874（11）	52.25（3）	52.499（3）
b [Å]	59.263（3）	15.869（5）	15.996（4）	15.833（10）	15.607 1（10）
c [Å]	12.1402（6）	49.043（16）	24.615（5）	24.299（15）	24.3463（15）
α [°]	90	89.393（11）	90	90	90
β [°]	101.616（2）	94.914（15）	112.249（6）	111.387（16）	112.818（2）
γ [°]	90	89.997（6）	90	9	90
V [Å³]	7644.2（7）	18 971（10）	19 269（7）	18 716（20）	18 387（2）
Z	4	8	8	8	8
T [K]	153	153	153	153	153
ρ_{calcd} [g cm⁻³]	1.369	1.352	1.202	1.243	1.546
F（000）	3126	7720	6704	6736	8496

化合物	11_{LaMo}	12_{PrMo}	13_{CeMo}	13_{NdMo}	13_{SmMo}
R_{int}	0.0481	0.1046	0.0573	0.0412	0.0512
GOF(F^2)	1.152	1.185	1.072	1.013	1.007
T_{max}, T_{min}	0.868, 0.844	0.863, 0.804	0.795, 0.718	0.789, 0.695	0.740, 0.704
$R_1{}^a$, $wR_2{}^b$ ($I>2\sigma$ (I))	0.0982, 0.2810	0.1937, 0.4009	0.0702, 0.2302	0.1367, 0.3955	0.0594, 0.1505
$R_1{}^a$, $wR_2{}^b$ (all data)	0.1056, 0.2832	0.2054, 0.4071	0.0862, 0.2522	0.1765, 0.4374	0.0775, 0.1667

化合物	13_{EuMo}	13_{GdMo}	13_{TbMo}	13_{DyMo}	13_{HoMo}
Formula	$Eu_2Mo_{1.5}C_{63}H_{104}N_{23}O_{24}$	$Gd_2Mo_{1.5}C_{63}H_{104}N_{23}O_{24}$	$Tb_2Mo_{1.5}C_{63}H_{106}N_{23}O_{25}$	$Dy_2Mo_{1.5}C_{63}H_{108}N_{23}O_{26}$	$Ho_2Mo_{1.5}C_{63}H_{108}N_{23}O_{26}$
M [g mol^{-1}]	2015.48	2026.05	2047.42	2072.58	2077.44
Crystal system	Monoclinic	Monoclinic	Monoclinic	Monoclinic	Monoclinic
Space group	$C2/c$	$C2/c$	$C2/c$	$C2/c$	$C2/c$
a [Å]	52.436（7）	52.398（5）	52.222（4）	52.129（5）	52.129（5）
b [Å]	15.5760（19）	15.6778（16）	15.5686（13）	15.6857（18）	15.6857（18）
c [Å]	24.406（3）	24.354（3）	24.417（2）	24.3978（18）	24.3978（18）
α [°]	90	90	90	90	90
β [°]	112.766（2）	112.286（3）	112.555（10）	111.879（4）	111.879（4）
γ [°]	90	90	90	90	90
V [Å^3]	18381（4）	18512（3）	18333（3）	111.879（4）	18513（3）
Z	8	8	8	8	8
T [K]	153	153	153	153	153
ρ_{calcd} [g cm^{-3}]	1.546	1.500	1.521	1.519	1.519
F（000）	8496	8272	8312	8368	8368

化合物	11$_{\text{LaMo}}$	12$_{\text{PrMo}}$	13$_{\text{CeMo}}$	13$_{\text{NdMo}}$	13$_{\text{SmMo}}$
R_{int}	0.0609	0.0584	0.0527	0.0511	0.0511
GOF(F^2)	1.056	1.009	1.565	1.050	1.050
$T_{\max}$,$T_{\min}$	0.763, 0.714	0.728, 0.630	0.834, 0.654	0.754, 0.643	0.795, 0.682
$R_1{}^{\text{a}}$,$wR_2{}^{\text{b}}$ ($I>2\sigma$ (I))	0.0576, 0.1541	0.0548, 0.1413	0.1005, 0.3079	0.0560, 0.1298	0.0560, 0.1298
$R_1{}^{\text{a}}$,$wR_2{}^{\text{b}}$ (all data)	0.0811, 0.1774	0.0700, 0.1551	0.1469, 0.3705	0.0712, 0.1421	0.0712, 0.1421

a：$R_1 = [\|Fo| - |Fc\|]/|Fo|$；

b：$wR_2 = \{[w[(Fo)^2 - (Fc)^2]^2]/[w(Fo^2)^2]\}^{1/2}$；$w = [(Fo)^2 + (AP)^2 + BP]^{-1}$，$P = [(Fo)^2 + 2(Fc)^2]/3$。

　　另外,由于化合物 12PrMo、13NdMo、13TbMo 的单晶质量欠佳,我们未能获得完美的单晶数据。

　　化合物 11$_{\text{LaMo}}$ 结晶在单斜 $P2_1/m$ 空间群中,其不对称单元如图 4.1 所示。每个不对称单元包含 1.5 个 [Mo^Ⅲ(CN)₇]^{4−} 阴离子、两个 [La^Ⅲ(TPEN)(H$_2$O)]³⁺ 阳离子以及 14.5 个游离 H$_2$O 分子。Mo1 和 Mo2 离子的配位构型分别为单帽三棱柱和五角双锥,CShMs[29] 偏离值分别为 1.689 和 0.927。La1 和 La2 离子均处于九配位的单帽反四棱柱构型,CShMs 偏离值分别为 0.729 和 0.739。该化合物中每个金属离子的配位情况如图 4.2 所示。Mo1 通过 C1—N1、C5—N5 和 C2—N2 分别和两个 La1、一个 La2 连接,具有四个终端氰根基团;Mo2 通过两个对称的 C8—N8 和两个 La2 连接,具有五个终端氰根基团。Mo1 和 Mo2 的 Mo—C≡N 键角分别为 173.0(3)°~177.1(1)° 和 174.2(9)°~179.3(1)°。两个 La^Ⅲ离子的配位方式类似,它们均为九配位,其中两个 N 原子来源于 [Mo^Ⅲ(CN)₇]^{4−} 单元,六个 N 原子来源于配体 TPEN,还有一个配位水分子。La1 通过 C1—N1、C5—N5 和两个 Mo1 连接;La2 通过 C2—N2、C8—N8 分别和 Mo1、Mo2 连接。配位键长 La—N 和 La—O 分别为 2.559(1)~2.776(1) Å 和 2.532(1)~2.536(6) Å。La—N≡C 键角相对于 180°发生了明显的扭曲,为 156.3(8)°~167.3(11)°。通过氰根桥联,两种金属离子 Mo^Ⅲ—La^Ⅲ之间的距离为 5.717

（3）~5.820（2）Å。其他键长键角的详细信息见附表4.1和附表4.2所列。

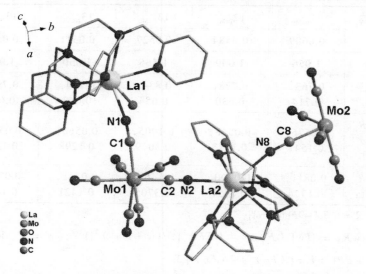

图 4.1　化合物 11$_{LaMo}$ 的不对称单元结构（为清晰起见，略去氢原子和溶剂分子）

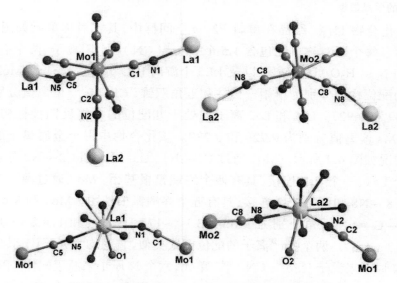

图 4.2　化合物 11$_{LaMo}$ 中金属离子的配位情况

如图 4.3（a）所示，化合物 11$_{LaMo}$ 沿着 a 轴方向形成一维带状结构。为了清楚地体现各个金属离子之间的连接情况，我们略去有机配体和未配位的终端氰根配体，并用黑色键代表氰根桥，得到如图 4.3（b）所示的简化拓扑结构。可以看出，Mo1 和 La1 通过氰根连接形成一维带状链的上下两边,两个 Mo1 离子之间通过 La2—Mo2—La2 基团彼此连接,构成化合物 11_{LaMo} 的一维带状结构。

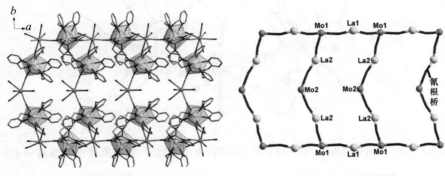

(a)ab 平面的 1D 带状结构(为清晰起见,
　略去氢原子和溶剂分子)

(b)1D 简化拓扑结构

图 4.3　化合物 11_{LaMo} 的结构

　　化合物 12_{PrMo} 结晶在单斜 $P2_1/m$ 空间群中,其不对称单元包含一个 [Mo^Ⅲ(CN)₇]^{4−} 阴离子、两个 [Pr^Ⅲ(TPEN)(H₂O)(OH)]²⁺ 阳离子和三十个游离 H₂O 分子(图 4.4)。该化合物中每个金属离子的配位情况如图 4.5 所示。Mo1 处于畸变的五角双锥构型,CShMs 偏离值为 0.785。通过两个不相邻的赤道平面氰根(C3—N3 和 C5—N5),Mo1 分别和 Pr1 和 Pr2 离子连接,其余五个为终端氰根配体。对于两种晶体学 Pr^Ⅲ 离子 Pr1 和 Pr2,它们均处于九配位的单帽反四棱柱构型,CShMs 偏离值分别为 0.699 和 0.564。Pr1 通过 C2—N2 和 C5—N5 分别和两个 Mo1 离子连接,另外它还和配体 TPEN 的六个 N 原子以及一个水分子配位。Pr2 通过 C3—N3 和一个 Mo1 离子连接,并与配体 TPEN 的六个 N 原子、一个 OH⁻ 阴离子以及一个水分子配位。该化合物的部分键长和键角见附表 4.2。所有的 Mo—C≡N 键角以及 C_{ax}—Mo—C_{ax} 键角都接近 180°,而 Pr—N≡C 键角相对弯曲。所有的配位键长 Mo—C、La—N 和 La—O 均在正常范围内。

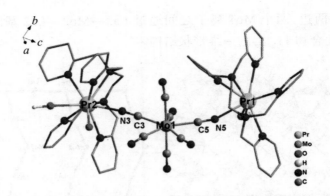

图 4.4 化合物 12_{PrMo} 的不对称单元结构（为清晰起见，略去氢原子和溶剂分子）

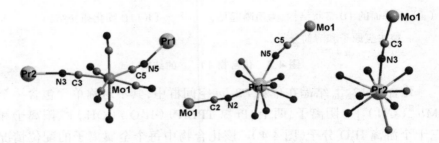

图 4.5 化合物 12_{PrMo} 中金属离子的配位情况

如图 4.6（a）所示，沿着 a 轴方向，化合物 12_{PrMo} 具有一维之字链结构。同样，我们略去有机配体和终端氰根配体，用黑色键代表氰根桥，得到如图 4.6（b）所示的简化拓扑结构。该一维链中，Mo1 和 Pr1 通过氰根桥联构成之字链的主体，[Pr^{III}(TPEN)(H$_2$O)(OH)]$^{2+}$ 基团通过另一个氰根桥联悬挂在之字链的上下两侧。通过氰根桥联，Mo^{III}—Pr^{III} 离子之间的距离为 5.765（2）~5.815（1）Å。

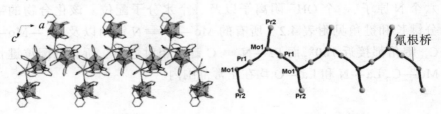

（a）ab 平面的 1D 之字链结构　　　　　　（b）1D 简化结构

图 4.6 化合物 12_{PrMo} 的结构（为清晰起见，略去氢原子和溶剂分子）

　　13$_{LnMo}$ 是一系列同晶的 4f–4d 化合物,结晶在单斜 $C2/c$ 空间群中,其不对称单元如图 4.7 所示。每个不对称单元中包含一个 [Mo^{III}(CN)$_7$]$^{4-}$ 阴离子、半个 [Mo^{IV}(CN)$_8$]$^{4-}$ 阴离子、两个 [La^{III}(TPEN)(H$_2$O)]$^{3+}$ 阳离子以及多个游离 H$_2$O 分子。13$_{LnMo}$ 和 11$_{LaMo}$ 的不对称单元非常相似,不同之处在于 11$_{LaMo}$ 中的半个 [Mo^{III}(CN)$_7$]$^{4-}$ 阴离子被氧化成 [Mo^{IV}(CN)$_8$]$^{4-}$ 阴离子。因此,该系列化合物包含混合价态的 Mo^{III}(Mo1)和 Mo^{IV}(Mo2)离子。Mo1 和 Mo2 分别处于扭曲的五角双锥和三角十二面体构型。Ln1 和 Ln2 均处于扭曲的单帽反四棱柱构型。每个化合物中各金属离子的 CShMs 偏离值列于表 4.3。化合物 13$_{LnMo}$ 中每个金属离子的配位情况如图 4.8 所示。Mo1 通过 C1A—N1A、C5A—N5A 和 C2A—N2A 分别和两个 Ln1、一个 Ln2 连接,并具有四个终端氰根基团;Mo2 通过两个对称的 C1B—N1B 和两个 Ln2 连接,具有六个终端氰根基团。Mo1 和 Mo2 的 Mo—C≡N 键角都接近于 180°。两个 La^{III} 离子的配位方式和 11$_{LaMo}$ 类似:Ln1 和 Ln2 均为九配位,其中六个 N 原子来源于配体 TPEN,两个 N 原子来源于 [Mo^{III}(CN)$_7$]$^{4-}$ 构筑块,还有一个 O 原子为配位水分子。Ln1 通过氰根桥和两个 Mo1 连接,Ln2 则通过氰根桥分别和一个 Mo1、一个 Mo2 连接。该系列化合物中 Ln—N≡C 键角也发生了明显的扭曲,配位键角以及 Ln—N、Ln—O 配位键长见附表 4.5、附表 4.7、附表 4.9、附表 4.11、附表 4.13 和附表 4.15。

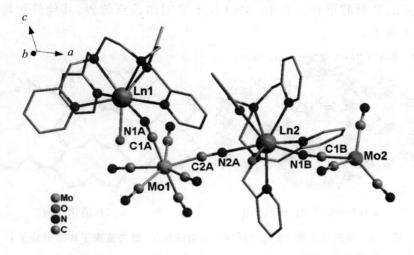

图 4.7　系列化合物 13$_{LnMo}$ 的不对称单元(为清晰起见,略去氢原子和溶剂分子)

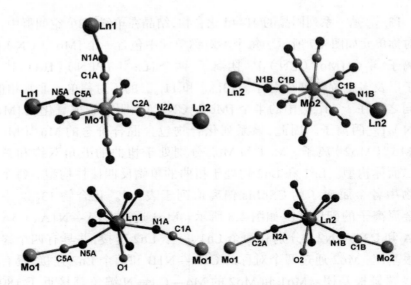

图 4.8　系列化合物 13_{LnMo} 中金属离子的配位情况

13_{LnMo} 系列化合物在 ab 平面的二维框架结构如图 4.9（a）所示，它们同时包含 $[Mo^{III}(CN)_7]^{4-}$ 和 $[Mo^{IV}(CN)_8]^{4-}$ 组分。略去有机配体和终端氰根配体，用黑色键代表氰根桥，得到其简化拓扑结构如图 4.9（b）所示。该二维结构是以 Mo_8Ln_8 为单元在 ab 平面无限延伸得到的。Mo_8Ln_8 单元包含 6 个 Mo1（Mo^{III}）离子和 2 个 Mo2（Mo^{IV}）离子，具有类似皇冠的形状。其中，Mo2 位于皇冠的顶点位置，其他位置均为 Mo1 离子。

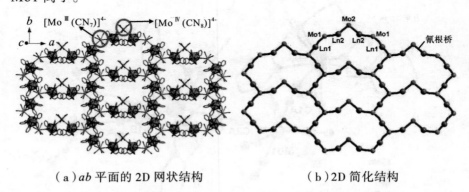

（a）ab 平面的 2D 网状结构　　　　　（b）2D 简化结构

图 4.9　系列化合物 13_{LnMo} 的结构（为清晰起见，略去氢原子和溶剂分子）

表 4.3　化合物 11 ~ 化合物 13 中金属离子的 CShMs 计算结果

金属离子	几何构型	11$_{\text{LaMo}}$	12$_{\text{PrMo}}$	13$_{\text{CeMo}}$	13$_{\text{NdMo}}$	13$_{\text{SmMo}}$
Mo1	PBP	1.689 （CTPR）	0.785	0.793	0.751	0.661
Mo2	TDD	0.927 （PBP）	—	1.582	1.645	1.271
Ln1	CSAPR	0.729	0.699	0.436	0.428	0.449
Ln2	CSAPR	0.739	0.564	0.431	0.462	0.474
金属离子	几何构型	13$_{\text{EuMo}}$	13$_{\text{GdMo}}$	13$_{\text{TbMo}}$	13$_{\text{DyMo}}$	13$_{\text{HoMo}}$
Mo1	PBP	0.673	0.714	0.735	0.787	0.816
Mo2	TDD	1.944	3.886	1.459	1.796	2.224
Ln1	CSAPR	0.446	0.430	0.426	0.413	0.435
Ln2	CSAPR	0.474	0.451	0.465	0.461	0.471

PBP：五角双锥；TDD：三角十二面体；CTPR：单帽三棱柱；CSAPR：单帽反四棱柱

　　该系列化合物对空气极其敏感,且晶体结构中包含大量的水分子,因此对它们的详细研究相对困难。在进行 X- 射线粉末衍射实验过程中,除 11$_{\text{LaMo}}$ 之外其他化合物的样品很快发生变质,晶体结构中的 Mo^{III} 可能被空气氧化成 Mo^{IV},因此我们无法完成正常的测试。但是,由于它们的晶体具有规则的形状,且体积较大,我们可以确定所得样品为纯相。11$_{\text{LaMo}}$ 的测试结果如图 4.10 所示,实验测试结果与单晶模拟结果吻合很好,说明它为纯相。

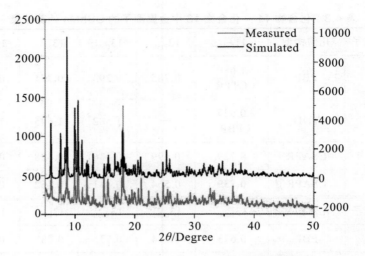

图 4.10　化合物 11$_{LaMo}$ 的 X– 射线粉末衍射数据

4.4　化合物 11～化合物 13 的磁学性质

　　在 1 kOe 的直流外场下,我们测试了化合物 11~ 化合物 13 在 2~300 K 温度范围内的变温直流磁化率,其结果如图 4.11 所示。

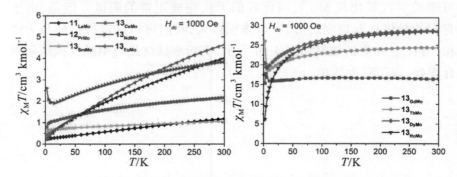

图 4.11　化合物 11~ 化合物 13 的变温直流磁化率曲线

　　所有化合物的磁化率曲线在高温区随着温度的降低而减小,这可能是由于金属离子之间存在弱的反铁磁相互作用或者稀土离子热致激发态 Stark 能级的去布居导致的。其中,化合物 13$_{NdMo}$、13$_{GdMo}$、13$_{TbMo}$ 和

13$_{\text{DyMo}}$ 的磁化率曲线略微不同,它们在低温区随着温度的降低先减小至一个最小值,然后又快速增大,表明这些化合物中金属离子之间也很可能存在铁磁相互作用。此外,我们在 2 K 时测试了化合物 11~ 化合物 13 的磁化强度曲线,其结果如图 4.12 所示。所有化合物的磁化强度曲线随着外加磁场的增大先快速然后缓慢上升。化合物 13$_{\text{GdMo}}$ 的磁化强度在 70 kOe 时近似达到饱和,而其他化合物的磁化强度均没有达到饱和,这一现象说明该系列化合物具有较强的磁各向异性。该系列化合物在 300 K 时的 $\chi_M T$ 实验值和理论值以及在 70 kOe 时磁化强度的实验值和理论值见表 4.4 所列。

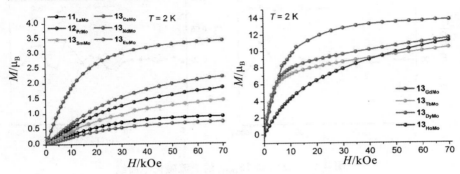

图 4.12 化合物 11 ~ 化合物 13 磁化强度曲线

表 4.4 化合物 11 ~ 化合物 13 的 $\chi_M T$ 实验值和理论值以及在 70 kOe 时磁化强度的实验值和理论值

化合物	g_J(Ln^{3+})	J(Ln^{3+})	$\chi_M T$(Ln^{3+})/cm^{3}kmol^{-1}	300 K $\chi_M T$ 理论值/cm^{3}kmol^{-1}	300 K $\chi_M T$ 实验值/cm^{3}kmol^{-1}	70 kOe 的 M 理论值/μ_B	70 kOe 的 M 实验值(1.8 K)/μ_B
11$_{\text{LaMo}}$	—	—	0	0.56	1.17	1	0.90
12$_{\text{PrMo}}$	4	4/5	1.60	3.58	3.99	5.40	1.85
13$_{\text{CeMo}}$	5/2	7/6	0.80	1.98	2.17	3.29	2.21
13$_{\text{NdMo}}$	9/2	8/11	1.64	3.66	3.84	5.55	3.42
13$_{\text{SmMo}}$	5/2	2/7	0.09	0.56	1.04	0.43	1.44
13$_{\text{EuMo}}$	0	5	0	0.38	4.63	1	0.72
13$_{\text{GdMo}}$	7/2	2	7.88	16.14	16.45	13	13.77

化合物	g_J (Ln^{3+})	J (Ln^{3+})	$\chi_M T$ (Ln^{3+}) /cm^3 $kmol^{-1}$	300 K $\chi_M T$ 理论值/ $cm^3 kmol^{-1}$	300 K $\chi_M T$ 实验值/ $cm^3 kmol^{-1}$	70 kOe 的 M 理论值 /μ_B	70 kOe 的 M 实验值（1.8 K）/μ_B
13_{TbMo}	6	3/2	11.82	24.02	24.33	17	10.43
13_{DyMo}	15/2	4/3	14.17	28.72	28.47	19	11.56
13_{HoMo}	8	5/4	14.07	28.52	28.23	19	11.26

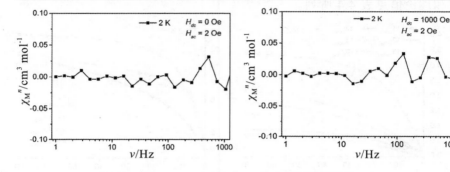

图 4.13 化合物 13_{DyMo} 的交流磁化率曲线

另外,我们测试了该系列化合物的动态交流磁化率性质。遗憾的是,无论是在零场,还是在加场的情况下,该系列化合物的交流磁化率均没有虚部信号(图 4.13),说明它们只是简单的顺磁体。

我们对该系列化合物进行了磁构关系分析。化合物 11_{LaMo} 中, La^{3+} 为抗磁性金属离子,而 Mo^{III} 为顺磁性离子,因此整个化合物的磁性表现为 Mo^{III} 中心的顺磁性质。尽管 $[Mo^{III}(CN)_7]^{4-}$ 单元具有较大的单离子磁各向异性,但是由于缺少和其他顺磁性金属离子的磁耦合作用,使得整个化合物没有表现出丰富的磁学性质。化合物 12_{PrMo} 中,虽然 Pr^{3+} 为顺磁性金属离子,可以通过氰根配体和 Mo^{III} 中心发生磁耦合作用,但是该化合物也只是一个简单的顺磁体。分析其原因,可能是因为 $[Mo^{III}(CN)_7]^{4-}$ 单元相对于理想的五角双锥构型偏差较大,且利用赤道平面的氰根配体和 Pr^{3+} 离子发生配位,使得化合物不具有易轴的磁各向异性。对于同构的系列化合物 13_{LnMo},由于抗磁单元 $[Mo^{IV}(CN)_8]^{4-}$ 的存在,其二维结构由一维的顺磁部分和单原子抗磁部分组成,如图 4.14 所示。一维顺磁部分和化合物 12_{PrMo} 的结构非常相似,因此,可能由于相同的原因,导致不管是各向异性的 Tb^{3+}、Dy^{3+}、Ho^{3+}、Er^{3+} 等离子,还是各项同性的 Gd^{3+} 离子,通过氰根配体和 Mo^{III} 发生磁耦合作用都没有使化合物表现出缓慢磁弛豫的现象。

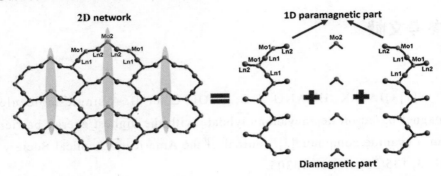

图 4.14　系列化合物 13$_{\text{LnMo}}$ 结构中顺磁部分和抗磁部分的组合情况

4.5　本章小结

本章中,我们使用多齿螯合配体 TPEN,成功构筑了一系列 4f-4d 化合物。其中,11$_{\text{LaMo}}$ 和 12$_{\text{PrMo}}$ 分别为一维带状和一维之字链结构,同构系列化合物 13$_{\text{LnMo}}$ 为二维网状结构。由于抗磁部分阻止了顺磁离子之间的磁耦合,系列化合物 13$_{\text{LnMo}}$ 包含和 12$_{\text{PrMo}}$ 类似的一维顺磁结构。磁性测量表明,该系列 4f-4d 化合物中,11$_{\text{LaMo}}$ 表现出单离子顺磁性;由于 [Mo^{III}(CN)$_7$]$^{4-}$ 基团相对于理想的五角双锥构型畸变严重,4f 和 4d 金属离子通过氰根传递的磁相互作用较弱,其他化合物均为简单的顺磁体。尽管如此,该系列化合物仍是首次将 4f 金属离子和 [Mo^{III}(CN)$_7$]$^{4-}$ 单元成功结合的实例,进一步扩大了基于 [Mo^{III}(CN)$_7$]$^{4-}$ 构筑块磁性化合物的研究范围。

参考文献

[1] QIAN K, HUANG X C, ZHOU C, et al. A single-molecule magnet based on heptacyanomolybdate with the highest energy barrier for a cyanide compound[J]. Journal of the American Chemical Society, 2013, 135(36): 13302-13305.

[2] WU D Q, SHAO D, WEI X Q, et al. Reversible On-Off Switching of a Single-Molecule Magnet via a Crystal-to-Crystal Chemical Transformation[J]. Journal of the American Chemical Society, 2017, 139(34): 11714-11717.

[3] WANG K, XIA B, WANG Q L, et al. Slow magnetic relaxation based on the anisotropic Ising-type magnetic coupling between the Mo^{III} and Mn^{II} centers[J]. Dalton Transactions, 2017, 46(4): 1042-1046.

[4] WANG X Y, PROSVIRIN A V, DUNBAR K R. A docosanuclear {Mo$_8$Mn$_{14}$} cluster based on [Mo(CN)$_7$]$^{4-}$[J]. Angewandte Chemie International Edition, 2010, 49(30): 5081-5084.

[5] KEMPE D K, DOLINAR B S, VIGNESH K R, et al. A cyanide-bridged wheel featuring a seven-coordinate Mo (III) center[J]. Chemical communications, 2019, 55(14): 2098-2101.

[6] LARIONOVA J, SANCHIZ J, KAHN O, et al. Crystal structure, ferromagnetic ordering and magnetic anisotropy for two cyano-bridged bimetallic compounds of formula Mn$_2$(H$_2$O)$_5$Mo(CN)$_7$ · nH$_2$O[J]. Chemical Communications, 1998 (9): 953-954.

[7] LARIONOVA J, KAHN O, GOHLEN S, et al. Structure, Ferromagnetic Ordering, Anisotropy, and Spin Reorientation for the Two-Dimensional Cyano-Bridged Bimetallic Compound K$_2$Mn$_3$(H$_2$O)$_6$[Mo(CN)$_7$]$_2$ · 6H$_2$O[J].

Journal of the American Chemical Society, 1999, 121(14): 3349-3356.

[8] TANASE S, TUNA F, GUIONNEAU P, et al. Substantial Increase of the Ordering Temperature for {Mn^{II}/Mo^{III} (CN)$_7$}-Based Magnets as a Function of the 3d Ion Site Geometry: Example of Two Supramolecular Materials with T_c = 75 and 106 K[J]. Inorganic chemistry, 2003, 42(5): 1625-1631.

[9] MILON J, DANIEL M C, KAIBA A, et al. Nanoporous magnets of chiral and racemic [{Mn(HL)}$_2$Mn{Mo(CN)$_7$}$_2$] with switchable ordering temperatures (T_c = 85 K ↔ 106 K) driven by H$_2$O sorption (L= N, N-dimethylalaninol)[J]. Journal of the American Chemical Society, 2007, 129(45): 13872-13878.

[10] TOMONO K, TSUNOBUCHI Y, NAKABAYASHI K, et al. Vanadium (II) heptacyanomolybdate (III)-based magnet exhibiting a high curie temperature of 110 K[J]. Inorganic chemistry, 2010, 49(4): 1298-1300.

[11] MILON J, GUIONNEAU P, DUHAYON C, et al. [K$_2$Mn$_5${Mo(CN)$_7$}$_3$]: an open framework magnet with four T_c conversions orchestrated by guests and thermal history[J]. New Journal of Chemistry, 2011, 35(6): 1211-1218.

[12] WEI X Q, PI Q, SHEN F X, et al. Syntheses, structures, and magnetic properties of three new Mn^{II} –[Mo^{III} (CN)$_7$]$^{4-}$ molecular magnets[J]. Dalton Transactions, 2018, 47(34): 11873-11881.

[13] SHI L, SHAO D, SHEN F Y, et al. A Three - Dimensional Mn^{II} –[Mo^{III} (CN)$_7$]$^{4-}$ Ferrimagnet Containing Formate as a Second Bridging Ligand[J]. Chinese Journal of Chemistry, 2019, 37(1): 19-24.

[14] WANG X Y, AVENDAÑO C, DUNBAR K R. Molecular magnetic materials based on 4d and 5d transition metals[J]. Chemical Society Reviews, 2011, 40(6): 3213-3238.

[15] FERBINTEANU M, CIMPOESU F, TANASE S. Metal-Organic Frameworks with d–f Cyanide Bridges: Structural Diversity, Bonding Regime, and Magnetism[J]. Lanthanide Metal-Organic Frameworks, 2015: 185-229.

[16] ANDRUH M, COSTES J P, DIAZ C, et al. 3d- 4f combined chemistry: synthetic strategies and magnetic properties[J]. Inorganic chemistry, 2009, 48(8): 3342-3359.

[17] SABBATINI N, GUARDIGLI M, LEHN J M. Luminescent lanthanide complexes as photochemical supramolecular devices[J]. Coordination Chemistry Reviews, 1993, 123(1-2): 201-228.

[18] MA B Q, ZHANG D S, GAO S, et al. From Cubane to Supercubane: The Design, Synthesis, and Structure of a Three - Dimensional Open Framework Based on a Ln_4O_4 Cluster[J]. Angewandte Chemie, 2000, 112(20): 3790-3792.

[19] ZHAO B, CHEN X Y, CHENG P, et al. Coordination polymers containing 1D channels as selective luminescent probes[J]. Journal of the American Chemical Society, 2004, 126(47): 15394-15395.

[20] XU X J, ZHOU R R, WANG J, et al. Syntheses, Crystal Structures, and Magnetic Properties of Two Cyanide - Bridged Bimetallic Magnetic Chains based on Octacyanomolybdate (V) and Lanthanide (III)[J]. Zeitschrift für anorganische und allgemeine Chemie, 2015, 641(2): 490-494.

[21] ZHOU H, CHEN Q, ZHOU H B, et al. Structural Conversion and Magnetic Studies of Low-Dimensional $Ln^{III}/Mo^{V/IV}(CN)_8$ (Ln=Gd- Lu) Systems: From Helical Chain to Trinuclear Cluster[J]. Crystal Growth & Design, 2016, 16(3): 1708-1716.

[22] JAMES C, WILLAND P S. The Rare Earth Cobalticyanide[J]. Journal of the American Chemical Society, 1916, 38(8): 1497-1500.

[23] FIGUEROLA A, RIBAS J, LLUNELL M, et al. Magnetic Properties of Cyano-Bridged $Ln^{3+}- M^{3+}$ Complexes. Part I: Trinuclear Complexes ($Ln^{3+}=$ La, Ce, Pr, Nd, Sm; $M^{3+}=$ FeLS, Co) with bpy as Blocking Ligand[J]. Inorganic chemistry, 2005, 44(20): 6939-6948.

[24] ZHAO H, LOPEZ N, PROSVIRIN A, et al. Lanthanide–3d cyanometalate chains Ln (III)–M (III)(Ln= Pr, Nd, Sm, Eu, Gd, Tb; M= Fe) with the tridentate ligand 2, 4, 6-tri (2-pyridyl)-1, 3, 5-triazine (tptz): evidence of ferromagnetic interactions for the Sm (III)–M (III)

compounds (M= Fe, Cr)[J]. Dalton Transactions, 2007 (8): 878-888.

[25] RAUSCH A F, MONKOWIUS U V, ZABEL M, et al. Bright sky-blue phosphorescence of [*n*-Bu₄N][Pt(4,6-dFppy)(CN)₂]: synthesis, crystal structure, and detailed photophysical studies[J]. Inorganic chemistry, 2010, 49(17): 7818-7825.

[26] THOMAS R B, SMITH P A, JALEEL A, et al. Synthesis, structural, and photoluminescence studies of Gd (terpy)(H₂O) (NO₃)₂M(CN)₂(M= Au, Ag) complexes: multiple emissions from intra- and intermolecular excimers and exciplexes[J]. Inorganic Chemistry, 2012, 51(6): 3399-3408.

[27] GAO Y, VICIANO-CHUMILLAS M, TOADER A M, et al. Cyanide-bridged coordination polymers constructed from lanthanide ions and octacyanometallate building-blocks[J]. Inorganic Chemistry Frontiers, 2018, 5(8): 1967-1977.

[28] BRIDONNEAU N, CHAMOREAU L M, LAINÉ P P, et al. A new versatile class of hetero-tetra-metallic assemblies: highlighting single-molecule magnet behaviour[J]. Chemical communications, 2013, 49(82): 9476-9478.

[29] LLUNELL M, CASANOVA D, CIRERA J, et al. SHAPE, version 2.1[J]. Universitat de Barcelona, Barcelona, Spain, 2103.

附表 4.1　化合物 11_LaMo 的部分键长

化合物 11_LaMo	键长 /Å	化合物 11_LaMo	键长 /Å	化合物 11_LaMo	键长 /Å
Mo（1）—C（1）	2.103（9）	Mo（2）—C（12）#2	2.169（16）	La（1）—N（15）	2.752（8）
Mo（1）—C（6）	2.125（13）	Mo（2）—C（12）	2.169（16）	N（5）—La（1）#3	2.627（9）
Mo（1）—C（2）	2.147（10）	Mo（2）—C（10）	2.221（19）	La（2）—O（2）	2.532（10）
Mo（1）—C（7）	2.167（11）	La（1）—O（1）	2.536（6）	La（2）—N（2）	2.559（10）
Mo（1）—C（5）	2.160（11）	La（1）—N（1）	2.583（9）	La（2）—N（8）	2.575（10）
Mo（1）—C（3）	2.183（11）	La（1）—N（5）#1	2.627（9）	La（2）—N（21）	2.688（11）
Mo（1）—C（4）	2.178（11）	La（1）—N（17）	2.667（9）	La（2）—N（20）	2.694（9）
Mo（2）—C（11）	2.112（14）	La（1）—N（16）	2.680（9）	La（2）—N（23）	2.730（11）
Mo（2）—C（8）#2	2.108（15）	La（1）—N（18）	2.693（9）	La（2）—N（22）	2.738（11）
Mo（2）—C（8）	2.108（15）	La（1）—N（14）	2.747（8）	La（2）—N（19）	2.760（12）
Mo（2）—C（9）	2.16（3）	La（1）—N（13）	2.747（7）	La（2）—N（24）	2.776（11）

附表 4.2　化合物 11_LaMo 的部分键角

化合物 11_LaMo	键角 /°	化合物 11_LaMo	键角 /°	化合物 11_LaMo	键角 /°
N（1）—C（1）—Mo（1）	174.2（9）	C（1）—N（1）—La（1）	156.3（8）	O（2）—La（2）—N（2）	70.8（4）
N（2）—C（2）—Mo（1）	178.3（12）	C（5）—N（5）—La（1）#3	164.6（8）	O（2）—La（2）—N（8）	69.4（4）
N（3）—C（3）—Mo（1）	175.6（9）	C（8）—N（8）—La（2）	166.5（10）	N（2）—La（2）—N（8）	137.0（3）
N（4）—C（4）—Mo（1）	179.3（10）	C（2）—N（2）—La（2）	167.3（11）	O（2）—La（2）—N（21）	79.9（4）

续表

化合物 11$_{LaMo}$	键角/°	化合物 11$_{LaMo}$	键角/°	化合物 11$_{LaMo}$	键角/°
N（5）—C（5）—Mo（1）	174.9（9）	O（1）—La（1）—N（1）	68.8（3）	N（2）—La（2）—N（21）	82.4（3）
N（6）—C（6）—Mo（1）	178.7（17）	O（1）—La（1）—N（5）#1	72.8（3）	N（8）—La（2）—N（21）	75.3（3）
N（7）—C（7）—Mo（1）	176.8（10）	N（1）—La（1）—N（5）#1	138.7（3）	O（2）—La（2）—N（20）	136.4（4）
N（8）—C（8）—Mo（2）	177.1（11）	O（1）—La（1）—N（17）	140.6（3）	N（2）—La（2）—N（20）	138.3（3）
N（9）—C（9）—Mo（2）	173（3）	N（1）—La（1）—N（17）	73.4（3）	N（8）—La（2）—N（20）	83.5（3）
N（10）—C（10）—Mo（2）	175.9（19）	N（5）#1—La（1）—N（17）	137.8（3）	N（21）—La（2）—N（20）	126.2（3）
N（11）—C（11）—Mo（2）	174（3）	O（1）—La（1）—N（16）	77.5（2）	O（2）—La（2）—N（23）	74.7（4）
C（1）—Mo（1）—C（6）	74.3（4）	N（1）—La（1）—N（16）	115.3（3）	N（2）—La（2）—N（23）	112.2（4）
C（1）—Mo（1）—C（2）	96.5（4）	N（5）#1—La（1）—N（16）	69.0（3）	N（8）—La（2）—N（23）	71.9（4）
C（6）—Mo（1）—C（2）	75.7（5）	N（17）—La（1）—N（16）	130.4（3）	N（21）—La（2）—N（23）	143.8（3）
C（1）—Mo（1）—C（7）	85.7（4）	O（1）—La（1）—N（18）	81.4（2）	N（20）—La（2）—N（23）	64.5（3）
C（6）—Mo（1）—C（7）	116.0（6）	N（1）—La（1）—N（18）	80.1（3）	O（2）—La（2）—N（22）	143.4（3）
C（2）—Mo（1）—C（7）	168.2（4）	N（5）#1—La（1）—N（18）	79.7（3）	N（2）—La（2）—N（22）	74.4（3）
C（1）—Mo（1）—C（5）	135.4（4）	N（17）—La（1）—N（18）	81.8（3）	N（8）—La（2）—N（22）	137.5（3）
C（6）—Mo（1）—C（5）	72.0（4）	N（16）—La（1）—N（18）	146.2（3）	N（21）—La（2）—N（22）	84.6（3）
C（2）—Mo（1）—C（5）	102.5（4）	O（1）—La（1）—N（14）	133.0（3）	N（20）—La（2）—N（22）	78.8（3）
C（7）—Mo（1）—C（5）	83.6（4）	N（1）—La（1）—N（14）	124.9（3）	N（23）—La（2）—N（22）	130.5（3）

续表

化合物 11$_{LaMo}$	键角/°	化合物 11$_{LaMo}$	键角/°	化合物 11$_{LaMo}$	键角/°
C（1）—Mo（1）—C（3）	71.7（4）	N（5）#1—La（1）—N（14）	73.6（3）	O（2）—La（2）—N（19）	131.3（5）
C（6）—Mo（1）—C（3）	136.0（5）	N（17）—La（1）—N（14）	64.2（3）	N（2）—La（2）—N（19）	124.2（4）
C（2）—Mo（1）—C（3）	81.3（4）	N（16）—La（1）—N（14）	118.7（3）	N（8）—La（2）—N（19）	74.3（4）
C（7）—Mo（1）—C（3）	88.4（4）	N（18）—La（1）—N（14）	61.1（3）	N（21）—La（2）—N（19）	60.0（4）
C（5）—Mo（1）—C（3）	150.6（4）	O（1）—La（1）—N（13）	142.5（2）	N（20）—La（2）—N（19）	66.9（3）
C（1）—Mo（1）—C（4）	150.0（4）	N（1）—La（1）—N（13）	131.8（3）	N（23）—La（2）—N（19）	122.7（4）
C（6）—Mo（1）—C（4）	132.9（5）	N（5）#1—La（1）—N（13）	88.6（3）	N（22）—La（2）—N（19）	63.2（4）
C（2）—Mo（1）—C（4）	81.9（4）	N（17）—La（1）—N（13）	73.6（3）	O（2）—La（2）—N（24）	111.2（4）
C（7）—Mo（1）—C（4）	90.4（4）	N（16）—La（1）—N（13）	65.5（2）	N（2）—La（2）—N（24）	78.0（3）
C（5）—Mo（1）—C（4）	73.4（4）	N（18）—La（1）—N（13）	127.8（2）	N（8）—La（2）—N（24）	132.1（3）
C（3）—Mo（1）—C（4）	78.4（4）	N（14）—La（1）—N（13）	66.8（3）	N（21）—La（2）—N（24）	152.3（3）
C（8）#2—Mo（2）—C（8）	138.5（8）	O（1）—La（1）—N（15）	105.9（2）	N（20）—La（2）—N（24）	63.4（3）
C（11）—Mo（2）—C（9）	80.6（11）	N（1）—La（1）—N（15）	75.0（3）	N（23）—La（2）—N（24）	63.0（3）
C（8）#2—Mo（2）—C（9）	71.9（4）	N（5）#1—La（1）—N（15）	131.2（3）	N（22）—La（2）—N（24）	71.4（3）
C（8）—Mo（2）—C（9）	71.9（4）	N（17）—La（1）—N（15）	73.7（3）	N（19）—La（2）—N（24）	117.2（4）
C（11）—Mo（2）—C（12）#2	87.1（7）	N（16）—La（1）—N（15）	63.5（3）	C（8）#2—Mo（2）—C（10）	84.1（4）
C（8）#2—Mo（2）—C（12）#2	73.1（5）	N（18）—La（1）—N（15）	149.0（3）	C（8）—Mo（2）—C（10）	84.1（4）

续表

化合物 11$_{\text{LaMo}}$	键角/°	化合物 11$_{\text{LaMo}}$	键角/°	化合物 11$_{\text{LaMo}}$	键角/°
C（8）—Mo（2）—C（12）#2	146.6（6）	N（14）—La（1）—N（15）	120.9（3）	C（9）—Mo（2）—C（10）	101.8（10）
C（9）—Mo（2）—C（12）#2	141.1（4）	N（13）—La（1）—N（15）	62.6（3）	C（12）#2—Mo（2）—C（10）	91.0（6）
C（11）—Mo（2）—C（12）	87.1（7）	C（9）—Mo（2）—C（12）	141.1（4）	C（12）—Mo（2）—C（10）	91.0（6）
C（8）#2—Mo（2）—C（12）	146.6（5）	C（12）#2—Mo（2）—C（12）	74.0（7）	C（11）—Mo（2）—C（10）	177.5（9）
C（8）—Mo（2）—C（12）	73.1（5）				

#1 x−1, y, z　#2 x, −y+3/2, z　#3 x+1, y, z

附表 4.3　化合物 12$_{\text{PrMo}}$ 的部分键长

化合物 12$_{\text{PrMo}}$	键长/Å	化合物 12$_{\text{PrMo}}$	键长/Å	化合物 12$_{\text{PrMo}}$	键长/Å
Mo（1）—C（4）	2.05（5）	Pr（1）—N（3）	2.46（4）	Pr（2）—O（3）	2.54（3）
Mo（1）—C（7）	2.08（6）	Pr（1）—N（12）	2.64（4）	Pr（2）—N（2）#1	2.57（4）
Mo（1）—C（2）	2.09（4）	Pr（1）—N（8）	2.66（4）	Pr（2）—N（5）	2.56（3）
Mo（1）—C（6）	2.16（5）	Pr（1）—N（11）	2.71（3）	Pr（2）—N（16）	2.64（3）
Mo（1）—C（1）	2.18（4）	Pr（1）—N（13）	2.71（4）	Pr（2）—N（19）	2.65（3）
Mo（1）—C（5）	2.19（4）	Pr（1）—N（10）	2.72（4）	Pr（2）—N（18）	2.66（3）
Mo（1）—C（3）	2.19（5）	Pr（1）—N（9）	2.79（4）	Pr（2）—N（14）	2.68（3）
Pr（1）—O（1）	2.47（3）	N（2）—Pr（2）#2	2.55（4）	Pr（2）—N（17）	2.69（3）
Pr（1）—O（2）	2.70（4）	Pr（2）—N（15）	2.71（3）		

附表 4.4　化合物 12_{PrMo} 的部分键角

化合物 12_{PrMo}	键角/°	化合物 12_{PrMo}	键角/°	化合物 12_{PrMo}	键角/°
N（1）—C（1）—Mo（1）	173（3）	N（3）—Pr（1）—O（1）	69.5（16）	O（3）—Pr（2）—N（2）#1	72.5（11）
N（2）—C（2）—Mo（1）	179（4）	N（3）—Pr（1）—N（12）	77.3（12）	O（3）—Pr（2）—N（5）	70.6（9）
N（3）—C（3）—Mo（1）	172（4）	O（1）—Pr（1）—N（12）	75.9（11）	N（2）#1—Pr（2）—N（5）	140.7（10）
N（4）—C（4）—Mo（1）	175（4）	N（3）—Pr（1）—N（8）	81.5（12）	O（3）—Pr（2）—N（16）	78.8（9）
N（5）—C（5）—Mo（1）	177（3）	O（1）—Pr（1）—N（8）	136.8（11）	N（2）#1—Pr（2）—N（16）	77.2（10）
N（6）—C（6）—Mo（1）	174（4）	N（12）—Pr（1）—N（8）	128.8（13）	N（5）—Pr（2）—N（16）	82.9（9）
N（7）—C（7）—Mo（1）	174（6）	N（3）—Pr（1）—N（11）	129.9（11）	O（3）—Pr（2）—N（19）	76.7（9）
C（3）—N（3）—Pr（1）	174（4）	O（1）—Pr（1）—N（11）	107.8（12）	N（2）#1—Pr（2）—N（19）	117.0（10）
C（8）—N（8）—Pr（1）	114（3）	N（12）—Pr（1）—N（11）	152.5（11）	N（5）—Pr（2）—N（19）	66.5（9）
C（2）—N（2）—Pr（2）#2	159（3）	N（8）—Pr（1）—N（11）	67.4（11）	N（16）—Pr（2）—N（19）	145.7（9）
C（5）—N（5）—Pr（2）	159（3）	N（3）—Pr（1）—N（13）	135.3（15）	O（3）—Pr（2）—N（18）	108.1（9）
C（4）—Mo（1）—C（7）	137.0（19）	O（1）—Pr（1）—N（13）	145.6（12）	N（2）#1—Pr（2）—N（18）	75.1（10）
C（4）—Mo（1）—C（2）	84.0（15）	N（12）—Pr（1）—N（13）	86.4（11）	N（5）—Pr（2）—N（18）	129.6（9）
C（7）—Mo（1）—C（2）	86.0（19）	N（8）—Pr（1）—N（13）	76.9（11）	N（16）—Pr（2）—N（18）	147.5（9）
C（4）—Mo（1）—C（6）	145.9（16）	N（11）—Pr（1）—N（13）	75.6（11）	N（19）—Pr（2）—N（18）	64.5（9）
C（7）—Mo（1）—C（6）	74.8（19）	N（3）—Pr（1）—N（10）	68.8（12）	O（3）—Pr（2）—N（14）	129.0（10）

化合物 12_{PrMo}	键角 /°	化合物 12_{PrMo}	键角 /°	化合物 12_{PrMo}	键角 /°
C（2）—Mo（1）—C（6）	87.3（16）	O（1）—Pr（1）—N（10）	75.6（11）	N（2）#1—Pr（2）—N（14）	123.2（10）
C（4）—Mo（1）—C（1）	96.3（15）	N（12）—Pr（1）—N（10）	141.5（11）	N（5）—Pr（2）—N（14）	73.2（8）
C（7）—Mo（1）—C（1）	93.0（18）	N（8）—Pr（1）—N（10）	64.1（12）	N（16）—Pr（2）—N（14）	62.0（9）
C（2）—Mo（1）—C（1）	178.9（15）	N（11）—Pr（1）—N（10）	62.6（10）	N（19）—Pr（2）—N（14）	119.0（8）
C（6）—Mo（1）—C（1）	93.0（16）	N（13）—Pr（1）—N（10）	130.8（11）	N（18）—Pr（2）—N（14）	122.6（9）
C（4）—Mo（1）—C（5）	72.5（14）	N（3）—Pr（1）—O（2）	141.4（13）	O（3）—Pr（2）—N（17）	141.2（9）
C（7）—Mo（1）—C（5）	149.7（17）	O（1）—Pr（1）—O（2）	74.1（13）	N（2）#1—Pr（2）—N（17）	70.5（10）
C（2）—Mo（1）—C（5）	91.6（13）	N（12）—Pr（1）—O（2）	81.7（13）	N（5）—Pr（2）—N（17）	139.5（9）
C（6）—Mo（1）—C（5）	74.8（14）	N（8）—Pr（1）—O（2）	136.0（11）	N（16）—Pr（2）—N（17）	82.0（9）
C（1）—Mo（1）—C（5）	89.5（13）	N（11）—Pr（1）—O（2）	73.6（10）	N（19）—Pr（2）—N（17）	131.5（9）
C（4）—Mo（1）—C（3）	68.8（16）	N（13）—Pr（1）—O（2）	74.3（12）	N（18）—Pr（2）—N（17）	73.0（9）
C（7）—Mo（1）—C（3）	71.6（19）	N（10）—Pr（1）—O（2）	114.2（12）	N（14）—Pr（2）—N（17）	66.5（9）
C（2）—Mo（1）—C（3）	99.1（15）	N（3）—Pr（1）—N（9）	71.0（14）	O（3）—Pr（2）—N（15）	141.4（9）
C（6）—Mo（1）—C（3）	145.2（16）	O（1）—Pr（1）—N（9）	127.7（12）	N（2）#1—Pr（2）—N（15）	132.8（11）
C（1）—Mo（1）—C（3）	80.1（15）	N（12）—Pr（1）—N（9）	62.9（12）	N（5）—Pr（2）—N（15）	85.7（9）
C（5）—Mo（1）—C（3）	138.4（14）	N（8）—Pr（1）—N（9）	66.2（11）	N（16）—Pr（2）—N（15）	129.1（9）
N（10）—Pr（1）—N（9）	119.0（11）	N（11）—Pr（1）—N（9）	123.8（10）	N（19）—Pr（2）—N（15）	65.9（9）

化合物 12$_{PrMo}$	键角/°	化合物 12$_{PrMo}$	键角/°	化合物 12$_{PrMo}$	键角/°
O(2)—Pr(1)—N(9)	125.9(11)	N(13)—Pr(1)—N(9)	64.5(11)	N(18)—Pr(2)—N(15)	64.3(9)
N(17)—Pr(2)—N(15)	75.5(9)	N(14)—Pr(2)—N(15)	67.3(9)		
#1 −x+1, y+1/2, −z+1/2		#2 −x+1, y−1/2, −z+1/2		#3 −x+1/2, y, −z	

附表 4.5 化合物 13$_{SmMo}$ 的部分键长

化合物 13$_{SmMo}$	键长/Å	化合物 13$_{SmMo}$	键长/Å	化合物 13$_{SmMo}$	键长/Å
Mo(1)—C(2A)	2.116(6)	Sm(1)—O(1)	2.457(4)	Sm(2)—N(2A)	2.449(5)
Mo(1)—C(1A)	2.125(6)	Sm(1)—N(1)	2.460(5)	Sm(2)—O(2)	2.459(5)
Mo(1)—C(6A)	2.143(7)	Sm(1)—N(5A)#1	2.537(5)	Sm(2)—N(1B)	2.485(5)
Mo(1)—C(5A)	2.160(6)	Sm(1)—N(12A)	2.606(5)	Sm(2)—N(12B)	2.591(6)
Mo(1)—C(7A)	2.164(5)	Sm(1)—N(11A)	2.619(5)	Sm(2)—N(13B)	2.612(5)
Mo(1)—C(3A)	2.182(7)	Sm(1)—N(13A)	2.620(5)	Sm(2)—N(11B)	2.628(5)
Mo(1)—C(4A)	2.186(7)	Sm(1)—N(10A)	2.626(5)	Sm(2)—N(8B)	2.633(5)
Mo(2)—C(2B)	2.102(10)	Sm(1)—N(9A)	2.638(5)	Sm(2)—N(10B)	2.666(6)
Mo(2)—C(2B)#2	2.102(10)	Sm(1)—N(8A)	2.643(4)	Sm(2)—N(9B)	2.690(6)
Mo(2)—C(1B)#2	2.149(6)	N(5A)—Sm(1)#3	2.537(5)	Mo(2)—C(3B)	2.163(13)
Mo(2)—C(1B)	2.149(6)	Mo(2)—C(4B)#2	2.155(10)	Mo(2)—C(3B)#2	2.163(13)
Mo(2)—C(4B)	2.155(10)				

附表 4.6 化合物 13$_{SmMo}$ 的部分键角

化合物 13$_{SmMo}$	键角/°	化合物 13$_{SmMo}$	键角/°	化合物 13$_{SmMo}$	键角/°
N（1A）—C（1A）—Mo（1）	176.0（5）	N（6A）—C（6A）—Mo（1）	177.1（7）	C（1A）—N（1）—Sm（1）	164.4（5）
N（2A）—C（2A）—Mo（1）	174.6（5）	N（7A）—C（7A）—Mo（1）	174.0（5）	C（5A）—N（5A）—Sm（1）#3	158.4（4）
N（3A）—C（3A）—Mo（1）	176.3（7）	N（1B）—C（1B）—Mo（2）	177.2（6）	C（1B）—N（1B）—Sm（2）	168.1（5）
N（4A）—C（4A）—Mo（1）	178.7（8）	N（2B）—C（2B）—Mo（2）	176.2（17）	C（2A）—N（2A）—Sm（2）	167.9（6）
N（5A）—C（5A）—Mo（1）	178.0（5）	N（3B）—C（3B）—Mo（2）	176.7（13）	N（4B）—C（4B）—Mo（2）	175.8（10）

#1 −x+1/2, y−1/2, −z+3/2 #2 −x+1, y, −z+3/2 #3 −x+1/2, y+1/2, −z+3/2
#4 x, y−1, z #5 x, y+1, z

附表 4.7 化合物 13$_{EuMo}$ 的部分键长

化合物 13$_{EuMo}$	键长/Å	化合物 13$_{EuMo}$	键长/Å	化合物 13$_{EuMo}$	键长/Å
Mo(1)—C(2A)	2.114（5）	Eu（1）—O（1）	2.444（4）	Eu（2）—N（2A）	2.435（5）
Mo(1)—C(1A)	2.130（5）	Eu(1)—N(1A)	2.448（4）	Eu（2）—O（2）	2.447（4）
Mo(1)—C(3A)	2.152（6）	Eu(1)—N(4A)#1	2.518（4）	Eu（2）—N(1B）	2.471（5）
Mo(1)—C(4A)	2.157（5）	Eu（1）—N（10A）	2.603（5）	Eu（2）—N（10B）	2.584（5）
Mo(1)—C(7A)	2.166（5）	Eu（1）—N（13A）	2.606（4）	Eu（2）—N（11B）	2.603（5）
Mo(1)—C(6A)	2.181（6）	Eu（1）—N（12A）	2.606（4）	Eu（2）—N（13B）	2.613（5）
Mo(1)—C(5A)	2.193（6）	Eu（1）—N（11A）	2.624（4）	Eu（2）—N（9B）	2.616（5）

续表

化合物 13$_{EuMo}$	键长 / Å	化合物 13$_{EuMo}$	键长 / Å	化合物 13$_{EuMo}$	键长 / Å
Mo（2）—C（4B）	2.106（9）	Eu（1）—N（9A）	2.625（4）	Eu（2）—N（12B）	2.663（5）
Mo（2）—C（4B）#2	2.106（9）	Eu（1）—N（8A）	2.628（4）	Eu（2）—N（8B）	2.678（5）
Mo（2）—C（1B）#2	2.145（5）	Mo（2）—C（2B）	2.158（8）	Mo（2）—C（3B）#2	2.171（12）
Mo（2）—C（1B）	2.145（6）	Mo（2）—C（2B）#2	2.158（8）	Mo（2）—C（3B）	2.171（12）

附表 4.8　化合物 13$_{EuMo}$ 的部分键角

化合物 13$_{EuMo}$	键角 /°	化合物 13$_{EuMo}$	键角 /°	化合物 13$_{EuMo}$	键角 /°
N（1A）—C（1A）—Mo（1）	176.4（5）	N（6A）—C（6A）—Mo（1）	175.8（6）	C（1B）—N（1B）—Eu（2）	168.4（4）
N（2A）—C（2A）—Mo（1）	175.2（5）	N（7A）—C（7A）—Mo（1）	174.4（4）	C（2A）—N（2A）—Eu（2）	168.7（5）
N（3A）—C（3A）—Mo（1）	175.7（6）	N（1B）—C（1B）—Mo（2）	176.7（5）	C（1A）—N（1A）—Eu（1）	164.0（4）
N（4A）—C（4A）—Mo（1）	177.5（4）	N（2B）—C（2B）—Mo（2）	175.1（10）	C（4A）—N（4A）—Eu（1）#4	159.2（4）
N（5A）—C（5A）—Mo（1）	179.3（8）	N（3B）—C（3B）—Mo（2）	177.3（12）	N（4B）—C（4B）—Mo（2）	173.4（16）

#1 −x+1/2, y+1/2, −z+3/2　　#2 −x+1, y, −z+3/2　　#3 −x+1/2, −y+1/2, −z+1
#4 −x+1/2, y−1/2, −z+3/2
#5 −x, −y+1, −z+1

附表 4.9　化合物 13ₐdMo 的部分键长

化合物 13GdMo	键长 / Å	化合物 13GdMo	键长 / Å	化合物 13GdMo	键长 / Å
Mo(1)—C(2A)	2.101 (13)	Gd1—N (1A)	2.440 (9)	Cd(2)—N(1B)	2.436 (11)
Mo(1)—C(1A)	2.133 (12)	Gd1—O (1)	2.437 (7)	Cd (2)—O (2)	2.433 (8)
Mo(1)—C(4A)	2.155 (12)	Gd1—N (4A) #1	2.508 (9)	Cd(2)—N(2A)	2.445 (11)
Mo(1)—C(5A)	2.170 (17)	Gd1—N (10A)	2.596 (9)	Cd (2)—N (12B)	2.555 (10)
Mo(1)—C(7A)	2.169 (12)	Gd1—N (11A)	2.591 (8)	Cd (2)—N (13B)	2.602 (10)
Mo(1)—C(3A)	2.165 (15)	Gd1—N (12A)	2.596 (8)	Cd (2)—N (11B)	2.609 (10)
Mo(1)—C(6A)	2.179 (14)	Gd1—N (9A)	2.623 (8)	Cd(2)—N(8B)	2.618 (9)
Mo(2)—C(3B)	2.11 (2)	Gd1—N (8A)	2.622 (8)	Cd (2)—N (10B)	2.632 (11)
Mo(2)—C(3B) #2	2.11 (2)	Gd1—N (13A)	2.626 (8)	Cd(2)—N(9B)	2.681 (10)
Mo(2)—C(4B) #2	2.162 (17)	Mo(2)—C(1B)	2.166 (15)	Mo(2)—C(2B)	2.23 (3)
Mo(2)—C(4B)	2.162 (17)	Mo(2)—C(1B) #2	2.166 (15)	Mo(2)—C(2B) #2	2.23 (3)

附表 4.10　化合物 13ₐdMo 的部分键角

化合物 13GdMo	键角 /°	化合物 13GdMo	键角 /°	化合物 13GdMo	键角 /°
N (1A)—C (1A)—Mo (1)	175.5 (10)	N (6A)—C (6A)—Mo (1)	176.0 (12)	C (1A)—N (1A)—Gd1	165.6 (9)
N (2A)—C (2A)—Mo (1)	175.3 (10)	N (7A)—C (7A)—Mo (1)	173.2 (9)	C (4A)—N (4A)—Gd1#3	160.6 (8)
N (3A)—C (3A)—Mo (1)	177.3 (11)	N (1B)—C (1B)—Mo (2)	176.8 (10)	C (1B)—N (1B)—Cd (2)	166.5 (9)
N (4A)—C (4A)—Mo (1)	176.9 (9)	N (2B)—C (2B)—Mo (2)	177 (2)	C (2A)—N (2A)—Cd (2)	168.5 (10)
N (5A)—C (5A)—Mo (1)	179.0 (15)	N (3B)—C (3B)—Mo (2)	175 (3)	N (4B)—C (4B)—Mo (2)	178.6 (19)
#1 −x+3/2, y−1/2, −z+3/2		#2 −x+1, y, −z+3/2		#3 −x+3/2, y+1/2, −z+3/2	

附表 4.11 化合物 13$_{TbMo}$ 的部分键长

化合物 13$_{TbMo}$	键长 / Å	化合物 13$_{TbMo}$	键长 / Å	化合物 13$_{TbMo}$	键长 / Å
Mo(1)—C(2A)	2.115 (14)	Tb (01)—N (1A)	2.420 (12)	Tb (02)—N (2A)	2.416 (13)
Mo(1)—C(1A)	2.135 (14)	Tb (01)—O (1)	2.423 (11)	Tb (02)—O (2)	2.418 (11)
Mo(1)—C(6A)	2.164 (17)	Tb (01)—N (3A)#1	2.498 (11)	Tb (02)—N (1B)	2.451 (13)
Mo(1)—C(3A)	2.154 (14)	Tb (01)—N (13A)	2.573 (12)	Tb (02)—N (13B)	2.564 (14)
Mo(1)—C(7A)	2.168 (14)	Tb (01)—N (12A)	2.585 (13)	Tb (02)—N (12B)	2.588 (13)
Mo(1)—C(5A)	2.207 (18)	Tb (01)—N (11A)	2.596 (13)	Tb (02)—N (11B)	2.592 (13)
Mo(1)—C(4A)	2.194 (18)	Tb (01)—N (8A)	2.605 (11)	Tb (02)—N (8B)	2.598 (13)
Mo (2)—C (2)	2.10 (6)	Tb (01)—N (9A)	2.613 (12)	Tb (02)—N (10B)	2.639 (14)
Mo (2)—C (2) #2	2.10 (6)	Tb (01)—N (10A)	2.609 (12)	Tb (02)—N (9B)	2.667 (15)
Mo(2)—C(1B) #2	2.148 (16)	N (3A)—Tb (01)#3	2.498 (11)	Mo(2)—C(3B)	2.16 (3)
Mo(2)—C(1B)	2.148 (16)	Mo(2)—C(4B)	2.16 (2)	Mo(2)—C(3B) #2	2.16 (3)
Mo(2)—C(2B)	2.16 (3)	Mo(2)—C(4B) #2	2.16 (2)	Mo(2)—C(2B) #2	2.16 (3)

附表 4.12　化合物 13$_{TbMo}$ 的部分键角

化合物 13$_{TbMo}$	键角 /°	化合物 13$_{TbMo}$	键角 /°	化合物 13$_{TbMo}$	键角 /°
N（1A）—C（1A）—Mo（1）	176.2（14）	N（6A）—C（6A）—Mo（1）	175.0（17）	C（3A）—N（3A）—Tb（01）#3	159.7（10）
N（2A）—C（2A）—Mo（1）	174.8（14）	N（7A）—C（7A）—Mo（1）	174.2（12）	C（1A）—N（1A）—Tb（01）	164.7（12）
N（3A）—C（3A）—Mo（1）	177.2（11）	N（1B）—C（1B）—Mo（2）	176.1（14）	C（2A）—N（2A）—Tb（02）	168.3（14）
N（4A）—C（4A）—Mo（1）	179（2）	N（2B）—C（2B）—Mo（2）	176（3）	C（1B）—N（1B）—Tb（02）	169.8（12）
N（5A）—C（5A）—Mo（1）	177.3（17）	N（3B）—C（3B）—Mo（2）	177（4）	N（4B）—C（4B）—Mo（2）	175（3）

#1 −x+1/2, y−1/2, −z+1/2　　#2 −x+1, y, −z+1/2　　#3 −x+1/2, y+1/2, −z+1/2
#4 x, −y+1, z−1/2　　#5 x, −y+1, z+1/2

附表 4.13　化合物 13$_{Dymo}$ 的部分键长

化合物 13$_{Dymo}$	键长 /Å	化合物 13$_{Dymo}$	键长 /Å	化合物 13$_{Dymo}$	键长 /Å
Mo(1)—C(2A)	2.098（11）	Dy（01）—O（1）	2.421（7）	Dy（02）—O（2）	2.407（7）
Mo(1)—C(1A)	2.132（10）	Dy（01）—N（1A）	2.426（8）	Dy（02）—N（2A）	2.410（9）
Mo(1)—C(6A)	2.139（12）	Dy（01）—N（5A）#1	2.495（9）	Dy（02）—N（1B）	2.421（10）
Mo(1)—C(7A)	2.151（10）	Dy（01）—N（11A）	2.562（7）	Dy（02）—N（11B）	2.540（10）
Mo(1)—C(5A)	2.159（10）	Dy（01）—N（10A）	2.573（8）	Dy（02）—N（9B）	2.581（8）
Mo(1)—C(4A)	2.175（15）	Dy（01）—N（12A）	2.586（8）	Dy（02）—N（12B）	2.582（9）
Mo(1)—C(3A)	2.178（13）	Dy（01）—N（13A）	2.595（8）	Dy（02）—N（10B）	2.597（9）
Mo(1)—C(4B)	2.119（19）	Dy（01）—N（8A）	2.601（7）	Dy（02）—N（13B）	2.616（10）
Mo(2)—C(4B)#2	2.119（19）	Dy（01）—N（9A）	2.604（7）	Dy（02）—N（8B）	2.656（10）

化合物 13$_{Dymo}$	键长 /Å	化合物 13$_{Dymo}$	键长 /Å	化合物 13$_{Dymo}$	键长 /Å
Mo(2)—C(2B)#2	2.161（15）	Mo（ 2)—C（ 1B ）#2	2.173（14）	Mo（ 2 ）—C（ 4 ）	2.21（ 3 ）
Mo(2)—C(2B)	2.161（15）	Mo（ 04 ）—C（ 1B ）	2.173（14）	Mo（ 2 ）—C（ 4 ）#2	2.21（ 3 ）

附表 4.14　化合物 13$_{Dymo}$ 的部分键角

化合物 13$_{Dymo}$	键角 /°	化合物 13$_{Dymo}$	键角 /°	化合物 13$_{Dymo}$	键角 /°
N（ 1A ）—C（ 1A ）—Mo（ 1 ）	175.1（ 9 ）	N（ 6A ）—C（ 6A ）—Mo（ 1 ）	176.6（ 11 ）	C（ 5A ）—N（ 5A ）—Dy（ 01 ）#3	161.2（ 7 ）
N（ 2A ）—C（ 2A ）—Mo（ 1 ）	174.5（ 9 ）	N（ 7A ）—C（ 7A ）—Mo（ 1 ）	174.5（ 8 ）	C（ 1A ）—N（ 1A ）—Dy（ 01 ）	166.5（ 8 ）
N（ 3A ）—C（ 3A ）—Mo（ 1 ）	176.9（ 11 ）	N（ 1B ）—C（ 1B ）—Mo（ 2 ）	177.6（ 9 ）	C（ 2A ）—N（ 2A ）—Dy（ 02 ）	168.3（ 9 ）
N（ 4A ）—C（ 4A ）—Mo（ 1 ）	179.1（ 11 ）	N（ 2B ）—C（ 2B ）—Mo（ 2 ）	177.3（ 13 ）	C（ 1B ）—N（ 1B ）—Dy（ 02 ）	166.9（ 8 ）
N（ 5A ）—C（ 5A ）—Mo（ 1 ）	176.9（ 8 ）	N（ 3B ）—C（ 3B ）—Mo（ 2 ）	176（ 2 ）	N（ 4B ）—C（ 4B ）—Mo（ 04 ）	176（ 2 ）

#1 –x +3/2, y –1/2, –z +1/2　　#2 –x +1, y, –z +1/2　　#3 –x +3/2, y +1/2, –z +1/2

附表 4.15　化合物 13$_{Homo}$ 的部分键长

化合物 13$_{Homo}$	键长 /Å	化合物 13$_{Homo}$	键长 /Å	化合物 13$_{Homo}$	键长 /Å
Mo(1)—C(2A)	2.114（11）	Ho（ 1 ）—O（ 1 ）	2.406（7）	Ho（ 2 ）—O（ 2 ）	2.392（8）
Mo(1)—C(1A)	2.143（12）	Ho(1)—N(1A)	2.412（9）	Ho(2)—N(2A)	2.399（10）
Mo(1)—C(6A)	2.153（13）	Ho(1)—N(5A)#1	2.479（9）	Ho(2)—N(1B)	2.427（10）
Mo(1)—C(7A)	2.155（10）	Ho（ 1 ）—N（ 10A ）	2.543（9）	Ho（ 2 ）—N（ 11B ）	2.538（10）
Mo(1)—C(5A)	2.159（11）	Ho（ 1 ）—N（ 11A ）	2.560（9）	Ho（ 2 ）—N（ 9B ）	2.574（9）
Mo(1)—C(4A)	2.184（14）	Ho（ 1 ）—N（ 12A ）	2.571（9）	Ho（ 2 ）—N（ 10B ）	2.577（10）
Mo(1)—C(3A)	2.212（14）	Ho(1)—N(8A)	2.585（8）	Ho（ 2 ）—N（ 12B ）	2.584（10）

续表

化合物 13$_{\text{Homo}}$	键长 / Å	化合物 13$_{\text{Homo}}$	键长 / Å	化合物 13$_{\text{Homo}}$	键长 / Å
Mo（2）—C（3B）	2.07（3）	Ho（1）—N（9A）	2.586（8）	Ho（2）—N（13B）	2.609（10）
Mo（2）—C（3B）#2	2.07（3）	Ho（1）—N（13A）	2.587（8）	Ho（2）—N（8B）	2.649（11）
Mo（2）—C（2B）#2	2.12（3）	N（5A）—Ho（1）#3	2.479（9）	Mo（2）—C（4B）	2.157（16）
Mo（2）—C（2B）	2.12（3）	Mo（2）—C（1B）	2.158（14）	Mo（2）—C（4B）#2	2.157（16）
Mo（2）—C（1B）#2	2.158（14）				

附表 4.16　化合物 13$_{\text{Homo}}$ 的部分键角

化合物 13$_{\text{Homo}}$	键角 /°	化合物 13$_{\text{Homo}}$	键角 /°	化合物 13$_{\text{Homo}}$	键角 /°
N（1A）—C（1A）—Mo（1）	174.7（10）	N（6A）—C（6A）—Mo（1）	177.0（12）	C（1A）—N（1A）—Ho（1）	165.6（9）
N（2A）—C（2A）—Mo（1）	174.9（10）	N（7A）—C（7A）—Mo（1）	173.5（9）	C（5A）—N（5A）—Ho（1）#3	161.9（8）
N（3A）—C（3A）—Mo（1）	175.9（12）	N（1B）—C（1B）—Mo（2）	175.9（11）	C（2A）—N（2A）—Ho（2）	167.9（10）
N（4A）—C（4A）—Mo（1）	178.2（16）	N（3B）—C（3B）—Mo（2）	172（5）	C（1B）—N（1B）—Ho（2）	167.9（9）
N（5A）—C（5A）—Mo（1）	176.7（8）	N（2B）—C（2B）—Mo（2）	178（3）	N（4B）—C（4B）—Mo（2）	177.1（14）
#1 −x+3/2, y−1/2, −z+1/2		#2 −x+1, y, −z+1/2		#3 −x+3/2, y+1/2, −z+1/2	

第 5 章   3d/4f 金属和 Mo^{IV} 构筑的化合物

5.1   引言

　　由于 Mo^{III} 对氧气极其敏感,特别是在溶液中,它极易被氧气氧化成 Mo^{IV}。Mo^{III} 离子失去 d 轨道上的一个单电子成为抗磁性的 Mo^{IV} 离子。在研究基于 [Mo^{III}(CN)$_7$]$^{4-}$ 构筑块化合物的过程中,我们发现环境的氧含量以及培养单晶所用溶剂的氧含量对化合物的成功合成至关重要。尽管实验中我们使用的手套箱充满高纯度的氮气,送入其中的溶剂也经过无水无氧处理,但是在频繁使用手套箱以及往手套箱中运送各类试剂的过程中,不可避免地会混入微量的氧气。因此,我们的实验操作环境并不能保证严格意义上的无氧环境,只能把氧含量控制在一定范围内。此外,我们还发现在相同的手套箱环境中,有些晶体的生长可以成功避免微量氧气的影响,而有些晶体的生长则明显受影响。其中的原因比较复杂,我们猜测可能是不同体系对氧气的敏感性不同。

　　在研究基于 [Mo^{III}(CN)$_7$]$^{4-}$ 构筑块化合物的过程中,我们得到很多三价态钼被氧化成四价态钼的晶体结构。虽然 Mo^{IV} 中心为抗磁离子,但是由于其他顺磁离子(一般为 3d 或 4f 金属离子)的存在,使得整个化合物具有一定的顺磁性,其中部分化合物还表现出比较有意思的磁学性质。本章分三小节介绍了 Mo^{III} 被氧化以后的三种不同类型,主要包括 [Mo^{IV}(L)O(CN)$_n$]$^{n-4}$、[Mo^{IV}O$_2$(CN)$_4$]$^{2-}$ 和 [Mo^{IV}(CN)$_8$]$^{4-}$。所用的有机配体如图 5.1 所示。首先,我们获得了一系列同晶化合物:[Ln$^{III}_7$(tmphen)$_{12}$(O)$_{12}$Cl$_2$][Mo^{IV}(tmphen)O(CN)$_3$]$_6$Cl·nH$_2$O(Ln =

Tb^{3+}，14$_{Tb}$；Ln = Dy^{3+}，14$_{Dy}$；Ln = Ho^{3+}，14$_{Ho}$；Ln = Yb^{3+}，14$_{Yb}$；tmphen = 3,4,7,8- 四甲基 –1,10- 菲罗啉)，其中 [Mo^{IV}(tmphen)O(CN)$_3$]$^+$ 作为抗衡阳离子游离在晶格中。该系列化合物在空气中可以稳定存在。金属离子之间可能具有弱的反铁磁相互作用。14$_{Dy}$ 具有单分子磁体的性质，有效能垒为 51.6 K(35.8 cm^{-1}，t_0 = 1.7 × 10^{-5})。其次，我们获得了几例一维链状化合物，以 3d 金属离子 Ni^{II} 和 Mo^{IV} 构筑的一维链为例。该化合物的分子式为 [Ni^{II}(L$_{N4}$)][Mo^{IV}O$_2$(CN)$_4$]·3H$_2$O(15)，其中 [Mo^{IV}O$_2$(CN)$_4$]$^{2-}$ 作为桥联配体将整个化合物连成一条一维链。由于抗磁性的 Mo^{IV} 阻止了金属离子之间的磁耦合，化合物 15 只是一个简单的顺磁体。此外，我们还获得了较多 [Mo^{III}(CN)$_7$]$^{4-}$ 基团被氧化成 [Mo^{IV}(CN)$_8$]$^{4-}$ 基团的化合物，这种情况在研究过程中比较常见。本节主要介绍一例零维团簇：[Fe^{II}(bztpen)]$_4$[Mo^{IV}(CN)$_8$](ClO$_4$)$_4$·MeCN·3H$_2$O(16)；一例一维化合物：[Mn^{II}(RR–Chxn)(H$_2$O)][Mn^{II}(RR–Chxn)$_2$(H$_2$O)][Mo^{IV}(CN)$_8$]·2H$_2$O(17)和一例三维化合物：[Ni^{II}(dtb)]$_2$[Mo^{IV}(CN)$_8$]·2H$_2$O(18)的晶体结构，没有研究它们的磁学性质。

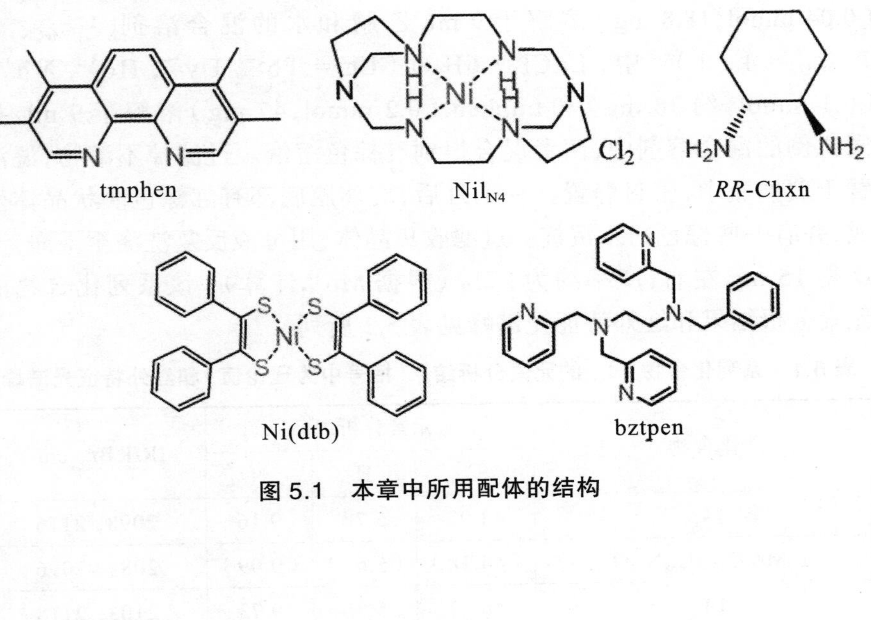

tmphen　　　　NiI$_{N4}$　　　　RR-Chxn

Ni(dtb)　　　　bztpen

图 5.1　本章中所用配体的结构

5.2 4f 金属和 $[Mo^{IV}(L)O(CN)_n]^{n-4}$ 构筑的系列零维团簇化合物

本节中所用的初始原料为 $K_4Mo(CN)_7 \cdot 2H_2O$，所有的实验操作均在充满高纯氮气的手套箱中完成。实验中所用的其他试剂如稀土盐、配体 tmphen 等直接来源于商业渠道，未经进一步纯化。

5.2.1 化合物 14 的合成

以 $[Ln^{III}_7(tmphen)_{12}(O)_{12}Cl_2][Mo^{IV}(tmphen)O(CN)_3]_6Cl \cdot nH_2O$（$14_{Ln}$, Ln = Tb^{3+}、Dy^{3+}、Ho^{3+}、Yb^{3+}）的合成为例。将 $K_4Mo(CN)_7 \cdot 2H_2O$（0.04 mmol, 18.8 mg）溶解于 9 mL 乙腈和水的混合溶剂（$V_{(MeCN)}$: $V_{(H2O)}$ = 1 : 1）中，$LnCl_3 \cdot 6H_2O$（Ln = Tb^{3+}、Dy^{3+}、Ho^{3+}、Yb^{3+}）（0.1 mmol, 约 38 mg）和 tmphen（0.2 mmol, 47 mg）溶解于 9 mL 相同比例的混合溶剂中，两者混合得到红棕色溶液。过滤掉不溶物,滤液置于玻璃瓶中,密封静置。一个月后,玻璃瓶底部有红棕色块状晶体生成,并有一些棕色粉末沉淀。过滤收集晶体,用母液反复洗涤至干净,干燥得 15 mg 左右,产率约为 27%（根据 Mo^{3+} 计算）。该系列化合物的元素分析结果和红外特征光谱峰见表 5.1 所列。

表 5.1 系列化合物 14_{Ln} 的元素分析结果（括号中为理论值）和红外特征光谱峰

化合物	元素分析 /%			IR/KBr, cm^{-1}
	C	H	N	
14_{Tb}	43.98	5.70	9.16	2098, 2116
$Tb_7Mo_6C_{306}H_{468}N_{54}O_{108}$	(44.18)	(5.67)	(9.09)	2084, 2096
14_{Dy}	46.57	5.88	9.73	2103, 2118
$Dy_7Mo_6C_{306}H_{468}N_{54}O_{108}$	(46.67)	(5.99)	(9.60)	2196

化合物	元素分析 /%			IR/KBr，cm^{-1}
	C	H	N	
14$_{Ho}$	44.07	5.69	9.15	2093
Ho$_7$Mo$_6$C$_{306}$H$_{468}$N$_{54}$O$_{108}$	（43.96）	（5.64）	（9.05）	2076，2094
14$_{Yb}$	43.51	5.52	9.04	2132
Yb$_7$Mo$_6$C$_{306}$H$_{468}$N$_{54}$O$_{108}$	（43.66）	（5.60）	（8.98）	2117

5.2.2   化合物 14$_{Ln}$ 的晶体结构

尽管我们的实验操作是在氮气氛围的手套箱中进行，但是极微量的氧气仍然可以使 Mo^{III} 发生氧化。系列化合物 14$_{Ln}$ 是利用稀土盐、配体 tmphen 和 [Mo^{III}（CN）$_7$]$^{4-}$ 构筑块自组装得到的，其中 [Mo^{III}（CN）$_7$]$^{4-}$ 构筑块发生了氧化分解，形成了 [Mo^{IV}（tmphen）O（CN）$_3$]$^+$ 阳离子。该系列化合物具有同晶结构，我们以 14$_{Dy}$ 为例说明其结构。晶体结构收集和精修参数见表 5.2 所列，部分键长键角见附表 5.1 和附表 5.2 所列。

表 5.2   系列化合物 14$_{Ln}$ 的晶体结构数据和精修参数

化合物	14$_{Tb}$	14$_{Dy}$	14$_{Ho}$	14$_{Yb}$
Formula^{-1}	Tb$_7$Mo$_6$C$_{306}$H$_{468}$N$_{54}$O$_{108}$	Dy$_7$Mo$_6$C$_{306}$H$_{468}$N$_{54}$O$_{108}$	Ho$_7$Mo$_6$C$_{306}$H$_{468}$N$_{54}$O$_{108}$	Yb$_7$Mo$_6$C$_{306}$H$_{468}$N$_{54}$O$_{108}$
M [g mol^{-1}]	8319.41	8344.43	8361.44	8418.21
Crystal system	Trigonal	Trigonal	Trigonal	Trigonal
Space group	$R\bar{3}$	$R\bar{3}$	$R\bar{3}$	$R\bar{3}$
a [Å]	42.0646（16）	41.5576（10	41.8620（16）	41.9703（16）
b [Å]	42.0646（16）	41.5576（10）	41.8620（16）	41.9703（16）
c [Å]	19.3017（8）	19.543（4）	19.4477（8）	19.4632（7）
α [°]	90	90	90	90
β [°]	90	90	90	90
γ [°]	120	120	120	120
V [Å^3]	29 577（3）	29 229（6）	29 515（3）	29 691（3）
Z	3	3	3	3
T [K]	153	153	1153	153

化合物	14_{Tb}	14_{Dy}	14_{Ho}	14_{Yb}
ρ_{calcd} [g cm^{-3}]	1.176	1.164	1.203	1.293
F（000）	10 068	10 233	10 200	12 964
R_{int}	0.0510	0.0499	0.0439	0.0348
GOF（F^2）	1.365	1.180	1.173	1.498
T_{max}，T_{min}	0.742，0.631	0.722，0.648	0.782，0.639	0.789，0.651
R_1^a，wR_2^b （$I>2\sigma$（I））	0.1911，0.3956	0.0689，0.2146	0.1644，0.4412	0.1332，0.3301
R_1^a，wR_2^b （all data）	0.2491，0.4621	0.0793，0.2284	0.2098，0.5002	0.1631，0.3953

a: $R_1 = [\||Fo| - |Fc|\|]/|Fo|$;

b: $wR_2 = \{[w[（Fo）^2 -（Fc）^2]^2]/[w（Fo^2）^2]\}^{1/2}$; $w = [（Fo）2 +（AP）^2 + BP]^{-1}$, $P = [（Fo）^2 + 2（Fc）^2]/3$。

化合物 14_{Dy} 结晶在三方 $R\bar{3}$ 空间群中，其分子结构如图 5.2 所示。该化合物的核心部分是一个含中心的六边形团簇，类似于轮状结构，其拓扑结构如图 5.3 所示。七个 Dy^{3+} 离子具有两种晶体学位置：六个 Dy^{3+} 形成外围的六边形，它们几乎在同一个平面上；一个 Dy^{3+} 位于该六边形的中心位置，但是它与 Dy$_6$ 环不在同一个平面上，而是无序成两个位点分布在 Dy$_6$ 环平面的两侧位置。六个外围的 Dy^{3+} 离子之间通过六个（μ_2—O^2—）基团彼此连接，形成了一个近似规则的六边形（所有的 Dy—Dy—Dy 键角接近 120°，Dy—Dy 距离近似为 3.7 Å）。外围的 Dy^{3+} 离子和中心 Dy^{3+} 离子通过六个（μ_3—O^2—）基团连接，这些基团一上一下交替分布在 Dy$_7$ 平面外。六个外围的稀土离子 Dy1—Dy6 分别和两个 tmphen 配体配位，形成了 N$_4$O$_4$ 的八配位环境，配位构型为畸变的三角十二面体。这六个 Dy^{3+} 离子是对称的，它们的 CShMs 偏离值均为 1.463。中心的 Dy7 离子处于 O$_6$Cl 的七配位环境，配位构型为畸变的三角四面体，其 CShMs 偏离值为 5.691。为了价态平衡，该化合物的结构中还包含六个 [Mo^{IV}（tmphen）O（CN）$_3$]$^+$ 阳离子以及一个 Cl$^-$ 离子。此外，由于化合物 14_{Dy} 使用的是芳香环配体，形成的轮状团簇中有弱的 π–π 相互作用，芳香环中心的距离为 3.565 ~ 3.719 Å，如图 5.4 所示。

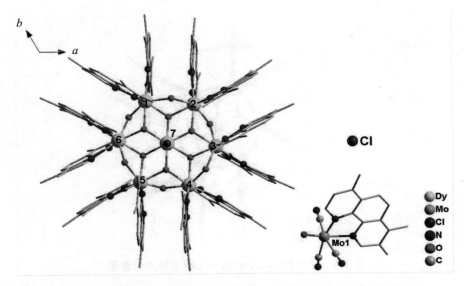

图 5.2　化合物 14Dy 的结构（为清晰起见，略去了氢原子和溶剂分子）

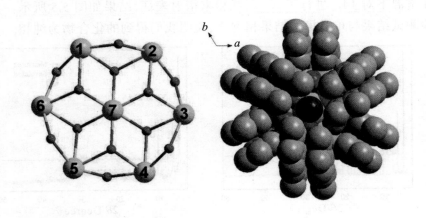

（a）拓扑结构　　　　　（b）空间填充

图 5.3　化合物 14Dy 在 ab 平面的拓扑结构和空间填充图

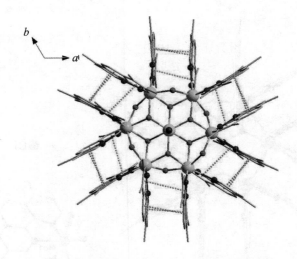

图 5.4　化合物 14Dy 中的 π–π 相互作用示意图

　　系列化合物 14_{Ln} 在空气中可稳定存在,为了验证它们的纯度,我们在室温下对 14_{Ln} 进行了 X– 射线粉末衍射表征,结果如图 5.5 所示。实验测试结果与单晶模拟结果相吻合,说明我们得到的化合物为纯相。

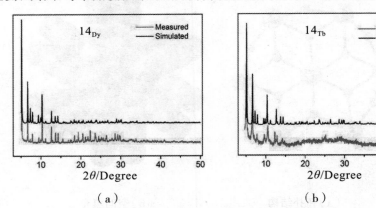

图 5.5　系列化合物 14Ln 的 X– 射线粉末衍射数据图

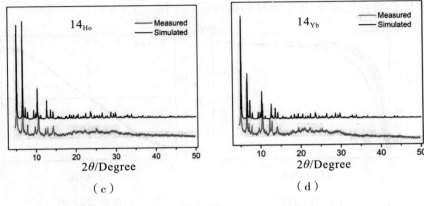

（c）　　　　　　　　　（d）

图 5.5（续）

5.2.3　化合物 14$_{Ln}$ 的磁学性质

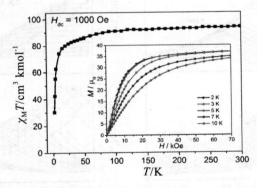

图 5.6　化合物 14$_{Dy}$ 的变温直流磁化率曲线和不同温度下的磁化强度曲线

化合物 14$_{Dy}$ 的变温直流磁化率曲线如图 5.6 所示。室温 $\chi_M T$ 值为 91.63 cm^{3}Kmol^{-1}，接近于 Dy$_7$ 单元的的净自旋值 99.19 cm^{3}Kmol^{-1}（$\chi_M T = 7[g_J^2 J(J+1)]/8$，$g_J = 15/2$，$J = 4/3$，$g = 2.0$）。[2-5]随着温度的降低，$\chi_M T$ 曲线先缓慢减小至 20 K，然后突然减小。该现象表明 Dy^{3+} 离子之间可能存在弱的反铁磁相互作用，或者是由 Dy^{3+} 离子的热致激发态 Stark 子能级去布居导致。[6]14$_{Dy}$ 在不同温度下的磁化强度曲线见图 5.6 和图 5.7（a）所示。低温下，M–H 曲线在 70 kOe 时近似达到饱和值 37 μ_B；随着温度的升高，在 70 kOe 时的磁化强度值逐渐减小，这种现象表明该化合物具有强的磁各向异性或者存在低能量的激发态。

该化合物在低温下没有明显的磁滞回线 [图 5.7 (b)]。

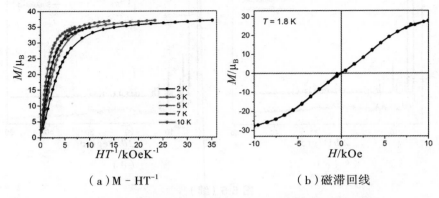

（a）M‐HT^{-1}　　　　　　　（b）磁滞回线

图 5.7　化合物 14$_{Dy}$ 的 M‐HT^{-1} 图和磁滞回线

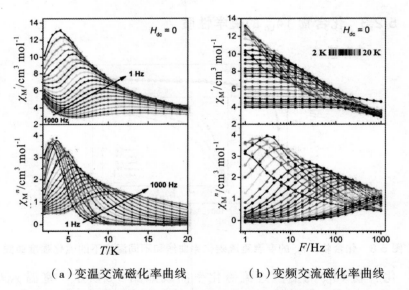

（a）变温交流磁化率曲线　　　（b）变频交流磁化率曲线

图 5.8　化合物 14$_{Dy}$ 的变温交流磁化率曲线和变频交流磁化率曲线

为了探索 14$_{Dy}$ 的磁动力学，我们在零场下测试了它的变温交流磁化率和变频交流磁化率，结果如图 5.8 所示。交流磁化率的实部 χ_M'和虚部 χ_M'' 信号均表现明显的频率依赖和温度依赖，说明该化合物具有缓慢的磁弛豫行为，为单分子磁体。根据变频交流磁化率数据，我们获得了该化合物从 4.0 到 20.0 K 的 Cole-Cole 曲线，如图 5.9（a）所示。此外，我们通过广义的 Debye 模型对 Cole-Cole 曲线进行拟合，可获得不同温度下的弛豫时间 τ 和弛豫的分布参数 α（表 5.3）。从

表 5.3 可以看出，α 的范围在 0.16 ～ 0.42，说明弛豫时间具有一定的分布。根据 Arrhenius 公式 $\tau = \tau_0 \exp (U_{eff}/kT)$，我们可以得到弛豫时间 $\ln (\tau)$ 对 T^{-1} 的 Arrhenius 曲线 [图 5.9（b）]。对表 5.3 中高于 6.0 K 的数据进行线性拟合，我们获得了该化合物的有效能垒 U_{eff} 为 51.6 K（35.8 cm^{-1}），τ_0 为 1.7 × 10^{-5} s。从图 5.8（b）可以看出，当温度低于 6.0 K 时，$\ln (\tau)$ 偏离线性分布并趋于饱和，表明该体系中可能存在量子隧穿弛豫路径，也正好解释了 14$_{Dy}$ 在低温下没有磁滞回线的现象。

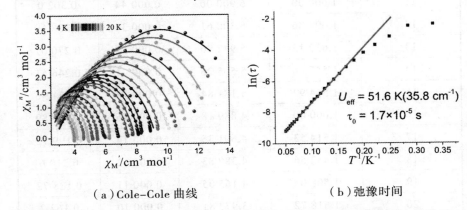

（a）Cole–Cole 曲线　　　　　　　　（b）弛豫时间

图 5.9　化合物 14$_{Dy}$ 的 Cole–Cole 曲线，实线表示根据 Debye 模型拟合的结果；弛豫时间 $\ln (\tau)$ vs. T–1 图，实线代表 Arrhenius 线性拟合

表 5.3　根据广义德拜模型拟合 Cole–Cole 曲线的参数

Temperature / K	χ_S / cm^{3}mol^{-1}K	χ_T / cm^{3}mol^{-1}K	τ / s	α
3.0	3.199 97	17.700 00	0.094 57	0.418 98
3.5	2.799 63	18.199 36	0.084 77	0.433 16
4.0	2.749 94	15.699 25	0.042 42	0.373 11
4.5	2.731 17	14.197 62	0.025 19	0.336 90
5.0	2.500 00	13.199 77	0.015 42	0.335 31
5.5	2.299 37	12.199 53	0.009 3	0.337 25
6.0	2.099 57	11.593 62	0.006 18	0.350 21
6.5	1.899 94	10.900 00	0.004 05	0.360 94
7.0	1.899 67	10.199 58	0.002 82	0.343 83
7.5	1.888 24	9.641 81	0.002 07	0.337 93
8.0	1.713 01	9.268 54	0.001 56	0.357 23

续表

Temperature / K	χ_S / cm^{3}mol^{-1}K	χ_T / cm^{3}mol^{-1}K	τ / s	α
8.5	1.800 00	8.500 77	0.001 13	0.314 05
9.0	1.750 00	8.214 62	0.000 92	0.319 97
9.5	1.748 81	7.900 00	0.000 78	0.319 59
10	1.749 64	7.504 37	0.000 64	0.302 7
11	1.600 00	6.900 00	0.000 44	0.302 0
12	1.698 86	6.300 61	0.000 34	0.258 19
13	1.619 13	5.942 90	0.000 27	0.270 01
14	1.547 86	5.505 26	0.000 21	0.246 61
15	1.564 92	5.181 84	0.000 18	0.231 96
16	1.600 00	4.889 18	0.000 16	0.217 89
17	1.514 53	4.601 35	0.000 14	0.199 72
18	1.452 56	4.389 83	0.000 12	0.210 6
19	1.508 09	4.165 05	0.000 11	0.188 72
20	1.518 72	3.972 81	0.000 10	0.162 2

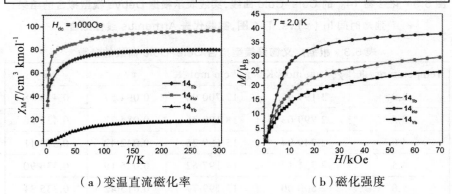

（a）变温直流磁化率　　　　（b）磁化强度

图 5.10　化合物 14$_{Tb}$、14$_{Ho}$ 和 14$_{Yb}$ 的变温直流磁化率曲线和 2.0 K 时的磁化强度曲线

此外,我们研究了化合物 14$_{Tb}$、14$_{Ho}$、14$_{Yb}$ 的磁学性质。它们的变温直流磁化率曲线如图 5.10（a）所示（H_{dc} = 1 kOe）。随着温度的降低,直流磁化率曲线单调减小,趋势由慢至快。在 300 K 时,它们的 $\chi_M T$ 值分别为 79.45 cm^{3}kmol^{-1}、96.01 cm^{3}kmol^{-1} 和 18.26 cm^{3}kmol^{-1},接近于 Ln$_7$

单元的净自旋值 82.74 cm^{3}kmol^{-1}、98.49 cm^{3}kmol^{-1} 和 19.25 cm^{3}kmol^{-1}（$\chi_M T = 7[g_J^2 J(J+1)]/8$；$g_{JTb} = 6$，$J_{Tb} = 3/2$；$g_{JHo} = 8$，$J_{Ho} = 5/4$；$g_{JYb} = 7/2$，$J_{Yb} = 8/7$；$g = 2.0$）。[6]$\chi_M T$-$T$ 曲线表明 Ln^{3+} 离子之间存在弱的反铁磁相互作用。图 5.10（b）为这三个化合物在 2.0 K 时的磁化强度曲线。它们的磁化强度值随着外加磁场的增大而增大，逐渐接近于饱和。

我们对这三个化合物进行了交流磁化率的测试，发现无论是零场还是加场的情况下，它们交流磁化率的虚部均没有信号，说明这三个化合物均为简单的顺磁体。

5.3　3d 金属和 [Mo^{IV}O$_2$（CN）$_4$]$^{2-}$ 构筑的一维化合物

5.3.1　化合物 15 的合成

5.3.1.1　前驱体 Ni^{II}（L$_{N4}$）Cl$_2$ 的合成[7]

称取 11.9 g NiCl$_2$·6H$_2$O（0.05 mol）于 250 mL 圆底烧瓶中，加入 50 mL 甲醇溶液，搅拌至金属盐全部溶解。依次缓慢加入 10.3 g 二乙烯三胺（0.1 mol）和 24.3 mL 甲醛溶液（36%，0.2 mol），加热回流 4 h。将反应液冷却至室温并过滤，滤液静置过夜。第二天，有很多黄色晶体析出。收集并用冷的甲醇和乙醚洗涤，干燥最终得到黄色晶体约 10.63 g，产率约 51%。

5.3.1.2　[Ni^{II}（L$_{N4}$）][Mo^{IV}O$_2$（CN）$_4$]·3H$_2$O（化合物 15）的合成

将 K$_4$Mo（CN）$_7$·2H$_2$O（0.05 mmol，23.5 mg）溶解于 2 mL 乙腈和水的混合溶剂（$V_{(MeCN)}$：$V_{(H_2O)}$ = 1∶2）中并置于 H 管的一侧，Ni^{II}（L$_{N4}$）Cl$_2$（0.1 mmol，38.4 mg）溶解于 2 mL 相同比例混合溶剂中置于 H 管的另一侧。缓慢滴加相同比例的混合溶剂作为缓冲层，密封静置。几个月后，H 管的底部有蓝紫色棒状晶体生成，过滤收集晶体得 10 mg 左右，产率约 33%（根据 Mo^{3+} 计算）。元素分析 NiMoC$_{16}$H$_{32}$N$_{10}$O$_5$（%）：实验值（理论值）C，31.97（32.08）；N，23.43（23.38）；H，5.40（5）。红外特征光谱峰（KBr，cm^{-1}）：2095（s，$v_{C≡N}$），2109（s，$v_{C≡N}$）。

5.3.2　化合物 15 的晶体结构

　　晶体结构收集和精修参数见表 5.4 所列,部分键长键角见附表 5.3 和附表 5.4。

表 5.4　化合物 15 的晶体结构数据和精修参数

晶体结构数据和精修参数	化合物 15
Formula	$NiMoC_{16}H_{32}N_{10}O_5$
M [g mol^{-1}]	599.12
Crystal system	Triclinic
Space group	$P\bar{1}$
a [Å]	8.6491（8）
b [Å]	9.7516（9）
c [Å]	16.4657（15）
α [°]	90.7820（10）
β [°]	101.122（2）
γ [°]	115.6350（10）
V [Å^3]	1221.12（19）
Z	2
T [K]	293
ρ_{calcd} [g cm^{-3}]	1.613
F（000）	604
R_{int}	0.0164
GOF（F^2）	1.113
T_{max}/T_{min}	0.853, 0.698
R_1^a, wR_2^b（$I>2\sigma$（I））	0.0322, 0.0964
R_1^a, wR_2^b（all data）	0.0374, 0.1110

a: $R_1 = [\|\|Fo\| - \|Fc\|\|]/\|Fo\|$;

b: $wR_2 = \{[w[（Fo）^2 - （Fc）^2]^2]/[w（Fo^2）^2]\}^{1/2}$; $w = [（Fo）^2 + （AP）^2 + BP]^{-1}$, $P = [（Fo）^2 + 2（Fc）^2]/3$。

　　化合物 15 结晶在三斜 $P\bar{1}$ 空间群中,其不对称单元包含一个 [Ni^{II}（L$_{N4}$）]$^{2+}$ 阳离子、一个 [Mo^{IV}O$_2$（CN）$_4$]$^{2-}$ 阴离子以及三个游离 H$_2$O 分子。在合成该化合物的过程中,[Mo^{III}（CN）$_7$]$^{4-}$ 阴离子氧化分解成 [Mo^{IV}O$_2$（CN）$_4$]$^{2-}$ 阴离子,它作为桥联配体将 [Ni^{II}（L$_{N4}$）]$^{2+}$ 阳离子连接形成

一条一维链,如图 5.11 所示。Mo^{IV}离子周围的四个氰根配体几乎在同一平面上,其中间位的两个氰根分别和 Ni1、Ni2 配位,O1 和 Mo^{IV}离子形成 Mo=O 双键,O2 为失去质子的 O^{2-} 离子,用来平衡整个化合物的价态。Mo^{IV}离子的配位环境为六配位的畸变八面体,相对于理想构型的 CShMs 偏离值为 0.527。Ni1 和 Ni2 也处于六配位的八面体构型,CShMs 偏离值分别为 0.116 和 0.114。该化合物的配位键长和键角均在正常的范围内,部分含金属的键长和键角信息见附表 5.3 和附表 5.4。

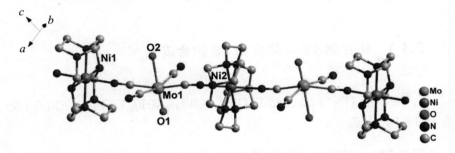

图 5.11　化合物 15 的一维结构(为清晰起见,略去了氢原子和溶剂分子)

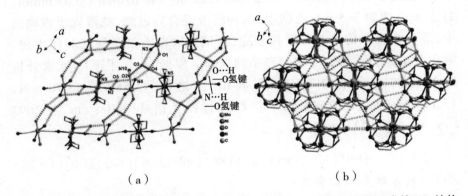

（a）　　　　　　　　　　　　　　（b）

图 5.12　化合物 15 中链间的氢键作用;链与链之间通过氢键作用形成的 3D 结构

　　由于 15 中具有三个游离的水分子,相邻的水分子之间以及水分子和一维链上的 N、O 受体之间存在丰富的氢键作用。如图 5.12(a)所示,该化合物中存在两种类型的氢键作用:O…H—O 氢键(O1…O4=2.968 Å,O2…O3 = 2.157 Å,O3…O4 = 2.755 Å) 和 N…H—O 氢键(N3…O3=3.063 Å,N5…O4=3.227 Å,N4…O4=2.820 Å,N4…O5=3.048 Å,N2…O5=3.437 Å,N9…O5=2.897 Å,N10…O2=2.830 Å)。这些氢键将一维链互相连接起来,形成三维超分子结构,如图 5.12（b）所示。每条链通过氢键作用和周围的六条链相连接。

由于 Mo^{IV} 是抗磁的,阻止了一维化合物 15 中金属离子之间的磁耦合,该化合物只能表现出单离子 Ni^{II} 的顺磁性,因此我们没有研究它的磁学性质。

5.4　3d 金属和 $[Mo^{IV}(CN)_8]^{4-}$ 构筑的化合物

5.4.1　化合物 16 ~ 化合物 18 的合成

5.4.1.1　$[Fe^{II}(bztpen)]_4[Mo^{IV}(CN)_8](ClO_4)_4 \cdot MeCN \cdot 3H_2O$（化合物 16）的合成

将 $K_4Mo(CN)_7 \cdot 2H_2O$（0.04 mmol,18.8 mg）溶解于 5 mL 无氧水中,$Fe(ClO_4)_2 \cdot 6H_2O$（0.06 mmol,22 mg）和 bztpen（0.05 mmol,21.3 mg）溶解于 5 mL 乙腈中,两种溶液混合后过滤,滤液置于玻璃瓶中,静置挥发。待溶剂几乎挥发完,玻璃瓶底部有红色块状晶体生成,取出并干燥,称量约 10 mg,产率约 33%（根据 Mo^{3+} 计算）。元素分析 $Fe_4MoCl_4C_{110}H_{125}N_{21}O_3$（%）: 实验值（理论值）C,58.63（58.70）; N,13.18（13.07）; H,5.54（5.60）。红外特征光谱峰（KBr, cm^{-1}）: 2093（vs, $v_{C \equiv N}$）, 2117（vs, $v_{C \equiv N}$）。

5.4.1.2　$[Mn^{II}(RR-Chxn)(H_2O)][Mn^{II}(RR-Chxn)_2(H_2O)][Mo^{IV}(CN)_8] \cdot 2H_2O$（化合物 17）的合成

将 $K_4Mo(CN)_7 \cdot 2H_2O$（0.04 mmol,18.8 mg）溶解于 2 mL 无氧水并置于 H 管的一侧,$Mn(ClO_4)_2 \cdot 6H_2O$（0.05 mmol,18.8 mg）和 RR-Chxn（0.1 mmol,11.4 mg）溶解于乙腈和水的混合溶剂（$V_{(MeCN)} : V_{(H_2O)} = 1 : 1$）中,置于 H 管的另一侧,缓慢滴加相同比例的混合溶剂作为缓冲层,密封静置。约三周后,有黄色针状晶体生成,过滤室温干燥得 13 mg,产率: 49%（根据 Mn^{2+} 计算）。元素分析 $Mn_2MoC_{26}H_{50}N_{14}O_4$（%）: 实验值（理论值）C,37.54（37.69）; N,23.76（23.67）; H,6.15（6.08）。

红外特征光谱峰（KBr，cm^{-1}）：2096（vs，$v_{C \equiv N}$）。

5.4.1.3　[Ni^{II}(dtb)]$_2$[Mo^{IV}(CN)$_8$]·2H$_2$O（化合物 18）的合成

将 K$_4$Mo(CN)$_7$·2H$_2$O（0.04 mmol，18.8 mg）溶解于 5 mL 无氧水中，Ni(dtb)Cl$_2$（0.1 mmol，54.3 mg）溶解于 5 mL 乙腈和水的混合溶剂（$V_{(MeCN)}$：$V_{(H_2O)}$ = 1：3）中，两种溶液混合得红色溶液。过滤掉不溶物，滤液置于玻璃瓶中，静置挥发。待溶剂挥发至 2 mL 左右时，玻璃瓶底部有深色片状晶体生成，取出并干燥，称量约 5 mg，产率约 28%（根据 Mo^{3+} 计算）。元素分析 Ni$_2$MoS$_8$C$_{64}$H$_{60}$N$_8$O$_8$（%）：实验值（理论值）C，50.01（49.95）；N，7.32（7.28）；H，3.88（3.92）。红外特征光谱峰（KBr，cm^{-1}）：2102（vs，$v_{C \equiv N}$），2196（vs，$v_{C \equiv N}$）。

5.4.2　化合物 16 ~ 化合物 18 的晶体结构

晶体结构收集和精修参数见表 5.5 所列，部分键长键角见附表 5.5~附表 5.8 所列。

表 5.5　化合物 16~ 化合物 18 的晶体结构数据和精修参数

晶体结构数据和精修参数	化合物 16	化合物 17	化合物 18
Formula	Fe$_4$MoCl$_4$C$_{110}$H$_{125}$N$_{21}$O$_3$	Mn$_2$MoC$_{26}$H$_{50}$N$_{14}$O$_4$	Ni$_2$MoS$_8$C$_{64}$H$_{60}$N$_8$O$_8$
M [g mol^{-1}]	2250.44	828.58	1539.06
Crystal system	Triclinic	Orthorhombic	Tetragonal
Space group	$P\bar{1}$	$P2_12_12_1$	$I4_1/a$
a [Å]	19.335（2）	9.1443（9）	19.39（2）
b [Å]	23.616（3）	15.8080（16）	19.39（2）
c [Å]	55.863（5）	25.351（3）	18.56（2）
α [°]	90	90	90
β [°]	90	90	90
γ [°]	90	90	90
V [Å^3]	15 507	3664.6（6）	6978（13）
Z	4	4	4

续表

晶体结构数据和精修参数	化合物 16	化合物 17	化合物 18
T [K]	296	296	296
ρ_{calcd} [g cm^{-3}]	1.373	1.480	1.491
F（000）	5024	1664	3176
R_{int}	0.0699	0.0621	0.0431
GOF（F^2）	1.023	1.070	1.171
T_{max}/T_{min}	0.865，0.814	0.865，0.793	0.843，0.809
R_1^a，wR_2^b（I>2σ（I））	0.0983，0.2193	0.0430，0.1236	0.0945，0.1810
R_1^a，wR_2^b（all data）	0.1127，0.2209	0.0489，0.1368	0.1232，0.2021

a：$R_1 = [||Fo| - |Fc||]/|Fo|$；

b：$wR_2 = \{[w[(Fo)^2 - (Fc)^2]^2]/[w(Fo^2)^2]\}^{1/2}$；$w = [(Fo)^2 + (AP)^2 + BP]^{-1}$，$P = [(Fo)^2 + 2(Fc)^2]/3$。

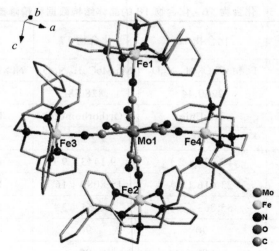

图 5.13　化合物 16 的五核结构

（为清晰起见，略去了 ClO_4^- 阴离子、溶剂分子和氢原子）

化合物 16 结晶在三斜 $P\bar{1}$ 空间群中，结构如图 5.13 所示，其不对称单元包含一个 $[Mo^{IV}(CN)_8]^{4-}$ 阴离子、四个 $[Fe^{II}(bztpen)]^{2+}$ 阳离

子、四个高氯酸根阴离子、一个乙腈溶剂分子和五个游离 H_2O 分子。该化合物是一个五核团簇,和第二章中化合物 2 的结构相似,然而 [Mo^{III}(CN)$_7$]$^{4-}$ 单元却被氧化成 [Mo^{IV}(CN)$_8$]$^{4-}$ 阴离子。通过四个氰根配体,Mo^{IV} 离子分别和四个 [Fe^{II}(bztpen)]$^{2+}$ 阳离子配位。该化合物中 Mo^{IV} 具有八配位的四方反棱柱构型,四个 Fe^{II} 离子均为八面体构型,金属离子配位键的键长和键角均在正常的范围内。

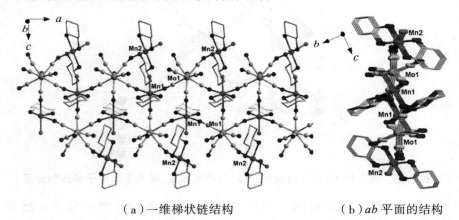

（ a ）一维梯状链结构　　　　　　　　（ b ）ab 平面的结构

图 5.14　化合物 17 的结构（为清晰起见,略去了氢原子和溶剂分子）

化合物 17 结晶在正交 $P2_12_12_1$ 空间群中,其不对称单元包含一个 [Mo^{IV}(CN)$_8$]$^{4-}$ 阴离子、一个 [Mn^{II}(Chxn)(H_2O)]$^{2+}$ 阳离子、一个 [Mn^{II}(Chxn)$_2$(H_2O)]$^{2+}$ 阳离子和两个游离 H_2O 分子。如图 5.14 (a)所示,该化合物沿着 a 轴方向通过氰根连接成一维梯状链。图 5.14 (b)为 ab 平面的结构。其晶体结构具有一种晶体学 Mo^{IV} 和两种晶体学 Mn^{II} 离子。Mo1 通过三个氰根和三个 Mn1 连接,形成 17 的一维框架结构;通过另一个氰根和 Mn2 连接,使 Mn2 悬挂在一维链的上下两侧。该化合物中,Mo1 处于四方反棱柱构型,Mn1 和 Mn2 处于八面体构型,它们的 CShMs 偏离值分别为 0.790、0.899、0.830。配位键的键长和键角均在正常的范围内,部分含金属的键长和键角信息见附表 5.5 和附表 5.6 所列。

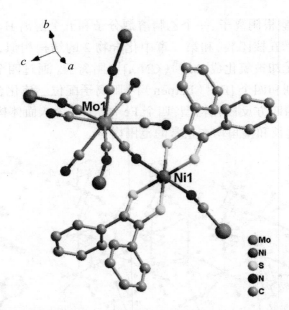

图 5.15　化合物 18 的局部配位结构（为清晰起见，略去了氢原子和溶剂分子）

　　化合物 18 结晶在四方 $I4_1/a$ 空间群中，其不对称单元包含 0.25 个 $[Mo^{IV}(CN)_8]^{4-}$ 阴离子、0.5 个 $[Ni^{II}(dtb)]^{2+}$ 阳离子和两个游离 H_2O 分子。该化合物中金属离子的局部配位情况如图 5.15 所示。Mo1(Mo^{IV}) 处于八配位的三角十二面体构型，每个 Mo^{IV} 通过氰根配体和四个 Ni1 (Ni^{II}) 离子配位。Ni^{II} 处于 S_4N_2 的六配位八面体构型，用 SHAPE 计算 Mo^{IV} 和 Ni^{II} 离子的 CShMs 偏离值分别为 2.225 和 0.439，部分键长键角信息见附表 5-4 所列。该化合物具有三维结构，在 ac 和 ab 平面的堆积情况如图 5.16 所示。

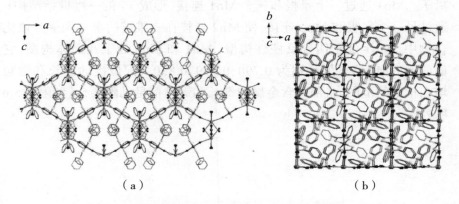

（a）　　　　　　　　　　　　　　　（b）

图 5.16　化合物 18 在 ac 和 ab 平面的堆积图

由于 Mo^{IV} 离子的抗磁性,从化合物 16 ~ 化合物 18 的晶体结构可以看出,金属离子之间的磁耦合被 Mo^{IV} 离子阻止。尽管它们在三维空间表现为 0D、1D 或 3D 结构,但是实际上它们的磁性只能表现为 3d 金属离子的顺磁性。此处我们将不再研究它们的磁学性质。

5.5　本章小结

本章分三小节分别列举了几例 Mo^{III} 被氧化成 Mo^{IV} 的化合物。尽管 Mo^{IV} 是抗磁的,但是在合成基于 $[Mo^{III}(CN)_7]^{4-}$ 构筑块化合物的过程中,很容易获得被氧化的结构。因此按照氧化结果的不同类型,我们分别对其进行介绍。首先,我们获得了几例同晶的稀土团簇化合物 14$_{Ln}$,该系列化合物中,$[Mo^{IV}(L)O(CN)_n]^{n-4}$ 作为抗衡阳离子游离在晶格中,其中 14$_{Dy}$ 表现出单分子磁体的性质,有效能垒为 51.6 K($35.8\ cm^{-1}$,$\tau_0 = 1.7 \times 10^{-5}$)。其次,我们获得了一例一维化合物 15,$[Mo^{IV}O_2(CN)_4]^{2-}$ 作为桥联配体将 Ni^{II} 的大环前驱体连接形成一条一维链,由于磁耦合作用的中断,它只是一个简单的顺磁体。最后,我们介绍了三例基于 $[Mo^{IV}(CN)_8]^{4-}$ 的化合物 16 ~ 化合物 18,这种氧化情况在合成过程中是最常见的。研究发现,其他 3d 金属离子 Fe^{II}、Co^{II}、Ni^{II} 等以及 4f 稀土离子与 $[Mo^{III}(CN)_7]^{4-}$ 构筑块合成得到的化合物中,$[Mo^{III}(CN)_7]^{4-}$ 容易被氧化成 $[Mo^{IV}(CN)_8]^{4-}$,具体原因尚在分析中。在后续研究工作中,我们将严格控制手套箱内的氧含量,避免因实验环境而导致的氧化现象。

参考文献

[1] LLUNELL M, CASANOVA D, CIRERA J, et al. SHAPE, version 2.1[J]. Universitat de Barcelona, Barcelona, Spain, 2013.

[2] VIGNESH K R, LANGLEY S K, MOUBARAKI B, et al. Large hexadecametallic {Mn^{III}–Ln^{III}} wheels: Synthesis, structural, magnetic, and theoretical characterization[J]. Chemistry–A European Journal, 2015, 21(46): 16364-16369.

[3] WESTIN L G, KRITIKOS M, CANESCHI A. Self assembly, structure and properties of the decanuclear lanthanide ring complex, $Dy_{10}(OC_2H_4OCH_3)_{30}$[J]. Chemical Communications, 2003 (8): 1012-1013.

[4] BONADIO F, GROSS M, STOECKLI-EVANS H, et al. High-spin molecules: synthesis, X-ray characterization, and magnetic behavior of two new cyano-bridged Ni$_9^{II}$Mo$_6^{V}$ and Ni$_9^{II}$W$_6^{V}$ clusters with a S= 12 ground state[J]. Inorganic chemistry, 2002, 41(22): 5891-5896.

[5] SONG Y, ZHANG P, REN X M, et al. Octacyanometallate-based single-molecule magnets: Co$_9^{II}$M$_6^{V}$ (M= W、Mo)[J]. Journal of the American Chemical Society, 2005, 127(11): 3708-3709.

[6] SHARPLES J W, ZHENG Y Z, TUNA F, et al. Lanthanide discs chill well and relax slowly[J]. Chemical communications, 2011, 47(27): 7650-7652.

[7] SUH M P, SHIN W, KANG S G, et al. Template condensation of formaldehyde with triamines. Synthesis and characterization of nickel (Ⅱ) complexes with the novel hexaaza macrotricyclic ligands 1, 3, 6, 9, 11, 14-hexaazatricyclo [12.2. 1.16, 9] octadecane and 1, 3, 6, 10, 12, 15-hexaazatricyclo [13.3. 1.16, 10] eicosane[J]. Inorganic Chemistry, 1989, 28(8): 1602-1605.

附表 5.1　化合物 14_{Dy} 的部分键长

化合物 14_{Dy}	键长 / Å	化合物 14_{Dy}	键长 / Å	化合物 14_{Dy}	键长 / Å
Dy(1)—O(2)#1	2.261(5)	Dy(2)—Dy(2)#3	1.285(2)	Mo(1)—O(3)	1.697(9)
Dy(1)—O(2)	2.279(5)	Dy(2)—O(1)#1	2.123(6)	Mo(1)—N(6)	1.870(14)
Dy(1)—O(1)	2.353(5)	Dy(2)—O(1)#2	2.123(6)	Mo(1)—C(51)	2.061(15)
Dy(1)—O(1)#1	2.411(5)	Dy(2)—O(1)#3	2.123(6)	Mo(1)—C(49)	2.170(13)
Dy(1)—N(3)	2.513(7)	Dy(2)—O(1)	2.630(7)	Mo(1)—C(50)	2.19(2)
Dy(1)—N(2)	2.543(7)	Dy(2)—O(1)#4	2.630(7)	Mo(1)—N(5)	2.275(10)
Dy(1)—N(1)	2.552(6)	Dy(2)—O(1)#5	2.630(7)	O(1)—Dy(2)#3	2.123(6)
Dy(1)—N(4)	2.565(6)	Dy(2)—Cl(1)	2.791(4)	O(1)—Dy(1)#2	2.411(5)
Dy(1)—Dy(1)#1	3.7484(3)	Dy(2)—Dy(1)#2	3.7663(4)	O(2)—Dy(1)#2	2.261(4)
Dy(1)—Dy(1)#2	3.7484(3)	Dy(2)—Dy(1)#1	3.7663(3)	Dy(2)—Dy(1)#5	3.8198(4)
Dy(1)—Dy(2)#3	3.7663(4)	Dy(2)—Dy(1)#3	3.7663(4)	Dy(1)—Dy(2)	3.8198(4)

附表 5.2　化合物 14_{Dy} 的部分键角

化合物 14_{Dy}	键角 /°	化合物 14_{Dy}	键角 /°	化合物 14_{Dy}	键角 /°
O(2)#1—Dy(1)—O(2)	147.1(2)	Dy(2)#3—Dy(2)—O(1)#1	98.0(2)	Dy(2)#3—O(1)—Dy(1)	114.5(3)
O(2)#1—Dy(1)—O(1)	89.23(17)	Dy(2)#3—Dy(2)—O(1)#2	98.0(2)	Dy(2)#3—O(1)—Dy(1)#2	114.7(3)
O(2)—Dy(1)—O(1)	69.2(2)	O(1)#1—Dy(2)—O(1)#2	118.11(10)	Dy(1)—O(1)—Dy(1)#2	103.8(2)

化合物 14~Dy~	键角/°	化合物 14~Dy~	键角/°	化合物 14~Dy~	键角/°
O（2）#1—Dy（1）—O（1）#1	68.5（2）	Dy（2）#3—Dy（2）—O（1）#3	98.0（2）	Dy（2）#3—O（1）—Dy（2）	28.94（11）
O（2）—Dy（1）—O（1）#1	81.08（18）	O（1）#1—Dy（2）—O（1）#3	118.11（10）	Dy（1）—O（1）—Dy（2）	100.0（3）
O（1）—Dy（1）—O（1）#1	72.5（3）	O（1）#2—Dy（2）—O（1）#3	118.11（10）	Dy（1）#2—O（1）—Dy（2）	96.6（3）
O（2）#1—Dy（1）—N（3）	105.91（19）	Dy（2）#3—Dy（2）—O（1）	53.09（14）	Dy（1）#2—O（2）—Dy（1）	111.3（2）
O（2）—Dy（1）—N（3）	79.54（19）	O（1）#1—Dy（2）—O（1）	71.8（2）	O（3）—Mo（1）—N（6）	96.5（5）
O（1）—Dy（1）—N（3）	140.5（2）	O（1）#2—Dy（2）—O（1）	71.8（2）	O（3）—Mo（1）—C（51）	99.0（5）
O（1）#1—Dy（1）—N（3）	79.5（2）	O（1）#3—Dy（2）—O（1）	151.06（11）	N（6）—Mo（1）—C（51）	89.2（6）
O（2）#1—Dy（1）—N（2）	80.85（19）	Dy（2）#3—Dy（2）—O（1）#4	53.09（14）	O（3）—Mo（1）—C（49）	98.4（4）
O（2）—Dy（1）—N（2）	116.93（18）	O（1）#1—Dy（2）—O（1）#4	71.8（2）	N（6）—Mo（1）—C（49）	89.5（5）
O（1）—Dy（1）—N（2）	78.9（2）	O（1）#2—Dy（2）—O（1）#4	151.06（11）	C（51）—Mo（1）—C（49）	162.6（5）
O（1）#1—Dy（1）—N（2）	137.7（2）	O（1）#3—Dy（2）—O（1）#4	71.8（2）	O（3）—Mo（1）—C（50）	99.2（6）
N（3）—Dy（1）—N（2）	138.6（2）	O（1）—Dy（2）—O（1）#4	87.6（2）	N（6）—Mo（1）—C（50）	164.3（5）
O（2）#1—Dy（1）—N（1）	133.9（2）	Dy（2）#3—Dy（2）—O（1）#5	53.09（14）	C（51）—Mo（1）—C（50）	87.2（7）
O（2）—Dy（1）—N（1）	78.02（19）	O（1）#1—Dy（2）—O（1）#5	151.06（11）	C（49）—Mo（1）—C（50）	89.4（6）
O（1）—Dy（1）—N（1）	108.9（2）	O（1）#2—Dy（2）—O（1）#5	71.8（2）	O（3）—Mo（1）—N（5）	169.1（5）
O（1）#1—Dy（1）—N（1）	156.7（2）	O（1）#3—Dy（2）—O（1）#5	71.8（2）	N（6）—Mo（1）—N（5）	73.0（5）

续表

化合物 14_Dy	键角/°	化合物 14_Dy	键角/°	化合物 14_Dy	键角/°
N(3)—Dy(1)—N(1)	86.7(2)	O(1)—Dy(2)—O(1)#5	87.6(2)	C(51)—Mo(1)—N(5)	78.4(5)
N(2)—Dy(1)—N(1)	62.8(2)	O(1)#4—Dy(2)—O(1)#5	87.6(2)	C(49)—Mo(1)—N(5)	84.6(4)
O(2)#1—Dy(1)—N(4)	77.35(18)	Dy(2)#3—Dy(2)—Cl(1)	180.000(2)	C(50)—Mo(1)—N(5)	91.3(6)
O(2)—Dy(1)—N(4)	131.16(19)	O(1)#1—Dy(2)—Cl(1)	82.0(2)	C(33)—N(5)—Mo(1)	128.7(11)
O(1)—Dy(1)—N(4)	155.1(2)	O(1)#2—Dy(2)—Cl(1)	82.0(2)	C(37)—N(5)—Mo(1)	113.6(9)
O(1)#1—Dy(1)—N(4)	120.03(19)	O(1)#3—Dy(2)—Cl(1)	82.0(2)	C(38)—N(6)—Mo(1)	129.0(11)
N(3)—Dy(1)—N(4)	64.2(2)	O(1)—Dy(2)—Cl(1)	126.91(14)	C(42)—N(6)—Mo(1)	121.7(11)
N(2)—Dy(1)—N(4)	78.3(2)	O(1)#4—Dy(2)—Cl(1)	126.91(14)		

#1 y−1, −x+y, −z #2 x−y+1, x+1, −z #3 −x, −y+2, −z #4 −x+y−1, −x+1, z
#5 −y+1, x−y+2, z

附表 5.3　化合物 15 的部分键长

化合物 15	键长/Å	化合物 15	键长/Å	化合物 15	键长/Å
Mo(1)—O(1)	1.666(3)	Ni(1)—N(5)	2.064(3)	Ni(2)—N(9)	2.046(3)
Mo(1)—C(3)	2.155(4)	Ni(1)—N(5)#2	2.064(3)	Ni(2)—N(9)#1	2.046(3)
Mo(1)—C(4)	2.160(4)	Ni(1)—N(1)#2	2.128(3)	Ni(2)—N(8)	2.118(3)
Mo(1)—C(1)	2.168(3)	Ni(1)—N(1)	2.128(3)	Ni(2)—N(8)#1	2.118(3)
Mo(1)—C(2)	2.170(3)	Ni(1)—N(6)#2	2.130(3)	Ni(2)—N(2)	2.127(3)
Mo(1)—O(2)	2.314(2)	Ni(1)—N(6)	2.130(3)	Ni(2)—N(2)#1	2.127(3)

附表 5.4　化合物 15 的部分键角

化合物 15	键角/°	化合物 15	键角/°	化合物 15	键角/°
N（1）—C（1）—Mo（1）	171.2（3）	C（2）—N（2）—Ni（2）	176.3（3）	N（5）#2—Ni（1）—N（1）#2	91.93（12）
N（2）—C（2）—Mo（1）	176.2（3）	C（1）—N（1）—Ni（1）	166.5（3）	N（5）—Ni（1）—N（1）	91.93（12）
N（3）—C（3）—Mo（1）	172.3（4）	N（9）—Ni（2）—N（9）#1	180.00（16）	N（5）#2—Ni（1）—N（1）	88.07（12）
N（4）—C（4）—Mo（1）	177.1（3）	N（9）—Ni（2）—N（8）	93.48（12）	N（1）#2—Ni（1）—N（1）	180.00（11）
O（1）—Mo（1）—C（3）	98.11（14）	N（9）#1—Ni（2）—N（8）	86.52（12）	N（5）—Ni（1）—N（6）#2	85.99（12）
O（1）—Mo（1）—C（4）	99.12（14）	N（9）—Ni（2）—N（8）#1	86.52（12）	N（5）#2—Ni（1）—N（6）#2	94.01（12）
C（3）—Mo（1）—C（4）	162.51（14）	N（9）#1—Ni（2）—N（8）#1	93.48（12）	N（1）#2—Ni（1）—N（6）#2	89.89（11）
O（1）—Mo（1）—C（1）	94.25（13）	N（8）—Ni（2）—N（8）#1	180.00（13）	N（1）—Ni（1）—N（6）#2	90.11（11）
C（3）—Mo（1）—C（1）	93.00（14）	N（9）—Ni（2）—N（2）	88.00（11）	N（5）—Ni（1）—N（6）	94.01（12）
C（4）—Mo（1）—C（1）	88.69（13）	N（9）#1—Ni（2）—N（2）	92.00（12）	N（5）#2—Ni（1）—N（6）	85.99（12）
O（1）—Mo（1）—C（2）	99.45（13）	N（8）—Ni（2）—N（2）	90.72（11）	N（1）#2—Ni（1）—N（6）	90.11（11）
C（3）—Mo（1）—C（2）	84.57（13）	N（8）#1—Ni（2）—N（2）	89.28（11）	N（1）—Ni（1）—N（6）	89.89（11）
C（4）—Mo（1）—C（2）	89.68（12）	N（9）—Ni（2）—N（2）#1	92.00（12）	N（6）#2—Ni（1）—N（6）	180.000（1）
C（1）—Mo（1）—C（2）	166.29（12）	N（9）#1—Ni（2）—N（2）#1	88.00（11）	N（2）—Ni（2）—N（2）#1	180.000（2）
O（1）—Mo（1）—O（2）	177.48（11）	N（8）—Ni（2）—N（2）#1	89.28（11）	N（5）—Ni（1）—N（5）#2	180.000（1）
C（3）—Mo（1）—O（2）	82.53（12）	N（8）#1—Ni（2）—N（2）#1	90.72（11）	N（5）—Ni（1）—N（1）#2	88.07（12）

续表

化合物 15	键角/°	化合物 15	键角/°	化合物 15	键角/°
C（4）—Mo（1）—O（2）	80.38（12）	C（2）—Mo（1）—O（2）	83.03（11）	C（1）—Mo（1）—O（2）	83.28（11）
#1 −x+1, −y, −z+2 #2 −x, −y+1, −z+1					

附表 5.5 化合物 17 的部分键长

化合物 17	键长 /Å	化合物 17	键长 /Å
Mo（01）—C（5）	2.131（6）	Mn（1）—N（1）	2.203（4）
Mo（01）—C（8）	2.120（16）	Mn（1）—N（3）#1	2.207（4）
Mo（01）—C（4）	2.122（8）	Mn（1）—N（2）#2	2.214（4）
Mo（01）—C（6）	2.139（6）	Mn（1）—N（9）	2.267（4）
Mo（01）—C（2）	2.146（4）	Mn（1）—N（10）	2.282（4）
Mo（01）—C（7）	2.147（5）	Mn（1）—O（1）	2.310（3）
Mo（01）—C（1）	2.155（4）	N（3）—Mn（1）#4	2.207（4）
Mo（01）—C（3）	2.157（4）	Mn（2）—N（11）	2.249（6）
Mn（2）—N（7）	2.182（7）	Mn（2）—N（13）	2.262（5）
Mn（2）—N（14）	2.191（6）	Mn（2）—O（2）	2.257（6）
Mn（2）—N（12）	2.254（5）	N（2）—Mn（1）#3	2.214（4）

附表 5.6 化合物 17 的部分键角

化合物 17	键角 /°	化合物 17	键角 /°
C（5）—Mo（01）—C（8）	65.9（5）	N（1）—Mn（1）—N（3）#1	105.53（13）
C（5）—Mo（01）—C（4）	127.9（5）	N（1）—Mn（1）—N（2）#2	98.92（15）
C（8）—Mo（01）—C（4）	66.1（6）	N（3）#1—Mn（1）—N（2）#2	96.32（15）
C（5）—Mo（01）—C（6）	75.7（2）	N（1）—Mn（1）—N（9）	162.70（14）
C（8）—Mo（01）—C（6）	114.4（5）	N（3）#1—Mn（1）—N（9）	89.53（14）
C（4）—Mo（01）—C（6）	144.3（3）	N（2）#2—Mn（1）—N（9）	87.57（14）
C（5）—Mo（01）—C（2）	88.0（3）	N（1）—Mn（1）—N（10）	87.97（15）
C（8）—Mo（01）—C（2）	145.2（3）	N（3）#1—Mn（1）—N（10）	162.44（15）
C（4）—Mo（01）—C（2）	123.3（4）	N（2）#2—Mn（1）—N（10）	92.51（16）

化合物 17	键角 /°	化合物 17	键角 /°
C（6）—Mo（01）—C（2）	78.1（2）	N（9）—Mn（1）—N（10）	75.68（13）
C（5）—Mo（01）—C（7）	106.2（3）	N（1）—Mn（1）—O（1）	83.72（14）
C（8）—Mo（01）—C（7）	70.2（4）	N（3）#1—Mn（1）—O（1）	84.46（14）
C（4）—Mo（01）—C（7）	75.0（3）	N（2）#2—Mn（1）—O（1）	176.92（14）
C（6）—Mo（01）—C（7）	72.3（3）	N（9）—Mn（1）—O（1）	89.45（14）
C（2）—Mo（01）—C（7）	142.5（2）	N（10）—Mn（1）—O（1）	85.96（15）
C（5）—Mo（01）—C（1）	78.0（2）	C（1）—N（1）—Mn（1）	139.5（4）
C（8）—Mo（01）—C（1）	79.8（4）	C（2）—N（2）—Mn（1）#3	144.8（3）
C（4）—Mo（01）—C（1）	74.8（2）	C（14）—N（10）—Mn（1）	110.6（3）
C（6）—Mo（01）—C（1）	140.7（2）	C（3）—N（3）—Mn（1）#4	136.3（4）
C（2）—Mo（01）—C（1）	72.26（17）	N（2）—C（2）—Mo（01）	174.8（4）
C（7）—Mo（01）—C（1）	143.9（2）	N（3）—C（3）—Mo（01）	171.0（4）
C（5）—Mo（01）—C（3）	153.2（3）	N（1）—C（1）—Mo（01）	172.0（4）
C（8）—Mo（01）—C（3）	138.1（4）	N（6）—C（6）—Mo（01）	177.4（6）
C（4）—Mo（01）—C（3）	78.9（4）	N（7）—C（7）—Mo（01）	175.2（6）
N（4）—C（4）—Mo（01）	178.3（14）	N（5）—C（5）—Mo（01）	175.9（7）
N（7）—Mn（2）—N（14）	90.6（3）	N（14）—Mn（2）—O（2）	88.4（3）
N（7）—Mn（2）—N（12）	91.5（2）	N（12）—Mn（2）—O（2）	92.7（2）
N（14）—Mn（2）—N（12）	102.12（19）	N（11）—Mn（2）—O（2）	90.4（3）
N（7）—Mn（2）—N（11）	90.6（3）	N（13）—Mn（2）—O（2）	87.4（2）
N（14）—Mn（2）—N（11）	178.8（3）	C（9）—N（9）—Mn（1）	111.6（3）
N（12）—Mn（2）—N（11）	77.66（18）	C（21）—N（13）—Mn（2）	108.6（3）
N（7）—Mn（2）—N（13）	88.4（2）	C（7）—N（7）—Mn（2）	155.8（6）
N（14）—Mn（2）—N（13）	77.59（19）	C（26）—N（14）—Mn（2）	111.6（4）
N（12）—Mn（2）—N（13）	179.68（19）	C（20）—N（12）—Mn（2）	109.0（4）

续表

化合物 17	键角 /°	化合物 17	键角 /°
N（11）—Mn（2）—N（13）	102.63（19）	C（6）—Mo（01）—C（3）	81.35（18）
N（7）—Mn（2）—O（2）	175.8（2）	C（2）—Mo（01）—C（3）	73.75（16）
C（1）—Mo（01）—C（3）	113.38（15）	C（7）—Mo（01）—C（3）	79.3（2）
N（8）—C（8）—Mo（01）	170.4（15）		
#1 x−1，y，z　#2 x−1/2，−y+1/2，−z+1　#3 x+1/2，−y+1/2，−z+1　#4 x+1，y，z			

附表 5.7　化合物 18 的部分键长

化合物 18	键长 /Å	化合物 18	键长 /Å
Mo（1）—C（1）	2.108（14）	Ni（1）—N（1）	2.102（12）
Mo（1）—C（1）#1	2.108（14）	Ni（1）—N（1）#4	2.102（12）
Mo（1）—C（1）#2	2.108（14）	Ni（1）—S（1）	2.156（9）
Mo（1）—C（1）#3	2.108（14）	Ni（1）—S（1）#4	2.156（9）
Mo（1）—C（2）	2.234（19）	Ni（1）—S（2）#4	2.182（9）
Mo（1）—C（2）#1	2.234（19）	Ni（1）—S（2）	2.182（9）
Mo（1）—C（2）#2	2.234（19）	Mo（1）—C（2）#3	2.234（19）

附表 5.8　化合物 18 的部分键角

化合物 18	键角 /°	化合物 18	键角 /°
C（1）—Mo（1）—C（1）#1	96.7（2）	C（1）—N（1）—Ni（1）	168.2（9）
C（1）—Mo（1）—C（1）#2	140.0（6）	N（1）—C（1）—Mo（1）	178.0（10）
C（1）#1—Mo（1）—C（1）#2	96.7（2）	N（2）—C（2）—Mo（1）	174.3（15）
C（1）—Mo（1）—C（1）#3	96.7（2）	C（1）#2—Mo（1）—C（2）#3	74.1（5）
C（1）#1—Mo（1）—C（1）#3	140.0（6）	C（1）#3—Mo（1）—C（2）#3	147.4（5）
C（1）#2—Mo（1）—C（1）#3	96.7（2）	C（2）—Mo（1）—C（2）#3	129.1（5）
C（1）—Mo（1）—C（2）	147.4（5）	C（2）#1—Mo（1）—C（2）#3	74.9（8）

续表

化合物 18	键角 /°	化合物 18	键角 /°
C（1）#1—Mo（1）—C（2）	74.4（5）	C（2）#2—Mo（1）—C（2）#3	129.1（5）
C（1）#2—Mo（1）—C（2）	72.6（5）	N（1）—Ni（1）—N（1）#4	180.0（4）
C（1）#3—Mo（1）—C（2）	74.1（5）	N（1）—Ni（1）—S（1）	91.7（4）
C（1）—Mo（1）—C（2）#1	74.1（5）	N（1）#4—Ni（1）—S（1）	88.3（4）
C（1）#1—Mo（1）—C（2）#1	147.4（5）	N（1）—Ni（1）—S（1）#4	88.3（4）
C（1）#2—Mo（1）—C（2）#1	74.4（5）	N（1）#4—Ni（1）—S（1）#4	91.7（4）
C（1）#3—Mo（1）—C（2）#1	72.6（5）	S（1）—Ni（1）—S（1）#4	180.000（1）
C（2）—Mo（1）—C（2）#1	129.1（5）	N（1）—Ni（1）—S（2）#4	90.0（4）
C（1）—Mo（1）—C（2）#2	72.6（5）	N（1）#4—Ni（1）—S（2）#4	90.0（4）
C（1）#1—Mo（1）—C（2）#2	74.1（5）	S（1）—Ni（1）—S（2）#4	98.8（3）
C（1）#2—Mo（1）—C（2）#2	147.4（5）	S（1）#4—Ni（1）—S（2）#4	81.2（3）
C（1）#3—Mo（1）—C（2）#2	74.4（5）	N（1）—Ni（1）—S（2）	90.0（4）
C（2）—Mo（1）—C（2）#2	74.9（8）	N（1）#4—Ni（1）—S（2）	90.0（4）
C（2）#1—Mo（1）—C（2）#2	129.1（5）	S（1）—Ni（1）—S（2）	81.2（3）
C（1）—Mo（1）—C（2）#3	74.4（5）	S（1）#4—Ni（1）—S（2）	98.8（3）
C（1）#1—Mo（1）—C（2）#3	72.6（5）	S（2）#4—Ni（1）—S（2）	180.000（1）

#1 −y+3/4, x−1/4, −z+3/4　　#2 −x+1, −y+1/2, z　　#3 y+1/4, −x+3/4, −z+3/4
#4 −x+1, −y+1, −z+1

第 6 章   总结与展望

氰根桥联的配合物在分子磁性领域具有重要的研究意义,涉及的范围也比较广,主要包含 3d–3d/4d/5d、4f–3d/4d/5d、3d–4f–3d/4d/5d 等体系。研究表明,利用氰基金属构筑块是合成氰根桥联化合物的一种有效策略,使用该策略在分子磁性材料的各个领域取得了显著的研究进展。本书中,我们采用构筑块策略,以 $[Mo^{III}(CN)_7]^{4-}$ 为前驱体,合成了一系列基于 4d 金属 Mo 的分子磁性材料,总结和展望如下。

6.1   3d 金属和 $[Mo^{III}(CN)_7]^{4-}$ 构筑的低维化合物

这部分内容分三小节对所得的七个零维团簇以及一个一维链状化合物进行了详细的介绍。第一节介绍了两个基于 D_{5h} 构型 $[Mo^{III}(CN)_7]^{4-}$ 的三核 Mn_2Mo(化合物 1)和五核 Mn_4Mo(化合物 2),这两个化合物是使用具有较大空间位阻的六齿螯合配体通过一锅法合成的,化合物中 $[Mo^{III}(CN)_7]^{4-}$ 均处于较理想的五角双锥构型。化合物 1 利用 $[Mo^{III}(CN)_7]^{4-}$ 的两个轴向氰根分别和两个 Mn^{II} 离子发生了配位,而化合物 2 利用两个轴向氰根和两个不相邻的赤道平面氰根分别和四个 Mn^{II} 离子发生了配位。磁性研究表明,化合物 1 和化合物 2 中 Mo^{III} 和 Mn^{II} 离子间通过氰根传递反铁磁相互作用。化合物 1 具有单分子磁体的行为,有效能垒为 56.5 K(39.2 cm^{-1}, $\tau_0 = 3.8 \times 10^{-8}$),阻塞温度为 2.7 K;而非线性的 $Mn—N \equiv C$ 键角和非单一易轴各向异性磁交换使得 2 只是一个简单的顺磁体。第二节中,我们采用五齿螯合配体构筑了一个基于 $[Mo^{III}(CN)_7]^{4-}$ 的六核化合物 Mn_4Mo_2(化合物 3),采用手性的二胺配体 RR/SS–Ph$_2$en 和 3d 金属 Fe^{II}、Ni^{II} 构筑了四个基于 [Mo^{III}(CN)$_7$]$^{4-}$ 的同构十核化合物 4RR/4SS 和 5RR/5SS。磁性研究表明化合物 3 中金属离子之间具有反铁磁相互作用，但它只是一个简单的顺磁体。而化合物 4RR/4SS 和 5RR/5SS 由于其产率非常低且对空气敏感，我们没有成功表征它们的磁性。第三节介绍了一例基于 [Mo^{III}(CN)$_7$]$^{4-}$ 的一维梯状链化合物 6，由于链间存在不可忽略的磁相互作用，该化合物表现出长程磁有序的性质，有序温度为 13 K。

虽然我们获得了一些研究成果，但是基于 [Mo^{III}(CN)$_7$]$^{4-}$ 构筑快的低维化合物仍然比较少。因此，在后续的研究工作中，我们将继续尝试不同的多齿配体，包括平面和非平面类型，期望得到更多性能优异的单分子磁体和单链磁体。此外，我们将继续改进实验方法，努力提高第二节中十核化合物的晶体产率，并对它们的磁性进行详细研究。

6.2　3d 金属和 [Mo^{III}(CN)$_7$]$^{4-}$ 构筑的高维化合物

这部分内容分两小节分别介绍了三个基于 [Mo^{III}(CN)$_7$]$^{4-}$ 的二维化合物（化合物 7，8RR 和 8SS）和两个三维化合物（化合物 9 和化合物 10）。二维化合物是采用四齿大环配体和手性的环己二胺合成的，它们均为深绿色片状晶体，且对氧气敏感；三维化合物是采用不同的酰胺配体合成的，它们为深褐色叶片状及块状晶体，在空气中能稳定存在。磁性研究表明，二维化合物和三维化合物表现为亚铁磁有序，它们的有序温度分别为 23 K，40 K，80 K 和 80 K。这两个三维化合物的有序温度在 Mn^{II}—Mo^{III} 体系中相对较高。此外，它们还具有自旋重排和自旋阻挫现象。

尽管 [Mo^{III}(CN)$_7$]$^{4-}$ 构筑块在高有序温度磁体方面具有较多的研究成果，到目前为止，最高的磁有序温度达到 110 K，但是距离室温磁体还有很大的提升空间。理论研究表明，由于 [Mo^{III}(CN)$_7$]$^{4-}$ 具有较大的磁各向异性，有望构筑室温磁体。因此，后续工作中我们将继续合成基于 [Mo^{III}(CN)$_7$]$^{4-}$ 的高维磁性化合物，重点研究 Mo^{III} 和低价态金属 V^{II}、Cr^{II} 的高维磁体。

6.3　4f 金属和 [Mo^{III}(CN)$_7$]$^{4-}$ 构筑的化合物

这部分内容中,我们成功将 4f 金属离子和 [Mo^{III}(CN)$_7$]$^{4-}$ 构筑块组装,获得了十个 4f–4d 化合物(化合物 11 ~ 化合物 13)。其中 11$_{LaMo}$ 和 12$_{PrMo}$ 具有一维结构,分别为 1D 带状和 1D 之字链结构;13$_{LnMo}$ 为一系列同构的 2D 网状结构,稀土离子从 Ce^{3+} 到 Ho^{3+} 离子。这一系列 4f–4d 化合物的晶体结构中都含有大量的结晶水分子,对空气极其敏感。磁性研究表明,除了 11$_{LaMo}$ 表现为单离子顺磁性外,其他化合物均为简单的顺磁体。

该系列化合物首次将基于 [Mo^{III}(CN)$_7$]$^{4-}$ 构筑块磁性化合物的研究范围扩展到 4f–4d 体系,但遗憾的是它们并没有表现出丰富的磁学性质。因此,后续工作中,我们将借鉴其他氰基金属构筑块的实验方法,继续合成更多的 4f–4d 化合物,期望丰富该体系的磁学性质。此外,我们还可以进一步扩展研究范围,例如研究 3d–4f–4d 等体系的化合物。

6.4　3d/4f 金属和 Mo^{IV} 构筑的化合物

由于 [Mo^{III}(CN)$_7$]$^{4-}$ 稳定性差,对空气和光非常敏感,而且只易溶于水溶液,因此基于 [Mo^{III}(CN)$_7$]$^{4-}$ 构筑块的化合物的研究具有一定的困难性。尽管我们在合成中严格控制环境的氧含量以及光照度,仍然避免不了部分化合物中 Mo^{III} 被氧化成 Mo^{IV}。研究发现,Mo^{III} 被氧化后主要具有三种类型:[Mo^{IV}(L)O(CN)$_n$]$^{n-4}$、[Mo^{IV}O$_2$(CN)$_4$]$^{2-}$ 和 [Mo^{IV}(CN)$_8$]$^{4-}$。本部分内容分三小节列举了 Mo^{III} 被氧化成这三种类型的研究结果。第一节介绍了一系列同晶多核化合物 Ln$_7$Mo(14$_{Ln}$,Ln = Tb^{3+},Dy^{3+},Ho^{3+},Yb^{3+}),该系列化合物中 [Mo^{IV}(tmphen)O(CN)$_3$]$^+$

作为抗衡阳离子游离在晶格中，它们的晶体样品在空气中可以稳定存在。该系列化合物的磁性主要是由 Ln_7 表现出来的，其中 14_{Dy} 具有单分子磁体的性质，有效能垒为 51.6 K（35.8 cm^{-1}）；τ_0 为 1.7 × 10^{-5}。第二节介绍了一例 Ni^{II} 和 Mo^{IV} 的化合物，被氧化后的 $[Mo^{IV}O_2(CN)_4]^{2-}$ 基团作为桥联配体与 Ni^{II} 离子连接形成一条一维链（化合物 15），但是由于 Mo^{IV} 的抗磁性，该化合物只能表现出 Ni^{II} 离子的顺磁性。第三节简单介绍了三个 $[Mo^{III}(CN)_7]^{4-}$ 被氧化成 $[Mo^{IV}(CN)_8]^{4-}$ 的化合物，包括一例零维团簇（化合物 16）、一例一维链（化合物 17）以及一例三维磁体（化合物 18）。通常这种氧化方式比较常见。我们只研究了这三个化合物的晶体学结构，没有研究它们的磁学性质。